高等院校
计算机技术系列教材

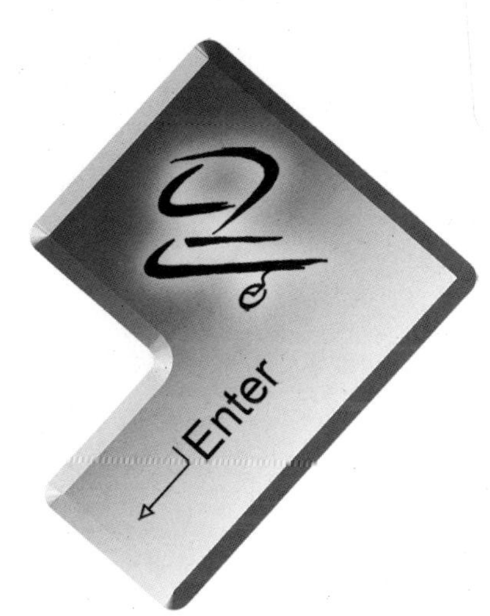

微机原理与接口技术

■ 朱定华 张小惠 刘福珍 编著

WUHAN UNIVERSITY PRESS
武汉大学出版社

Enter

总　序

进入21世纪以来，人类已步入了知识经济的时代。作为知识经济重要组成部分的信息产业已经成为全球经济的主导产业。计算机科学与技术在信息产业中占据了极其重要的地位，计算机技术的进步直接促进了信息产业的发展。在国内，随着社会主义市场经济的高速发展，国民生活水平的不断提高，尤其IT行业在国民经济中的迅猛渗透和延伸，越来越需要大量从事计算机技术方面工作的高级人才加盟充实。

另一方面，随着我国教育改革的不断深入，高等教育已经完成了从精英教育向大众化教育的转变，在校大学本科和专科计算机专业学生的人数大量增加，接受计算机科学与技术教育的对象发生了变化。我国的高等教育进入了前所未有的大发展时期，时代的进步与发展对高等教育提出了更高、更新的要求。早在2001年8月，教育部就颁发了《关于加强高等学校本科教学工作，提高教学质量的若干意见》。文件明确指出，本科教育是高等教育的主体和基础，抓好本科教学是提高整个高等教育质量的重点和关键。2007年元月，国家教育部和财政部又联合启动了“高等学校本科教学质量与教学改革工程”（以下简称“质量工程”）。“质量工程”以提高高等学校本科教学质量为目标，以推进改革和实现优质资源共享为手段，按照“分类指导、鼓励特色、重在改革”的原则，加强内涵建设，提升我国高等教育的质量和整体实力。

本科教学质量工程的启动对高等院校的从事计算机科学与技术教学的教师提出了一个新的课题：如何在新形势下培养高素质创新型的计算机专业人才，以适应于社会进步的需要，适应于国民经济的发展，增强高新技术领域在国际上的竞争力。

毋需质疑，教材建设是“本科教学质量工程”的重要内容之一。新时期计算机专业教材应做到以培养学生会思考问题、发现问题、分析问题和解决问题的实际能力为干线，以理论教学与实际操作相结合，“案例、实训”与应用问题相结合，课程学习与就业相结合为理念，设计学生的知识结构、能力结构、素质结构的人才培养方案。为了适应新形势对人才培养提出的要求，在教材的建设上，应该体现内容的科学性、先进性、思维性、启发性和实用性，突出中国学生学习计算机专业的特点和优势，做到“够用、能用、实用、活用”。这就需要从总体上优化课程结构，构造脉络清晰的课程群；精练教学内容，设计实用能用的知识点；夯实专业基础，增强灵活应用的支撑力；加强实践教学，体现理论实践的连接度，力求形成“基础课程厚实，专业课程宽新，实验课程创新”的教材格局。

提高计算机科学与技术课程的教学质量，关键是要不断地进行教学改革，不断地进行教材更新，在保证教材知识正确性、严谨性、结构性和完整性的条件下，使之能充分反映当代科学技术发展的现状和动态，使之能为学生提供接触最新计算机科学理论和技术的机会；教材内容应提倡学生进行创新性的学习和思维，鼓励学生动手能力的培养和锻炼。在这个问题上，计算机科学与技术这个领域表现得尤为突出。

正是在这种编写思想指导下，在武汉大学出版社的大力支持下，我们组织中南地区的华中科技大学、武汉大学、华中师范大学、武汉理工大学、武汉科技学院、湖北经济学院、武汉生物工程学院、信阳师范学院、咸宁职业技术学院、江门职业技术学院、广东警官干部学院、深圳技师学院等院校长期工作在教学和科研第一线的骨干教师，按照21世纪大学本科计算机科学与技术课程体系要求，反复研究写作大纲，广泛猎取相关资料，精心设计教材内容，认真勘正知识谬误。经过大家努力的工作，辛勤的劳动，这套高等院校计算机技术系列教材终于与读者见面了。我相信通过这套教材的编写和出版，能够为我国计算机科学与技术教材的建设有所贡献，能够为我国高等院校计算机专业本科教学质量的提高有所帮助，能够为更多具有高素质的、创新型的计算机专业人才的培养有所作为。

魏长华

2007年7月于武昌

前　言

学习微处理器和微型计算机是现代科技人员和大专院校各专业学生必修的专业基础课。本书介绍了IBM PC机的硬件和软件，提供了开发应用微型计算机及设计微机子系统的专门知识，为学习者在微处理器和微型计算机的应用上打下坚实的基础。

随着电子技术和微型计算机技术的迅猛发展，新型的微处理器不断推出。从8086开始，80286、80386、80486、Pentium和Pentium Pro/Ⅱ/Ⅲ/Ⅳ等系列微处理器，在基本结构上采用向前兼容的做法，也就是新开发出的微处理器与前期的微处理器兼容，因此掌握8086/8088的硬件和软件是学习其后续微处理器的基础。在实际应用中，往往要求高级语言和汇编语言配合使用，充分发挥它们各自的特长。汇编语言的特长是实时处理、与硬件配合紧密，这些仅8086汇编已足矣。因此本书主要介绍8086汇编语言程序的设计技术及其与接口电路的配合。本书通过微处理器和IBM PC机的硬件和软件分析，阐明微型计算机的组成原理以及存储器、输入/输出接口芯片与微型计算机的接口方法。

本书包括汇编语言程序设计和接口技术两部分内容。汇编语言程序设计是微机应用系统的系统软件和应用软件的设计基础，接口技术是微机应用系统硬件组成的设计基础。本书内容较全面，实例丰富。书中的程序和接口电路的设计包含了作者多年来在科研和教学中积累的经验和技巧。学习微型计算机的汇编语言程序设计和接口技术必须理论联系实际。本书在介绍基本概念的同时，列举了大量典型而有意义的例题和习题。这些例题和习题，无论是汇编程序还是接口电路都在IBM PC系列微机系统上调试通过。学习本书时应多做实验，尤其是接口电路及控制程序的实验。

本书内容精练，实用性强。每章后均附有思考题与习题。编写本书时，注意了理论和实践相结合，力求做到既有一定的理论基础，又能运用理论解决实际问题；既掌握一定的先进技术，又着眼于当前的应用服务。

本书由朱定华、张小惠、刘福珍编著。参加本书编写工作的人员还有蔡勤、蔡苗、黄松、张德芳、陈萍、吕建才、林威等。

计算机的发展日新月异，由于笔者水平有限，不妥之处在所难免，恳请读者批评指正。衷心欢迎读者随时反映意见和建议，来信请寄zhu4361@163.com。

朱定华

2007年5月于武昌南湖

目 录

目　录

第 1 章　微型计算机的基础知识

1.1　计算机中的数和编码

1.1.1　计算机中的数制

计算机最早是作为一种计算工具出现的，所以它的最基本的功能是对数进行加工和处理。数在机器中是以器件的物理状态来表示的。一个具有两种不同的稳定状态且能相互转换的器件就可以用来表示 1 位（bit）二进制数。二进制数有运算简单、便于物理实现、节省设备等优点，所以目前在计算机中数几乎全是采用二进制表示。但是二进制数书写起来太长，且不便于阅读和记忆；又加上目前大部分微型计算机是 8 位、16 位或 32 位的，都是 4 的整数倍，而 4 位二进制数即是 1 位十六进制数，所以微型计算机中的二进制数都采用十六进制数来缩写。十六进制数用 0～9、A～F 等 16 个数码表示十进制数 0～15。1 个 8 位的二进制数用 2 位十六进制数表示，1 个 16 位的二进制数用 4 位十六进制数表示等。这样书写方便，且便于阅读和记忆。然而人们最熟悉、最常用的是十进制数。为此，要熟练地掌握十进制数、二进制数和十六进制数间的相互转换。它们之间的关系如表 1-1 所列。

表 1-1　　十进制数、二进制数及十六进制数对照表

十进制	0	1	2	3	4	5	6	7	8	9	10	11	12	13	14	15
二进制	0000	0001	0010	0011	0100	0101	0110	0111	1000	1001	1010	1011	1100	1101	1110	1111
十六进制	0	1	2	3	4	5	6	7	8	9	A	B	C	D	E	F

为了区别十进制数、二进制数及十六进制数 3 种数制，可在数的右下角注明数制，或者在数的后面加一字母。如 B（binary）表示二进制数制，D（decimal）或不带字母表示十进制数制，H（hexadecimal）表示十六进制数制。

1. 二进制数和十六进制数间的相互转换

根据表 1-1 所示的对应关系即可实现它们之间的转换。

二进制整数转换为十六进制数，其方法是从右（最低位）向左将二进制数分组：每 4

位为 1 组，最后一组若不足 4 位则在其左边添加 0，以凑成 4 位 1 组，每组用 1 位十六进制数表示。如：

1111111000111B→1 1111 1100 0111B→ 0001 1111 1100 0111B＝1FC7H。

十六进制数转换为二进制数，只需用 4 位二进制数代替 1 位十六进制数即可。如：

3AB9H＝0011 1010 1011 1001B。

2. 十六进制数和十进制数间的相互转换

十六进制数转换为十进制数十分简单，只需将十六进制数按权展开相加即可。如：

$$\begin{aligned}1F3DH &= 16^3\times1+16^2\times15+16^1\times3+16^0\times13=4096\times1+256\times15+16\times3+1\times13\\ &=4096+3840+48+13=7997。\end{aligned}$$

十进制整数转换为十六进制数可用除 16 取余法，即用 16 不断地去除待转换的十进制数，直至商等于 0 为止。将所得的各次余数，依倒序排列，即可得到所转换的十六进制数。如将 38947 转换为十六进制数，其方法及算式如下：

```
16|38947  3
 16|2434  2
   16|152  8
     16|9  9
        0
```

即 38947＝9823H。

1.1.2 符号数的表示法

1. 机器数与真值

二进制数与十进制数一样有正负之分。在计算机中，常用数的符号和数值部分一起编码的方法表示符号数。常用的有原码、反码和补码表示法。这几种表示法都将数的符号数码化。通常正号用“0”表示，负号用“1”表示。为了区分一般书写时表示的数和机器中编码表示的数，我们称前者为真值，后者为机器数，即数值连同符号数码“0”或“1”一起作为一个数就称为机器数，而它的数值连同符号“＋”或“－”称为机器数的真值。把机器数的符号位也当做数值的数，就是无符号数。

为了表示方便，常把 8 位二进制数称为字节，把 16 位二进制数称为字，把 32 位二进制数称为双字。对于机器数应将其用字节、字或双字表示，所以只有 8 位、16 位或 32 位机器数的最高位才是符号位。

2. 原码

按上所述，数值用其绝对值，正数的符号位用 0 表示，负数的符号位用 1 表示，这样表示的数就称为原码。如：

X_1＝ 105＝＋1101001B，　［X_1］$_原$＝01101001B，

X_2＝－105＝－1101001B，［X_2］$_原$＝11101001B。

其中最高位为符号，后面 7 位是数值。用原码表示时，＋105 和－105 的数值部分相同而

符号位相反。

8位原码数的数值范围为FFH～7FH（－127～127）。原码数00H和80H的数值部分相同、符号位相反，它们分别为＋0和－0。16位原码数的数值范围为FFFFH～7FFFH（－32767～32767）。原码数0000H和8000H的数值部分相同、符号位相反，它们分别为＋0和－0。

原码表示简单易懂，而且与真值的转换方便。但若是两个异号数相加，或两个同号数相减，就要做减法。为了把减运算转换为加运算，从而简化计算机的结构，就引进了反码和补码。

3. 反码

正数的反码与原码相同，负数的反码为它的绝对值（即与其绝对值相等的正数）按位取反（连同符号位）。如：

$$X_1 = 105 = +1101001B, \quad [X_1]_{反} = 01101001B,$$
$$X_2 = -105 = -1101001B, \quad [X_2]_{反} = 10010110B。$$

4. 补码

正数的补码与原码相同，负数的补码为与它的绝对值相等的正数的补数。把一个数连同符号位按位取反再加1，可以得到该数的补数。如：

$$X_1 = 105 = +1101001B, \quad [X_1]_{补} = 01101001B,$$
$$X_2 = -105 = -1101001B, \quad [X_2]_{补} = 10010111B。$$

求补数还可以直接求，方法是从最低位向最高位扫描，保留直至第一个“1”的所有位，以后各位按位取反。负数的补码可以由其正数求补得到。根据两数互为补数的原理，对补码表示的负数求补就可以得到其正数，即可得该负数的绝对值。如：

$$[-105]_{补} = 10010111B = 97H。$$

对其求补，从右向左扫描，第一位就是1，故只保留该位，对其左面的7位均求反得01101001，即补码表示的机器数97H的真值是－69H（＝－105）。

一个用补码表示的机器数，若最高位为0，则其余几位即为此数的绝对值；若最高位为1，其余几位不是此数的绝对值，把该数求补，才得到它的绝对值。

8位补码数的数值范围为80H～7FH（－128～127）。16位补码数的数值范围为8000H～7FFFH（－32768～32767）。字节80H和字8000H的真值分别是－128（－80H）和－32768（－8000H）。补码数80H和8000H的最高位既代表了符号为负又代表了数值为1。

1个二进制补码数的符号位向左扩展若干位后，所得到的补码数的真值不变。对于用补码表示的数，正数的扩展应该在其前面补0，而负数的扩展，则应该在前面补1。例如：68用8位（二进制数）表示为44H，用16位表示为0044H；－68用8位表示为BCH，用16位表示为FFBCH。

当数采用补码表示时，就可以把减法转换为加法。例如：

64－10＝64＋（－10），

$[64]_{补}$＝40H＝01000000B，$[10]_{补}$＝0AH＝00001010B，$[-10]_{补}$＝11110110B。

做减法运算过程如下：

```
  0100 0000
— 0000 1010
———————————
  0011 0110
```

用补码相加过程如下：

```
  0100 0000
+1111 0110
———————————
 1 0011 0110
 ↑进位自然丢失
```

结果相同，其真值为 54（36H=48+6）。

最高位的进位是自然丢失的，故做减法与用补码相加的结果是相同的。因此，在微型机中，凡是符号数一律是用补码表示的。一定要记住运算的结果也是用补码表示的。如：

34－68＝34＋（－68），　34＝22H＝00100010B，

68＝44H＝01000100B，　－68＝10111100B。

做减法运算过程如下：

```
  0010 0010
— 0100 0100
———————————
 1 1101 1110
 ↑借位自然丢失
```

用补码相加过程如下：

```
  0010 0010
+ 1011 1100
———————————
  1101 1110
```

结果相同。因为符号位为 1，所以结果为负数。对其求补，得其真值为－00100010B，即为－34（－22H）。

由上面两个例子还可以看出，当数采用补码表示后，两个正数相减，若无借位，化为补码相加就会有进位；若有借位，化作补码相加就不会有进位。

1.1.3　二进制数的加减运算

计算机把机器数均当做无符号数进行运算，即符号位也参与运算。运算的结果要根据运算结果的符号，运算有无进（借）位或溢出等来判别。计算机中设置有这些标志位，标志位的值由运算结果自动设定。

1. 无符号数的运算

无符号数实际上是指参加运算的数均为正数，且整个数位全部用于表示数值。n 位无符号二进制数的范围为 $0\sim2^n-1$。

(1) 两个无符号数相加，由于两个加数均为正数，因此其和也是正数。当和超过其位

数所允许的范围时，就向更高位进位。如：127＋160 ＝ 7FH＋A0H，

```
  0111 1111
+ 1010 0000
-----------
1 0001 1111=11FH=256+16+15=287
↑
└ 进位
```

（2）两个无符号数相减，被减数大于或等于减数，无借位，结果为正；被减数小于减数，有借位，结果为负。如：192－10＝C0H－0AH，

```
  1100 0000
- 0000 1010
-----------
  1011 0110=B6H=176+6=182
```

反过来相减，即 10－192，运算过程如下：

```
  0000 1010
- 1100 0000
-----------
1 0100 1010=-10110110B=-B6H=-182
↑
└ 借位
```

由此可见，对无符号数进行减法运算，其结果的符号用进位来判别：CF＝0（无借位），结果为正；CF＝1（有借位）结果为负（对 8 位数值位求补得到它的绝对值）。

2. 符号数的运算

n 位二进制数，除去一位符号位，还有 $n-1$ 位表示数值，所能表示的补码的范围为 $-2^{n-1} \sim 2^{n-1}-1$。如果运算结果超过此范围就会产生溢出。如：105＋50＝69H＋32H，

```
  0110 1001
+ 0011 0010
-----------
  1001 1011=9BH=155 或-65H=-101
```

若把结果视为无符号数，为 155，结果是正确的。若将此结果视为符号数，其符号位为 1，结果为－101，这显然是错误的。其原因是和数 155 大于 8 位符号数所能表示的补码数的最大值 127，使数值部分占据了符号位的位置，产生了溢出，从而导致结果错误。又如：－105－50＝－155，

```
  1001 0111
+ 1100 1110
-----------
1 0110 0101
↑
└ 进位
```

两个负数相加，和应为负数，而结果 01100101B 却为正数，这显然是错误的。其原因是和数－155 小于 8 位符号数所能表示的补码数的最小值－128，也产生了溢出。若不将第 7 位（第 7 位～第 0 位）0 看做符号，也看做数值而将进位看做数的符号，结果为－10011011B＝－155，结果就是正确的。

因此，应当注意溢出与进位及补码运算中的进位或借位丢失间的区别：

（1）进位或借位是指无符号数运算结果的最高位向更高位进位或借位。通常多位二进制数将其拆成两部分、三部分或更多部分进行运算时，数的低位部分均无符号位，只有最高部分的最高位才为符号位。运算时，低位部分向高位部分进位或借位。由此可知，进位主要用于无符号数的运算，这与溢出主要用于符号数的运算是有区别的。

（2）溢出与补码运算中的进位丢失也应加以区别，如：－50－5＝－55，

```
   1100 1110
 + 1111 1011
 ---------------
 1 1100 1001 = -00110111B = -55
 ↑
 └ 进位丢失
```

两个负数相加，结果为负数是正确的。这里虽然出现了补码运算中产生的进位，但由于和数并未超出 8 位二进制补码数－128～127 的范围，因此无溢出。那么如何来判别有无溢出呢？

设符号位向进位位的进位为 C_Y，数值部分向符号位的进位为 C_S，则溢出

$$OF = C_Y \oplus C_S$$

OF＝1 时，有溢出；OF＝0 时，无溢出。

下面用 M、N 两数相加来证明。设 M_S 和 N_S 为两个加数的符号位，R_S 为结果的符号位，则有表 1-2 所列的真值表。由真值表得逻辑表达式：

$$OF = \overline{C_S} C_Y + C_S, \quad \overline{C_Y} = C_S \oplus C_Y。$$

表 1-2　　符号、进位、溢出的真值表

M_S	N_S	R_S	C_S	C_Y	OF
0	0	0	0	0	0
0	0	1	1	0	1
0	1	0	1	1	0
0	1	1	0	0	0
1	0	0	1	1	0
1	0	1	0	0	0
1	1	0	0	1	1
1	1	1	1	1	0

再来看 105＋50、－105－50 和－50－5　3 个运算有无溢出：

```
    0110 1001          1001 0111          1100 1110
 +  0011 0010       +  1100 1110       +  1111 1011
 ------------       ------------       ------------
    1001 1011       1  0110 0101       1  1100 1001
```

$C_Y=0$，$C_S=1$　　$C_Y=1$，$C_S=0$　　$C_Y=1$，$C_S=1$

$OF=0\oplus1=1$，有溢出　　$OF=1\oplus0=1$，有溢出　　$OF=1\oplus1=0$，无溢出

1.1.4　二进制数的逻辑运算与逻辑电路

计算机除了可进行基本的算术运算外，还可对两个或一个无符号二进制数进行逻辑运算。计算机中的逻辑运算，主要是“逻辑非”、“逻辑乘”、“逻辑加”和“逻辑异或”等 4 种基本运算。下面介绍这 4 种基本逻辑运算及实现这些运算的逻辑电路。

1. 逻辑非

逻辑非也称“求反”。对二进制数进行逻辑非运算，就是按位求它的反，常用变量上方加一横来表示。

例如若A=01100001B，B=11001011B，则

$$\overline{A}=10011110B，\quad \overline{B}=00110100B。$$

实现逻辑非运算的电路称为非门，又称反相器。它只有一个输入和一个输出。它的国标符号和国外符号如图 1-1 所示。

图 1-1　非门的符号表示

2. 逻辑乘

对两个二进制数进行逻辑乘，就是按位求它们的“与”，所以逻辑乘又称“逻辑与”，常用记号“∧”或“·”来表示。1 位二进制数逻辑乘的规则为

$$0\wedge0=0，\quad 0\wedge1=0，\quad 1\wedge0=0，\quad 1\wedge1=1。$$

例如：01100001B∧11001011B，其逻辑乘算式如下：

```
  0110 0001
∧ 1100 1011
-----------
  0100 0001
```

即 01100001B∧11001011B=01000001B。

实现逻辑乘运算的电路称为与门，2 输入与门的国标符号和国外符号如图 1-2 所示。

图 1-2　与门的符号表示

3. 逻辑加

对两个二进制数进行逻辑加，就是按位求它们的“或”，所以逻辑加又称“逻辑或”，

常用记号“V”或“+”来表示。1位二进制数逻辑加的规则为

$$0\vee0=0,\quad 0\vee1=1,\quad 1\vee0=1,\quad 1\vee1=1。$$

例如：01100001B∨11001011B，其逻辑加算式如下：

$$\begin{array}{r} 0110\ 0001 \\ \vee\ \ 1100\ 1011 \\ \hline 1110\ 1011 \end{array}$$

即 01100001B∨11001011B=11101011B。

实现逻辑加运算的电路称为或门，2输入或门的国标符号和国外符号如图1-3所示。

图1-3　或门的符号表示

4. 逻辑异或

对两个二进制数进行逻辑异或，就是按位求它们的模2和，所以逻辑异或又称“按位加”，常用符号“⊕”来表示。1位二进制数的逻辑异或运算规则为

$$0\oplus0=0,\quad 0\oplus1=1,\quad 1\oplus0=1,\quad 1\oplus1=0。$$

例如：01100001B⊕11001011B，其逻辑异或算式如下：

$$\begin{array}{r} 0110\ 0001 \\ \oplus\ \ 1100\ 1011 \\ \hline 1010\ 1010 \end{array}$$

即 01100001B⊕11001011B=10101010B。

注意：按位加与普通整数加法的区别是它仅按位相加，不产生进位。

实现逻辑异或运算的电路称为异或门，2输入异或门的国标符号和国外符号如图1-4所示。

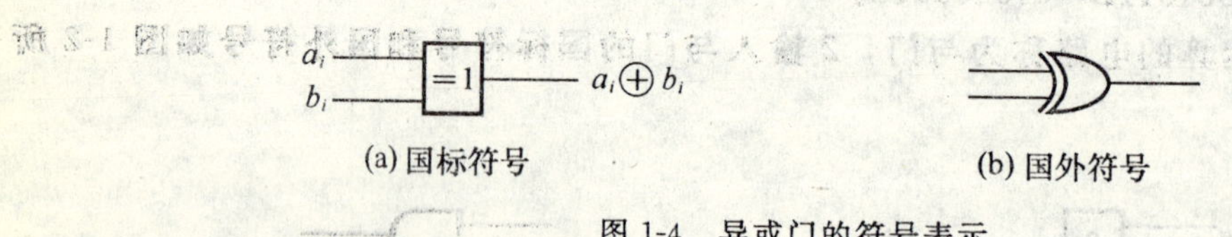

图1-4　异或门的符号表示

异或门的特点是，只有当输入的两个变量相异时，输出为高(“1”)，否则输出为低(“0”)。

5. 正逻辑与负逻辑

逻辑电路实现的逻辑关系，可用高电平表示逻辑1，用低电平表示逻辑0，在这种规

定下的逻辑关系称为正逻辑。事实上，还有另一种规定：用低电平表示逻辑 1，用高电平表示逻辑 0，在这种规定之下的逻辑关系称为负逻辑。对于同一个逻辑电路，由于采用的逻辑制度不同，使它实现的逻辑关系也就不同。

逻辑门的正逻辑和负逻辑形式如图 1-5 所示。从图中可以看到，每一种逻辑门都可以用两种逻辑符号来表示。在电路的输入和输出端上的小圆圈可以看成是逻辑运算中的“非”，所以称为反相圈。在逻辑电路中使用反相圈是为了强调此处的逻辑关系是负逻辑。只要认真地分析一下“正与门”和“正或门”的输入/输出关系，就可以看出正与门就是负或门，正或门就是负与门。计算机中常使用负逻辑，即信号多数是低电平有效，所以把正逻辑的“或门”表示成负逻辑的“与门”形式，这就是为了表示这里是低电平的“与”操作，即输入同时为低电平时，输出为低电平；而正逻辑的“与门”又都表示成负逻辑的“或门”形式，这就是为了表示这里是低电平的“或”操作，即只要输入有一个为低电平时，输出就为低电平。另外，常使用负逻辑的“与非门”（正逻辑的“或非门”）和负逻辑的“或非门”（正逻辑的“与非门”），表示输出的有效电平为高电平。

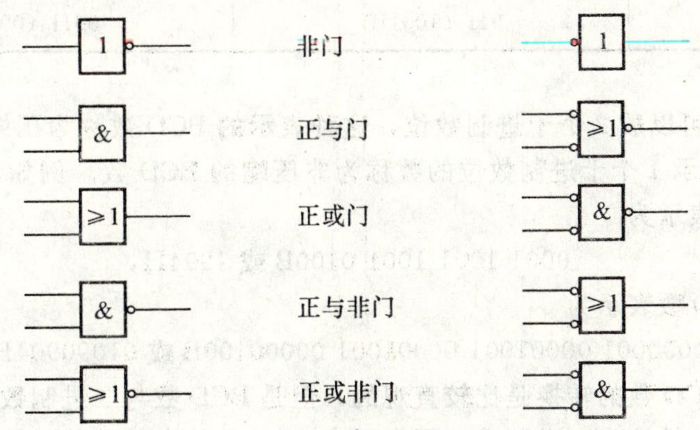

图 1-5　正负逻辑门电路的符号表示

1.1.5　二进制编码

如上所述，计算机中数是用二进制表示的，而计算机又应能识别和处理各种字符，如大小写英文字母、标点符号、运算符号等，这些又如何表示呢？在计算机里，字母、各种符号以及指挥计算机执行操作的指令，都是用二进制数的组合来表示的，称为二进制编码。

1. 二进制编码的十进制数

十进制数有 0～9 10 个数码。要表示这 10 个数码，需要用 4 位二进制数，这称为二进制编码的十进制数，简称为 BCD 数（Binary Coded Decimal）。用 4 位二进制数编码表示 1 位十进制数的方法很多，较常用的是 8421 BCD 码，如表 1-3 所列。

表 1-3　　8421 BCD 编码表

十进制数	压缩 BCD 数	非压缩 BCD 数（ASCII BCD 数）
0	0H（0000B）	00H（0000 0000B）
1	1H（0001B）	01H（0000 0001B）
2	2H（0010B）	02H（0000 0010B）
3	3H（0011B）	03H（0000 0011B）
4	4H（0100B）	04H（0000 0100B）
5	5H（0101B）	05H（0000 0101B）
6	6H（0110B）	06H（0000 0110B）
7	7H（0111B）	07H（0000 0111B）
8	8H（1000B）	08H（0000 1000B）
9	9H（1001B）	09H（0000 1001B）

8 位二进制数可以放 2 个十进制数位，这种表示的 BCD 数称为压缩的 BCD 数。而把用 8 位二进制数表示 1 个十进制数位的数称为非压缩的 BCD 数。例如，将十进制数 1994 用压缩的 BCD 数表示为

0001 1001 1001 0100B 或 1994H，

而用非压缩的 BCD 数表示为

00000001 00001001 00001001 00000100B 或 01090904H。

十进制数与 BCD 数的转换是比较直观的，但是 BCD 数与二进制数之间的转换却不是直接的。将 BCD 数转换为二进制数，要先写出 BCD 数的十进制数，然后再按十进制数转换为二进制数的方法将十进制数转换为二进制数。例如，将压缩的 BCD 数 1994H 转换为二进制数，其方法是：

（1）压缩的 BCD 数 1994H 即是十进制数 1994；

（2）$1994=2048-54=2^{11}-32H-4=1000\ 0000\ 0000B-32H-4H=800H-36H=7CAH$。

同样，将二进制数转换为 BCD 数，要先按二进制数转换为十进制数的方法将二进制数转换为十进制数，然后再根据十进制数写出 BCD 数。例如，将二进制数 0111 1100 1010B（即 7CAH）转换为非压缩的 BCD 数，其方法是：

（1）7CAH=1994；

（2）十进制数 1994 的非压缩 BCD 数为 01090904H。

2. ASCII（American Standard Code for Information Interchange）码

计算机里也是用 8 位二进制数表示一个字符，普遍采用 ASCII 码，常用字符的 ASCII 码如表 1-4 所列。

表 1-4　　常用字符的 ASCII 码

字　符	ASCII 码（H）
0～9	30～39
A～Z	41～5A
a～z	61～7A
Blank（space）	20
$	24
换行 LF	0A
回车 CR	0D

十进制数的 10 个数码 0～9 的 ASCII 码是 30H～39H，它们的低 4 位与其 BCD 码相同，且又是用 8 位二进制数表示 1 个十进制数，因此也称非压缩 BCD 数为 ASCII BCD 数。

将十进制数的 ASCII 码转换为二进制数，要先将其转换为 ASCII BCD 数，然后写出 ASCII BCD 数的十进制数，最后再将十进制数转换为二进制数。例如，将十进制数的 ASCII 码 31393934H 转换为二进制数，其方法是：

（1）31393934H→01090904H；

（2）01090904H→1994；

（3）1994＝7CAH。

将二进制数转换为十进制数的 ASCII 码的过程与上述过程相反。

可以根据十进制数的 ASCII 码直接写出十进制数，但难以根据十六进制数的 ASCII 码直接写出十六进制数。十进制数的 ASCII 码与十进制数之间有一固定差值 30H，这是因为十进制数 0～9 以及十进制数的 ASCII 码 30H～39H 都是连续的。而十六进制数的 ASCII 码却是不连续的，十六进制数的 16 个 ASCII 码为 30H～39H 和 41H～46H，它们分段连续，在 39H 和 41H 之间还有一差值 7。因此，将十六进制数的 ASCII 码转换为十六进制数或将十六进制数转换为十六进制数的 ASCII 码，就要分段相减或相加。即先判别 ASCII 码是在哪个区段内，然后再加或减 30H 或 37H。例如，将 3 位十六进制数的 ASCII 码 374341H 转换为十六进制数，其方法是：37H－30H＝07H，43H－37H＝0CH，41H－37H＝0AH，即 ASCII 码 374341H 的十六进制数为 7CAH。

1.1.6　BCD 数的加减运算

每位 8421 BCD 数的 4 位二进制数之间是二进制关系，BCD 数低位的 4 位二进制数与高位的 4 位二进制数之间是逢“10”进 1 的，而 4 位二进制数之间是逢“16”进 1 的。用二进制数的运算器进行 BCD 数的运算就会导致两个 BCD 数的数位之和大于 9、小于 16 时不产生进位，其和为一非 BCD 数；大于或等于 16 时产生进位，进位值是 16 而不是 10。因此，BCD 数进行运算后必须进行调整处理。

1. BCD 数加法

两个 BCD 数相加，若相加各位的结果都在 0～9 之间，则其加法运算规则完全同二进制数的加法规则；若大于 9，则应对其进行加 6 调整。如 48+59，因为低 4 位相加，和为 17 大于 9，高 4 位相加并与低 4 位的进位相加，和为 10 也大于 9，故都应加 6 调整，其运算和调整过程如下：

```
   0100 1000
+  0101 1001
-----------
   1010 0001
+  0110 0110
-----------
  10000 0111
```

和为 107。

2. BCD 数减法

两个 BCD 数相减，若本位的被减数大于或等于减数，则减法规则完全同二进制数；反之，就会向高位借位，十进制数向高位借 1 作 10，而按二进制运算规则，借 1 作 16，因此应进行减 6 调整。如 28－19，低位 8 减 9，向高位借位故应减 6 调整。其运算与调整过程如下：

```
   0010 1000
-  0001 1001
-----------
   0000 1111
-  0000 0110
-----------
   0000 1001
```

差为 9。

通常计算机中都设置有二进制数、十进制数的调整电路，BCD 数的运算是把数当做二进制数做二进制数的运算，运算后再将二进制数调整为 BCD 数。

1.2 逻辑单元与逻辑部件

逻辑部件是用来对二进制数进行寄存、传送和变换的数字部件，其种类繁多，本书只简单地介绍微型计算机中常用的几种逻辑部件。构成逻辑部件的基本单元电路是触发器，所以首先介绍触发器。

1.2.1 触发器

触发器是具有记忆功能的基本逻辑单元电路。它能接收、保存和输出逻辑信号“0”和“1”。各类触发器都可以由逻辑门电路组成。

1. 基本 RS 触发器

基本 RS 触发器是最简单的触发器，它是将两个与非门的输入与输出交叉连接构成，如图 1-6 所示。触发器的两个输入端分别是 $\overline{R}$ 和 $\overline{S}$，其中 $\overline{S}$ 端称为置 1 或置位（Set）端，$\overline{R}$ 端称为置 0 或复位（Reset）端。触发器有两输出端 Q 和 $\overline{Q}$，在正常工作时，它们总是处于互补的状态。我们用 Q 端的状态来表示触发器的状态。由与非门的逻辑功能决定，要使触发器为 1 状态，可使 $\overline{S}=0$，$\overline{R}=1$。同样要使触发器为 0 状态，需令 $\overline{R}=0$，$\overline{S}=1$。触发器一旦为 1 状态（或 0 状态），$\overline{S}$（或 $\overline{R}$）端从 0 变成 1，触发器将保持 1 状态（或 0 状态）不变。即 $\overline{R}=1$，$\overline{S}=1$ 时触发器的状态不变。$\overline{R}$ 和 $\overline{S}$ 不能同时为 0，因为同时为 0 时，Q 和 $\overline{Q}$ 都为 1。当这种输入状态消失时，触发器的 Q 端可能为 0，也可能为 1，究竟是 0 还是 1，是不确定的。

2. 同步 RS 触发器

基本 RS 触发器中，输入端的触发信号直接控制触发器的状态。但在实际应用中，还希望触发器受一个时钟信号控制，做到按时钟信号的节拍翻转。这个控制信号称为时钟脉冲 CP（Clock Pulse）。引入 CP 后，触发器的状态不是在输入信号（R、S 端）变化时立刻转换，而是等待时钟信号到达时才转换。在多个这种触发器组成的电路中，各触发器受同一个时钟控制，触发器都在同一个时刻翻转，故得名同步 RS 触发器，而基本 RS 触发器称为异步 RS 触发器。

同步 RS 触发器的电路结构如图 1-7 所示。该电路由基本 RS 触发器和控制电路两部分组成。在时钟脉冲未到来时（即 CP=0 时），由于控制电路的两个与非门均被封锁，它们的输出都为 1，使基本 RS 触发器维持原状态不变。在时钟脉冲作用期间（即 CP=1 时），控制电路的两个非与门均被开启，R 和 S 端的输入，被反相后送到基本 RS 触发器的输入端。由基本 RS 触发器的逻辑功能可知，若 RS=01，则触发器被置位；若 RS=10，则触发器被复位；RS=00 时触发器的状态不变；而 RS=11 的输入状态，对同步 RS 触发器是不允许的。

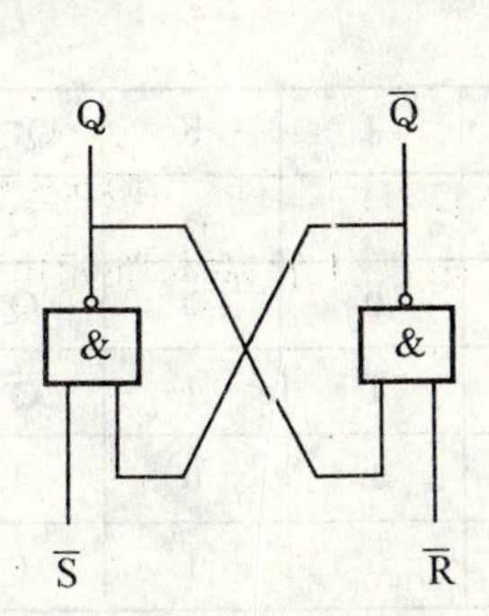

图 1-6　基本 RS 触发器的结构

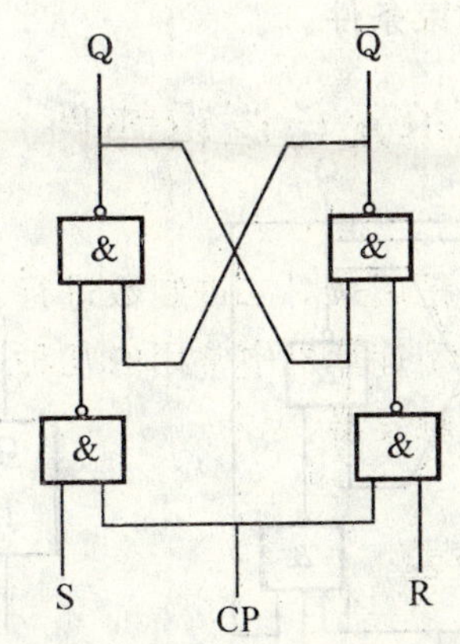

图 1-7　同步 RS 触发器的结构

3. D触发器

同步 RS 触发器工作时，不允许 R 和 S 端的输入信号同时为 1。如果将 R 端改接到控制电路另一个与非门的输出端，只在 S 端加入输入信号，S 端改称为 D 端，同步 RS 触发器就转换成了 D 触发器。D 触发器的电路结构，逻辑符号和真值表如图 1-8 所示。由于总是将 D 端的输入反相后作为另一个与非门的输入信号，故无论 D 端的状态如何，都满足 RS 触发器的约束条件，即不会出现不允许的输入状态。由 RS 触发器的特性可直接求出 D 触发器的特性。不管 D 触发器 Q 端的原状态 Q^n 如何，次态 Q^{n+1} 总是与时钟脉冲来到时 D 端的输入状态相同。

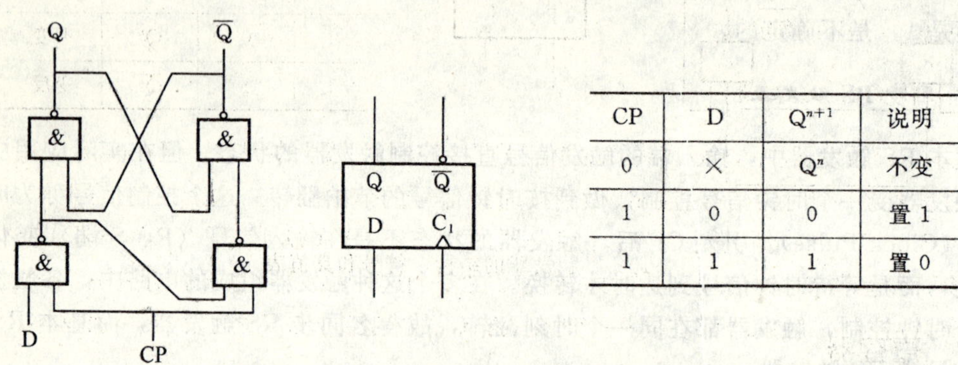

CP	D	Q^{n+1}	说明
0	×	Q^n	不变
1	0	0	置 1
1	1	1	置 0

图 1-8　D 触发器的结构、符号和真值表

有些 D 触发器还有异步复位端 $\overline{R_D}$ 和异步置位端 $\overline{S_D}$，利用它们也能实现置数的功能。

4. JK 触发器

在同步 RS 触发器的基础上，增加了 J 和 K 输入端及两条反馈线可组成 JK 触发器。JK 触发器的电路结构，逻辑符号和真值表如图 1-9 所示。由于 Q 和 $\overline{Q}$ 的互补关系，控制电路的两个与非门不会同时出现开启的情况，因而 JK 的任一种输入状态，都是允许的，不再有什么约束条件。

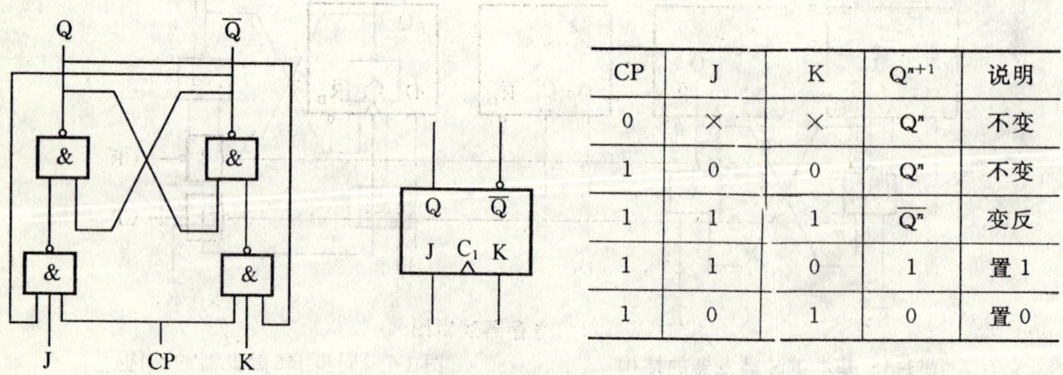

CP	J	K	Q^{n+1}	说明
0	×	×	Q^n	不变
1	0	0	Q^n	不变
1	1	1	$\overline{Q^n}$	变反
1	1	0	1	置 1
1	0	1	0	置 0

图 1-9　JK 触发器的结构、符号和真值表

5. T 触发器

将 JK 触发器的 J、K 两端连在一起作为 T 输入端，便得到了 T 触发器。T 触发器电路结构逻辑符号和真值表如图 1-10 所示。

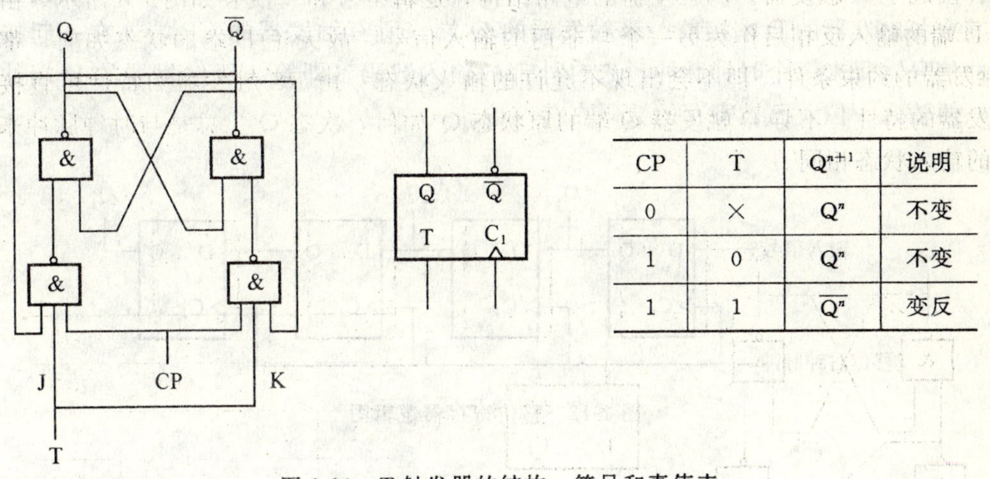

CP	T	Q^{n+1}	说明
0	×	Q^n	不变
1	0	Q^n	不变
1	1	$\overline{Q^n}$	变反

图 1-10　T 触发器的结构、符号和真值表

1.2.2 寄存器

寄存器是计算机中用得最多的逻辑部件之一，它用来存放二进制信息，它具有接收二进制数码和寄存二进制数码的功能。寄存器由触发器组成。触发器具有两个稳定状态，每一个触发器可以存放 1 位二进制数，*N* 个触发器可以构成存放 *N* 位二进制数的寄存器。图 1-11 为由 4 个具有异步复位端的 D 触发器构成的寄存器的逻辑图。当$\overline{CR}$=1 时（$\overline{CR}$为清 0 端，$\overline{CR}$=0 时，寄存器的 4 个 Q 端都为 0），时钟脉冲将待送的数码 D4D3D2D1 送到寄存器的 Q4Q3Q2Q1 保存起来。

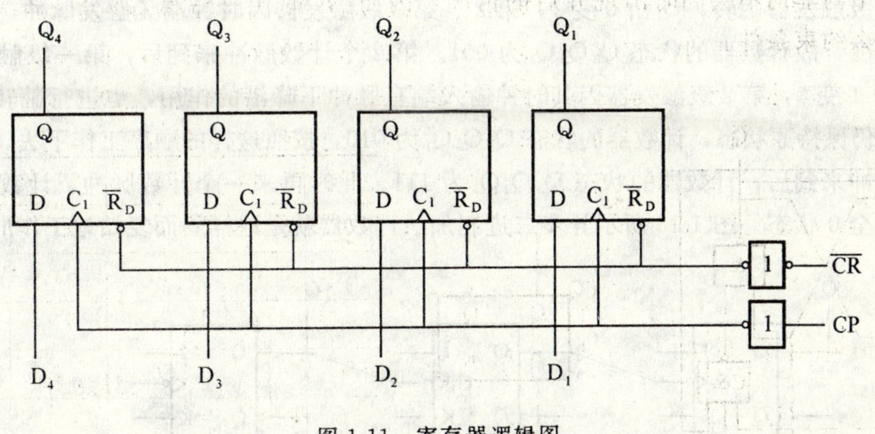

图 1-11　寄存器逻辑图

1.2.3 移位寄存器

具有移位逻辑功能的寄存器称为移位寄存器。移位寄存器一般由D触发器构成。图1-12为由4个D触发器构成的移位寄存器的逻辑图。它的第4级触发器的D端接输入信号，其余各触发器的D端接前一级触发器的Q端，所有触发器的CP端连在一起接收时钟脉冲信号。每来一个时钟脉冲，来自外部的输入数码（即第4级触发器的D端的输入信号）便输入一位，已被寄存的数码右移一位。

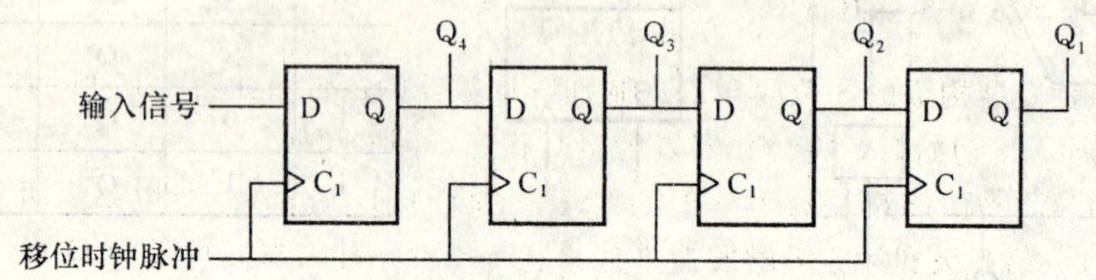

图1-12 移位寄存器逻辑图

1.2.4 计数器

计数器是计算机中又一种常用的逻辑部件，它不仅能存储数据，而且还能记录输入脉冲的个数，计数器的种类繁多，可以从不同角度来分类。按工作方式，可分为同步计数器和异步计数器；按加减计数顺序，可分为加法计数器和减法计数器；按进位制，可分为二进制计数器、十进制计数器和任意进制计数器等。

1. 异步二进制加法计数器

由JK触发器构成的3位异步二进制加法计数器的逻辑图如图1-13所示，其工作波形如图1-14所示。初始时，将计数器置为全0状态（即$Q_3Q_2Q_1$为000）。第1个计数脉冲来到后，第1级触发器翻转，Q_1由0变1，第2、第3级触发器因时钟端无触发脉冲，它们维持原状态不变，故计数器的状态$Q_3Q_2Q_1$为001。第2个计数脉冲来到后，第一级触发器又翻转，Q_1由1变0，第2级触发器因其时钟输入端有脉冲下降沿的作用，也进行翻转，Q_2由0变1，Q_3仍保持原状态，计数器的状态$Q_3Q_2Q_1$为010。按照这样的顺序工作下去，直至第7个计数脉冲来到后，计数器的状态$Q_3Q_2Q_1$为111。此时再来一个计数脉冲，计数器又回到初始时的全0状态。图1-13所示异步二进制加法计数器就是这样周而复始地工作的。

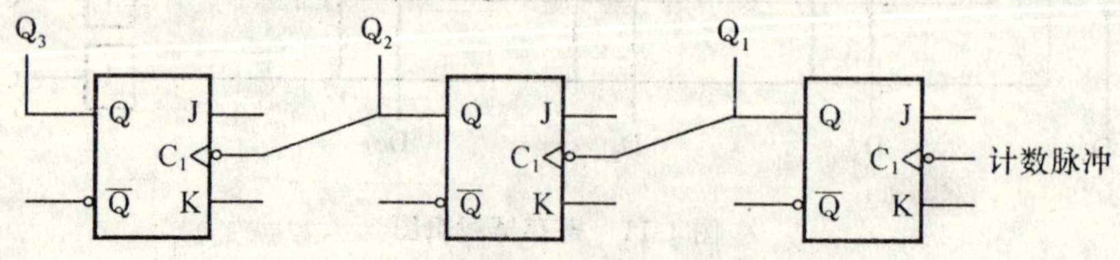

图1-13 异步二进制加法计数器

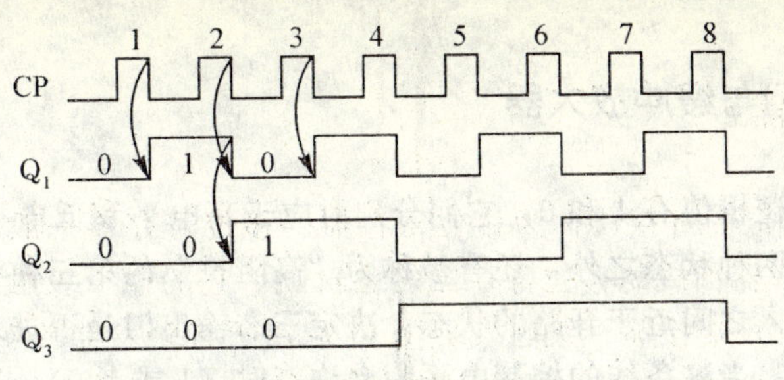

图 1-14　异步二进制加法计数器的工作波形

2. 同步二进制加法计数器

由 JK 触发器构成的 3 位同步二进制加法计数器的逻辑图如图 1-15 所示，其工作波形如图 1-16 所示。初始时，将计数器置为全 0 状态（即 $Q_3Q_2Q_1$ 为 000）。第 1 个 CP 脉冲来到后，由于第 1 级的 JK 端为 1，第 2 级和第 3 级的 JK 端为 0，所以第 1 级触发器翻转，Q_1 由 0 变 1，第 2 级和第 3 级触发器维持原状态不变，计数器的状态 $Q_3Q_2Q_1$ 为 001。第 2 个 CP 脉冲来到后，由于第 1 级和第 2 级的 JK 端为 1，第 3 级的 JK 端为 0，故第 1 级和第 2 级触发器翻转，第 3 级触发器维持原状态不变，计数器的状态 $Q_3Q_2Q_1$ 为 010。第 3 个 CP 脉冲来到后，第 1 级触发器翻转，第 2 级和第 3 级触发器维持原状态不变，计数器的状态 $Q_3Q_2Q_1$ 为 011。第 4 个 CP 脉冲来到后，3 级触发器的 JK 端都为 1，故 3 个触发器均翻转，计数器的状态 $Q_3Q_2Q_1$ 为 100。按照这样的顺序工作下去，直至第 7 个 CP 脉冲来到后，计数器的状态 $Q_3Q_2Q_1$ 为 111。此时再来 1 个 CP 脉冲，由于 3 个触发器的 JK 都为 1，故 3 级触发器均翻转，计数器的状态 $Q_3Q_2Q_1$ 又回到初始的全 0 状态。图 1-15 所示同步二进制加法计数器就是这样周而复始地工作的。

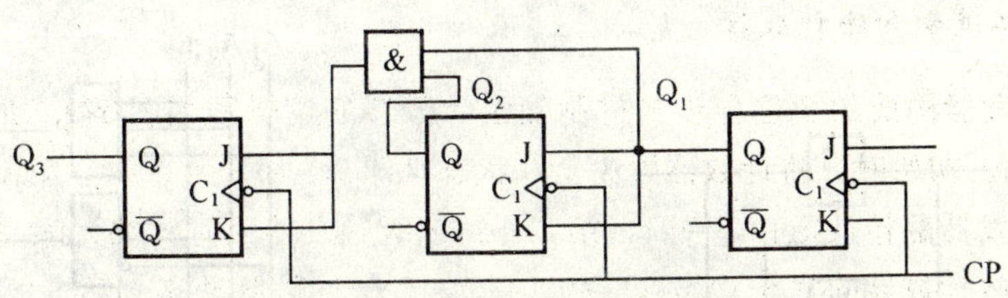

图 1-15　同步二进制加法计数器

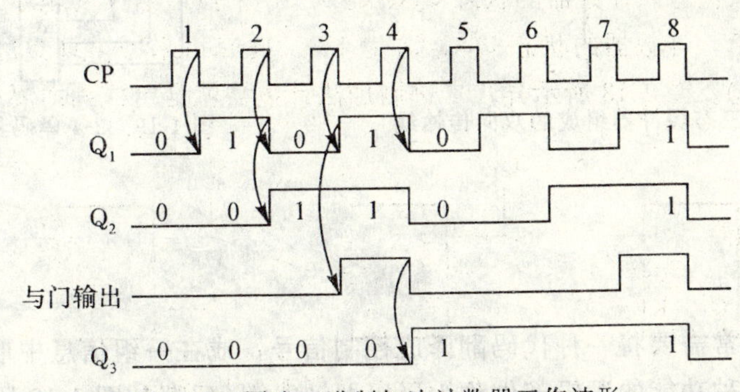

图 1-16　同步二进制加法计数器工作波形

1.2.5 三态输出门与缓冲放大器

在逻辑电路中，逻辑值有 1 和 0，它们分别对应于高电平和低电平这两种状态。三态输出门除去通常的那两种状态之外，还有被称为“高阻抗”的第三种状态。可以把高阻抗状态理解为输出与输入之间近于开路的状态。决定三态输出门是否进入高阻态，是由一条辅助控制线来控制的：当这条线的控制电平为允许态时（1 或者 0），三态输出门与一般的两态输出门一样；当这条线的控制电平成为禁止态时（0 或者 1），三态门就进入高阻态。这种三态输出门电路的符号如图 1-17 所示。三态输出门也可以称为三态缓冲器。

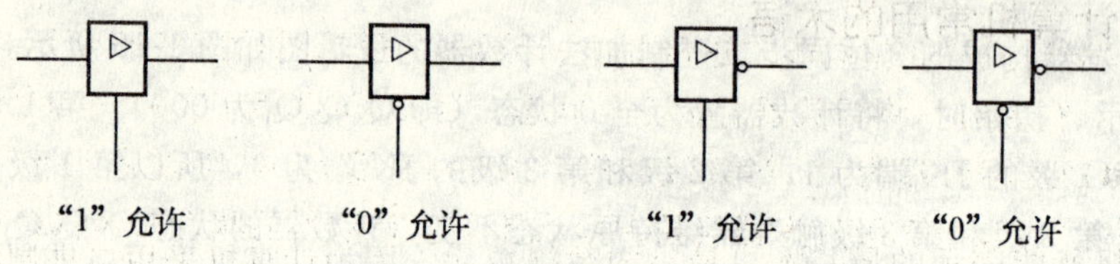

图 1-17　4 种类型的三态缓冲器

三态输出门电路可以加到寄存器的输出端上，这样的寄存器就称为三态（缓冲）寄存器。使用三态输出门电路计算机可以通过一组信息传输线与一个寄存器接通，也可以与其断开而与另外一个寄存器接通，即一组信息传输线可以传输任意多个寄存器的信息，这组传输线就是计算机的总线（BUS）。

三态输出门电路还可以使一组总线实现双向信号传输。双向信号传输线如图 1-18 所示，当 E=0 时，数据 D_i传向 D_j；当 E=1 时，数据 D_j传向 D_i。

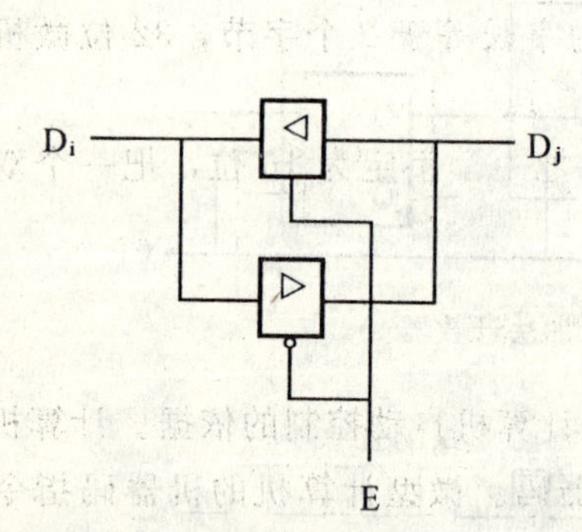

图 1-18　由三态缓冲器组成的双向传输线

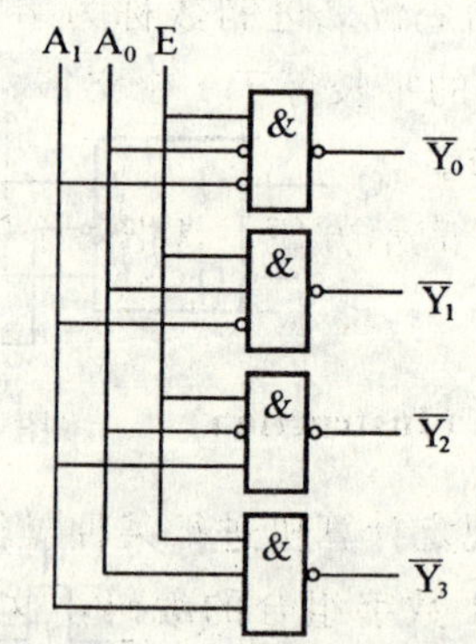

图 1-19　2-4 译码器逻辑图

1.2.6 译码器

在计算机中常常需要将一种代码翻译成控制信号，或在一组信息中取出所需要的一部分信息，能完成这种功能的逻辑部件称为译码器。2-4 译码器如图 1-19 所示。当 E=0 时，

$\overline{Y_0}$～$\overline{Y_3}$均为1，即译码器没有工作。当E=1时，译码器进行译码输出。如果A_1A_0=00，则$\overline{Y_0}$=0，其余为1；同样A_1A_0=01时，只有$\overline{Y_1}$=0；A_1A_0=10时，只有$\overline{Y_2}$=0；A_1A_0=11时，只有$\overline{Y_3}$=0。由此可见，输入的代码不同，译码器的输出状态也就不同，从而完成了把输入代码翻译成对应输出线上的控制信号。

1.3 微型计算机的结构和工作原理

1.3.1 微型计算机常用的术语

1. 位（Bit）

位是计算机所能表示的最基本、最小的数据单元。因为计算机采用二进制数，所以位就是1个二进制位，它有“0”和“1”两种状态。由若干个二进制位的组合就可以表示各种数据、字符等。

2. 字（Word）和字长

字是计算机内部进行数据处理的基本单位，通常它与计算机内部的寄存器、算术逻辑单元、数据总线宽度相一致。计算机的每一个字所包含的二进制位数称为字长。

3. 字节（Byte）

把相邻的8位二进制数称为字节。字节长度是固定的，但不同计算机的字长是不同的。8位微机的字长等于1个字节，而16位微机的字长等于2个字节，32位微机的字长等于4个字节。

目前为了表示方便，常把一个字节定为8位，把一个字定为16位，把一个双字定为32位。

4. 指令（Instruction）

指令是规定计算机进行某种操作的命令。它是计算机自动控制的依据。计算机只能直接识别0和1数字组合的编码，这就是指令的机器码。微型计算机的机器码指令有1字节、2字节，也有多字节，如4字节、6字节等。

5. 程序（Program）

程序是指令的有序集合，是一组为完成某种任务而编制的指令的序列。

6. 指令系统（Instruction Set）

指令系统指一台计算机所能执行的全部指令。

1.3.2 微型计算机的基本结构

微型计算机主要由中央处理单元（CPU）、存储器（RAM 和 ROM）、I/O 接口、I/O 设备及总线组成，如图 1-20 所示。

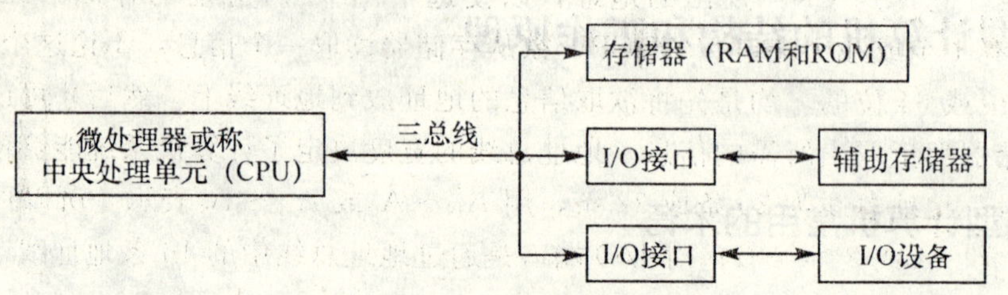

图 1-20 微型计算机的基本结构

1. 中央处理器 CPU（Central Processor Unit）

中央处理器或称微处理器具有算术运算、逻辑运算和控制操作的功能，是微型计算机的核心部分。它主要由 3 个基本部分组成：

(1) 算术逻辑单元 ALU（Arithmetic Logic Unit），用来执行基本的算术运算和逻辑运算。

(2) 寄存器（Register）组，CPU 中有多个寄存器，用来存放操作数、中间结果以及反映运算结果的状态标志位等。

(3) 控制器（Control Unit），具有指挥整个系统操作的功能。它按一定的顺序从存储器中读取指令，进行译码，在时钟信号的控制下，发出一系列的操作命令，控制 CPU 以及整个系统有条不紊地工作。

2. 总线

总线是把计算机各个部分有机地连接起来的一组并行的导线，是各个部分之间进行信息交换的公共通道。微型计算机中，连接 CPU、存储器和各种 I/O 设备并使它们之间能够相互传送信息的信号线及其控制信号线称为总线。在微型计算机系统的各个层次结构中有不同的总线，和 CPU 直接相连的总线称为 CPU 总线。CPU 总线有 3 组不同功能的总线，这 3 组总线是数据总线 DB（Data Bus）、地址总线 AB（Address Bus）和控制总线 CB（Control Bus）。

(1) 数据总线

数据传输路径的一组信号线称为数据总线。数据在 CPU 与存储器和 CPU 与 I/O 接口之间的传送是双向的，故数据总线为双向总线。通常，数据总线是由 8 条、16 条 32 条或 64 条数据线组成。这些数据线的条数称为数据总线的宽度。由于每一条数据线每一次均能传送 1 位二进制数，所以数据线的条数就决定了每一次能同时传送的二进制数的位数。由此可以看出，数据总线的宽度是表现系统总体性能的最关键的因素之一。8086 和

80286 的数据总线为 16 条，用 $D_{15}\sim D_0$ 表示。8088 的数据总线为 8 条，用 $D_7\sim D_0$ 表示，8088 为准 16 位微处理器，这是 8086 和 8088 的惟一区别。80386 和 80486 的数据总线为 32 条，Pentium 的数据总线为 64 条。

(2) 地址总线

规定数据总线上的数据出于何处和送往何处即传输数据的存储位置的一组信号线称之为地址总线。它传送 CPU 发出的地址，以便选中 CPU 所寻址的存储单元或 I/O 端口（一个接口有 1 个或几个端口）。若 CPU 欲从存储器读取一个信息，不论这个信息是 8 位、16 位、32 位或 64 位的，均是先将欲取信息的地址放到地址线上，然后才可以从被该地址选中的存储器那里取出所需的信息。地址总线的宽度决定了计算机系统能够使用的最大的存储器容量。地址总线为 20 条或 32 条，用 $A_{19}\sim A_0$ 或 $A_{31}\sim A_0$ 表示，所以可寻址的存储单元为 $2^{20}=1$ M 或 $2^{32}=4$ G；对 I/O 端口是通过地址总线中的 16 条地址线 $A_{15}\sim A_0$ 来寻址的，故可寻址 I/O 端口为 $2^{16}=64$ K。

(3) 控制总线

在传输与交换数据时起管理控制作用的一组信号线称之为控制总线。控制总线的作用是用来对数据总线、地址总线的访问及其使用情况实施控制。总线上的任何一个部件发出的数据和地址信息，计算机系统内所有连接到总线上的部件都可以接收得到，所以用控制总线对它们实施控制是十分必要的。控制总线的作用就是向计算机系统的各部件发送操作命令和定时信息。操作命令规定了要执行的具体操作，而定时信息则规定了数据信息和地址信息的时效性。控制信号有的是高电平有效，如地址锁存允许信号 ALE（Address Latch Enable）、INTR 等；有的是低电平有效，如 $\overline{\text{MEMR}}$、$\overline{\text{MEMW}}$、$\overline{\text{IOR}}$、$\overline{\text{IOW}}$ 等。常用的控制信号有以下几种：

①写存储器信号 $\overline{\text{MEMW}}$。在写存储器信号的控制之下，将数据总线上的数据写入指定的存储单元。

②读存储器信号 $\overline{\text{MEMR}}$。在读存储器信号的控制之下，将指定的存储单元中的数据放到总线上。

③输入输出写信号 $\overline{\text{IOW}}$。在输入/输出写信号的控制之下，将总线上的数据输出到指定的输出端口。

④输入输出读信号 $\overline{\text{IOR}}$。在输入/输出读信号的控制之下，将指定的输入端口上的数据存放到数据总线上。

⑤中断请求信号 INTR。表示计算机系统内的某一中断源发出欲中断的申请信号。

⑥中断响应信号 $\overline{\text{INTA}}$（Interrupt Acknowledge）。表示计算机系统内的某一中断源发出的中断申请信号已获得响应。

3. 存储器（Memory）

存储器的主要功能是存放程序和数据，程序是计算机操作的依据，数据是计算机操作的对象。不管是程序还是数据，在存储器中都是用二进制的“1”或“0”表示，统称为信息。为实现自动计算，这些信息必须预先放在存储器中。存储器由寄存器组成，可以看成是一个寄存器堆。存储器被划分成许多小单元，称为存储单元。每个存储单元相当于一个缓冲寄存器。为了便于存入和取出，每个存储单元必须有一个固定的地址，称为单元地址。单元地址用二进制编码表示，如图 1-21 所示。每个存储单元的地址只有一个，固定不变，而存储在其中的信息是可以更换的。存储器的地址是数以千计的。为了减少存储器向外引出的地址线，在存储器内部都自带有地址译码器。

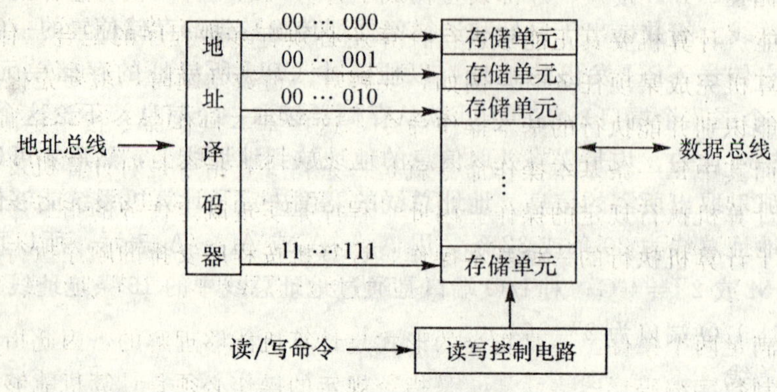

图 1-21　存储器的单元地址

向存储单元存放或取出信息，都称为访问存储器。访问存储器时，先由地址译码器将送来的单元地址进行译码，找到相应的存储单元；再由读写控制电路，根据送来的读/写命令确定访问存储器的方式，完成读出（读）或写入（写）操作。

4. I/O 接口

外部设备与计算机之间通过接口连接。设置接口主要有以下几个方面的原因：一是外部设备大多数都是机电设备，传送数据的速度远远低于计算机，因而需要接口作数据缓存。二是外部设备表示信息的格式与计算机不同。例如，由键盘输入的数字、字母，先由键盘接口转换成 8 位二进制码（ASCII 码），然后再送入计算机，因此需用接口进行信息格式的转换。三是接口还可以向计算机报告设备运行的状态，传达计算机的命令等。

5. I/O 设备

I/O 设备又称为外部设备，它通过 I/O 接口与微型计算机连接。

输入设备是变换输入信息形式的部件。它将人们熟悉的信息形式变换成计算机能接收并识别的信息形式。输入的信息形式有数字、字母、文字、图形、图像等多种形式，送入计算机的只有一种形式，就是二进制数据。一般的输入设备只用于原始数据和程序的输入。常用的输入设备有键盘、模数转换器、扫描仪等。

输出设备是变换计算机的输出信息形式的部件。它将计算机处理结果的二进制信息转换成人们或其他设备能接收和识别的形式，如字符、文字、图形等。常用的输出设备有显示器、打印机、绘图机等。

磁盘和光盘等大容量存储器也是计算机重要的外部设备，它们既可以作输入设备，也可以作输出设备。此外，它们还有存储信息的功能，因此，常常作为辅助存储器使用，而一般所指的存储器为内存储器或主存储器。

1.3.3 计算机的工作原理

CPU、存储器、I/O 接口、外部设备构成了计算机的硬件，仅有这样的硬件还只是具有了计算的可能。计算机要真正能够进行计算还必须有多种程序的配合。什么是程序呢？当我们要用计算机完成某项任务时，例如，要解算一道数学题时，就要先把题目的解算方法分成计算机能识别并能执行的基本操作命令，这些基本操作命令按一定顺序排列起来，组成了程序，而其中每一条基本操作命令就是一条指令，指令是对计算机发出的一条条工作命令，命令计算机执行规定的操作。因此，程序是实现既定任务的指令序列，其中的每条指令都规定了计算机执行的一种基本操作，计算机按程序安排的顺序执行指令，就可以完成既定任务。

指令必须满足两个条件：一是指令的形式是计算机能够理解的，因此指令也采用和数据一样的二进制数字编码形式表示；二是指令规定的操作必须是计算机能够执行的，即每条指令的操作均有相应的电子线路实现。各种类型的计算机的指令都有自己的格式和具体的含义，但必须指明操作性质（如加、减、乘、除，比较大小等）和参加操作的有关信息（如数据或数据的存放地址等）。

指令的不同组合方式，可以构成完成不同任务的程序，一台机器的指令种类是有限的，但在人们的精心设计下，实现信息处理任务的程序可以无限多，计算机严格忠实地按照程序安排的指令顺序，有条不紊地执行规定的操作，完成预定任务。为实现自动连续地执行程序，必须先把程序和数据送到具有记忆功能的存储器中保存起来，然后由控制器和 ALU 依据程序中指令的顺序周而复始地取出指令，分析指令，执行指令，直到完成全部指令操作为止。存储程序和程序控制体现了现代计算机的基本特性，是计算机的基本工作原理。

1.4 8086/8088 微处理器

微型机是由具有不同功能的一些部件组成的。中央处理单元（CPU）是微型机的心脏，它决定了微型机的结构。要构成一台微型计算机，必须了解 CPU 的结构。本节将详细介绍 8086/8088 CPU 的结构，它是掌握 80x86 微处理器和 IBM PC 微型计算机的基础。

1.4.1 8086/8088 的结构

Intel 8086/8088 由两个独立的工作单元组成，如图 1-22 所示，即执行单元（execution unit）和总线接口单元（bus interface unit）。图 1-22 的左半部分为执行单元 EU，右半部分为总线接口单元 BIU。EU 不与外部总线（或称外部世界）相连，它只负责执行指令。而 BIU 则负责从存储器或外部设备中读取指令和读/写数据，即完成所有的总线操作。这两个单元处于并行工作状态，可以同时进行读/写操作和执行指令的操作。这样就可以充分利用各部分电路和总线，提高微处理器执行指令的速度。

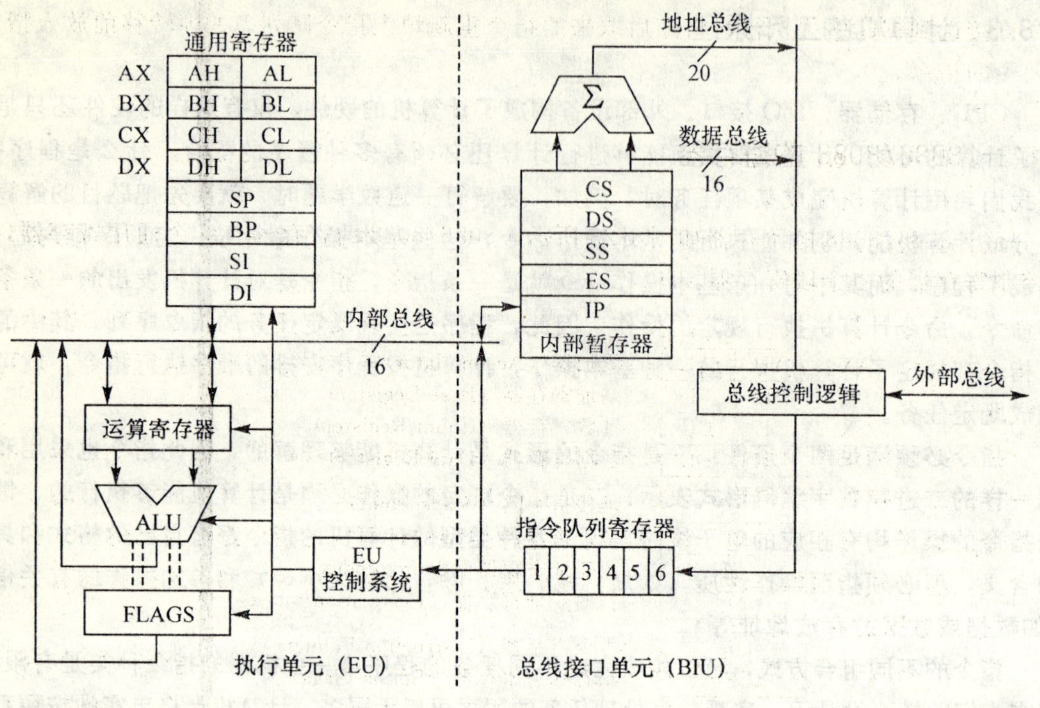

图 1-22　8086 内部结构

1. 执行单元 EU

执行单元 EU 包括一个 16 位的算术逻辑单元 ALU，一个反映 CPU 状态和控制标志的状态标志寄存器，一组通用寄存器，运算寄存器和 EU 控制系统。所有的寄存器和数据传输通路都是 16 位的，它们之间进行快速的内部数据传输。EU 从 BIU 中的指令队列寄存器中取得指令和数据，执行指令要求的操作。该操作有两种类型：一是进行算术逻辑运算，二是计算存储器操作数的偏移地址。当指令要求执行存储器或 I/O 设备的数据存取操作时，EU 向 BIU 发出请求。BIU 根据 EU 的请求，完成 8086/8088 与存储器或外部设备之间的数据传送。

2. 总线接口单元 BIU

总线接口单元 BIU 包括一组段寄存器、一个指令指示器、6 个（8088 是 4 个）字节的指令队列、地址加法器和总线控制逻辑。段寄存器提供的段地址与偏移地址在地址加法器中相加，并将其结果存放在物理地址锁存器中。指令队列寄存器为一个能存放 6 个字节的存储器，在 EU 执行指令的过程中，BIU 始终根据指令指示器提供的偏移地址，从存放指令的存储器中预先取出一些指令存放在指令队列中。取来的指令在指令队列中是按字节顺序存放的，如同排队购物一样，取来的指令在指令队列中排队。在大多数情况下，指令队列中至少应有一个字节的指令，这样 EU 不必等待 BIU 去取指令。BIU 在下面两种情况下执行取指操作：一是当指令队列中出现两个以上的指令字节空时，BIU 自动地执行

总线操作取指令。二是当程序发生转移时，BIU 执行取指操作，BIU 将所取得的第一条指令直接送到 EU 中去执行，将随后取来的指令重新填入指令队列，冲掉转移前放入指令队列中的指令。

1.4.2　8086/8088 的寄存器

Intel 8086/8088 的寄存器如图 1-23 所示。8086/8088 的寄存器有 8 个通用寄存器，2 个控制寄存器的 4 个段寄存器。

	高 8 位	低 8 位	说明
AX	AH	AL	累加器（Accumulator）
BX	BH	BL	基址寄存器（Base Register）
CX	CH	CL	计数寄存器（Count Register）
DX	DH	DL	数据寄存器（Data Register）
	SP		堆栈指示器（Stack Point）
	BP		基址指示器（Base Point）
	SI		源变址寄存器（Source Index）
	DI		目的变址寄存器（Destination Index）
	IP		指令指示器（Instruction Point）
	F		状态标志寄存器（Status Flags）
	CS		代码段寄存器（Code Segment）
	DS		数据段寄存器（Data Segment）
	SS		堆栈段寄存器（Stack Segment）
	ES		附加段寄存器（Eextra Segment）

图 1-23　8086/8088 的寄存器

1. 通用寄存器

通用寄存器是 CPU 内部的存储器，如果一个 CPU 中没有通用寄存器，那么在指令执行过程中要用到操作数时，必须到存储器中去取，运算的结果（不是最后结果）也必须立即送到存储器中保存起来，而访问存储器的操作是比较费时间的。如果在 CPU 中设置一些寄存器用来暂时存放参加运算的操作数和运算的结果（中间结果），则在程序执行过程中不必每时每刻都到存储器中去存取数据，就可以提高程序执行的速度。一般来说，CPU 中包含的通用寄存器越多，编程就越灵活，程序执行的速度就越快。通用寄存器就是这样一些快速的访问单元。

通用寄存器是 16 位的寄存器 AX、BX、CX、DX、SP、BP、SI 和 DI。在大多数情况下，这些通用寄存器都可以互换地参与算术和逻辑操作。操作的结果存入参与操作的两个寄存器的一个。其中 AX、BX、CX、DX 均可以分成高 8 位和低 8 位两部分，可以分别作为独立的 8 位寄存器使用。所以 8086/8088 既可以处理 16 位二进制数，又可以处理 8 位二进制数。每个通用寄存器又各有某种专门的用途，所以对它们分别又有不同的称呼：称 AX 为累加器，BX 为基址寄存器，CX 为计数寄存器，DX 为数据寄存器，SP 为堆栈指示器，BP 为基址指示器，SI 和 DI 分别为源变址寄存器和目的变址寄存器。表 1-5 归纳了这些寄存器的专门用途。

表 1-5　　通用寄存器的专门用途

寄存器	专门用途
AX、AL	在乘法、除法指令中，作累加器；在输入、输出指令中，作数据寄存器
AH	在非压缩 BCD 数的调整指令中，作目的寄存器；在 LAHF（SAHF）指令中，作目的（源）寄存器
AL	在 BCD 数运算指令和调整指令中，作累加器；在 XLAT 指令中，作数据表的位移量
BX	作间址和基址寄存器
CX	在循环控制指令和串操作指令中，作计数器
CL	在移位指令中，作移位位数计数器
DX	在输入、输出指令中，作间址寄存器；在乘法、除法指令中，作辅助累加器
BP	作间址和基址寄存器
SP	作堆栈指示器
SI	作间址和变址寄存器；在串操作指令中，作源字符串的间址或变址寄存器
DI	作间址和变址寄存器；在串操作指令中，作目的字符串的间址或变址寄存器

2. 指令指示器 IP（Instruction Point）

我们知道计算机之所以能脱离人的直接干预，自动地进行计算或控制，是由于人们把实现这个计算或控制的一步一步操作用命令的形式，即一条一条指令预先输入到了存储器中，在执行时 CPU 把这些指令一条条地取出来，加以译码和执行。计算机之所以能自动地一条一条地取出并执行指令，是因为 CPU 中有一个跟踪指令地址的电路，该电路就是指令指示器 IP。在开始执行程序时，给 IP 赋予第 1 条指令的地址，然后每取一条指令 IP 的值就自动指向下一条指令的地址。

3. 状态标志寄存器（Status Flags）

8086/8088 的状态标志寄存器有 9 个标志位，如图 1-24 所示。其中 6 个是状态标志，3 个是控制标志。

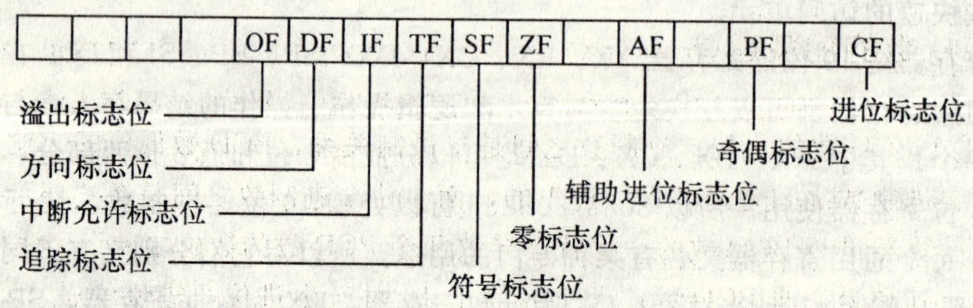

图 1-24　标志寄存器

状态标志位反映了EU执行算术或逻辑运算以后的结果，执行有些指令可以改变某些状态标志的状态。

(1) 6个状态标志位如下：

- 进位标志位CF（Carry Flag）。加减算术指令执行后，最高位有进位或借位，CF=1;无进位或借位，CF=0。该标志主要用于多字节或多字数的加减运算指令。指令STC将其置1，CLC将其清0，CMC将其取反。
- 辅助进位标志位AF（Auxiliary Carry Flag）。最低4位D3～D0位有进位或借位，AF=1；无进位或借位，AF=0。该标志用于BCD数的算术运算（调整）指令。
- 溢出标志位OF（Overflow Flag）。计算机所进行的运算均是无符号数运算，即把符号数的符号位也当数值进行运算，又把所有数的运算结果当符号数来影响标志位。即若指令执行后结果超出了机器数所能表示的数的范围（字节运算为－128～127，字运算为－32768～32767），OF=1；反之则OF=0。该标志表示运算结果是否产生了溢出。
- 符号标志位SF（Sign Flag）。该标志表示结果的符号，其值与结果的符号位相同，即若结果为负数，SF=1；结果为正数，SF=0。
- 零标志位ZF（Zero Flag）。指令执行后结果为0，ZF=1；结果不为0，ZF=0。
- 奇偶标志位PF（Parity Flag）。指令执行后结果的低八位中1的个数为偶数，PF=1；若为奇数，PF=0。该标志可用于检查数据在传送过程中是否发生错误。

(2) 控制标志位用于控制CPU的操作，它们是：

- 方向标志位DF（Direction Flag）。该标志用于控制数据串操作指令的步进方向。若DF=0，则数据串中操作指令自动增量地从低地址向高地址方向进行；若DF=1，串操作的方向是从高地址向低地址方向进行。指令CLD将其清0，STD将其置1。
- 中断允许标志位IF（Interrupt Enable Flag）。IF=1，允许CPU响应外部可屏蔽中断；IF=0，不允许CPU响应外部可屏蔽中断。允许中断又称开中断，不允许中断又称关中断。指令STI将其置1，CLI将其清0。
- 追踪标志位TF（Trap Flag）。TF=1，CPU每执行一条指令就自动地发生一个内部中断，CPU转去执行一个中断程序，因而CPU单步执行程序，常用于程序的调试，故又称为陷阱标志位；TF=0，CPU正常执行程序。

4. 段寄存器

8086/8088有20条地址线，存储器的地址必须用20位二进制数表示。可是它的ALU只能处理16位的地址运算，而且与地址有关的寄存器（如指令指示器，堆栈指示器，间接寻址的寄存器BX、BP、SI、DI等）都只有16位，因此8086/8088把20位地址的存储器分成若干个段来表示。段的起始地址的高16位地址称为该段的段地址。段内再由16位二进制数来寻址，段内寻址的16位二进制数地址是存储单元到段首址的距离，称为段内偏移地址，简称偏移地址。所以一个存储单元的地址由段地址和偏移地址两部分组成，用冒号连接段地址和偏移地址，即段地址：偏移地址。像这样表示的地址称为逻辑地址。

段寄存器就是用来存放段地址的寄存器，所以逻辑地址可以表示为：段寄存器名：偏移地址。8086/8088 CPU有4个段寄存器，它们是代码段寄存器CS（Code Segment）、数据段寄存器 DS（Data Segment）、堆栈段寄存器 SS（Stack Segment）和附加段寄存器 ES（Extra Segment）。它们分别用来存放代码段、数据段、堆栈段和附加段的段地址。4 个段寄存器的使用，使得在任意时刻，程序都可以仅通过偏移地址立即访问 4 个段中的存储器。8086/8088 CPU 自动根据偏移地址安排到代码段中去存取指令代码，到数据段中去存取数据，到堆栈段中进行进栈和出栈操作。

1.5　8086/8088 的存储器结构与堆栈

1.5.1　存储器编址

8086/8088 是 16 位的微处理器，所有的操作可以按字节为单位也可以按字为单位来处理。但 8086/8088 系统中的存储器是以 8 位（一个字节）为一个存储单元编址的。每一个存储单元用惟一的一个地址码来表示。一个字即 16 位的数据占据连续的两个单元。这两个单元都有各自的地址，处于低地址的字节的地址为这个字的地址。在存储器中，任何连续存放的两个字节都可以称为一个字。将偶数地址的字称为规则字，奇数地址的字称为非规则字。高地址的字节为高位字节，低地址的字节为低位字节。若 00000H 地址中存放一个字 2301H，则 00000H 单元中存放 01H，00001H 单元中存放 23H，如图 1-25 所示。字 4523H 的存放地址是 00001H。字 2301H 为规则字，而字 4523H 为非规则字。机器指令和数据（字节数据和字数据）可以自由地存放在任何地址中，存放时只需按字节顺序一个接着一个存放就可以了。

物理地址	存储器
00000	01
00001	23
00002	45
00003	67
00004	89
00005	AB
00006	CD
00007	EF

图 1-25　存储器中的数据

1.5.2　存储器分段和物理地址的生成

由于 8086/8088 有 20 条地址线，可以寻址多达 2^{20}（1 M）字节，所以把 1 M 字节的存储器分为任意数量的段，其中每一段最多可寻址 2^{16}（64 K）字节。这样每一个段就必须开始于一个能被 16 整除的地址（即该地址的最低四位为全 0）。段地址和偏移地址一样都是 16 位无符号二进制整数，其值可为 0000H～FFFFH，故可以将存储器分为 64 K 个段。存储器的分段并不是惟一的，它们可以相互重叠。对于一个具体的存储单元来说，它可以属于一个逻辑段，也可以同时属于几个逻辑段。如图 1-26 所示，地址 00000H～0FFFFH 为一个段，地址 00010～1000FH 为一个段……地址 F0000H～FFFFFH 为一个段。00020H 单元既属于 00000H～0FFFFH 段，又属于 00010H～1000FH 段，同时还属于 00020H～1001FH 段。

存储器中的每个存储单元都可以用两个形式的地址来表示：实际地址（或称物理地址）和逻辑地址。物理地址是用惟一的 20 位二进制数所表示的地址，CPU 与存储器交换

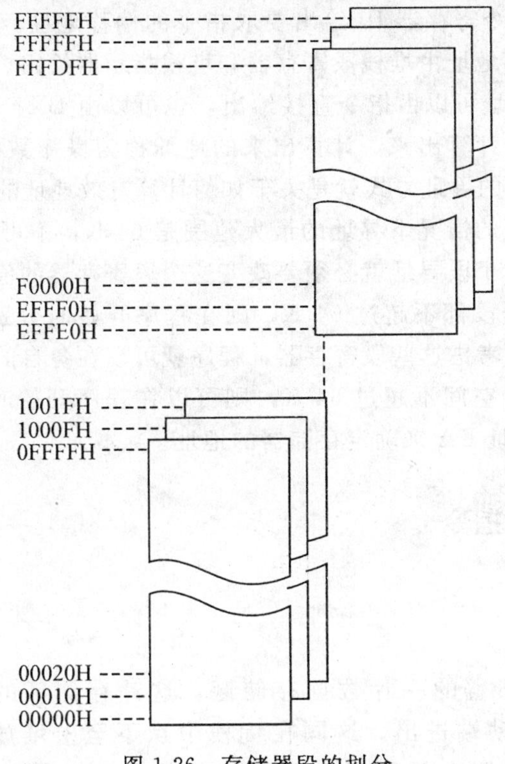

图 1-26　存储器段的划分

信息时使用物理地址。程序中不能使用物理地址，而要使用逻辑地址，即段地址：偏移地址。一个物理地址可以用不同的逻辑地址表示。如图 1-26 中的物理地址 00020H，在 00000H～0FFFFH 段中的逻辑地址是 0000H：0020H，在 00010H～1000FH 段中的逻辑地址就是 0001H：0010H，而在 00020H～1001FH 段中的逻辑地址却是 0002H：0000H。

那么物理地址在 CPU 中是如何生成的呢？8086/8088 CPU 中有一个地址加法器，它将段寄存器提供的段地址自动乘以 10H 即左移 4 位，然后与 16 位的偏移地址相加，并锁存在物理地址锁存器中，如图 1-27 所示。如逻辑地址 0001H：0010H 生成物理地址时，将段地址 0001H 左移 4 位为 00010H，再与偏移地址 0010H 相加即可得到物理地址 00020H。

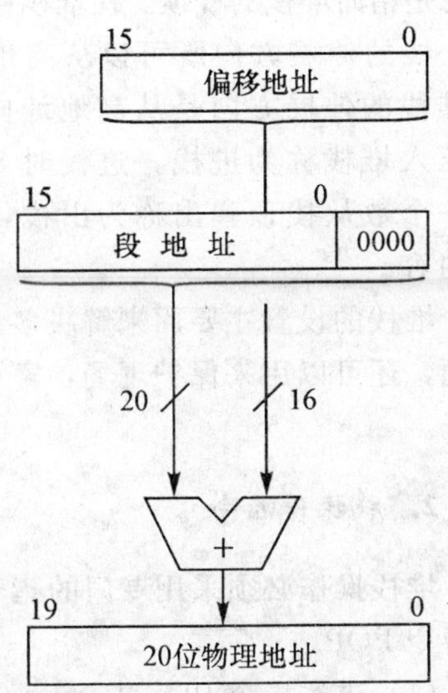

图 1-27　物理地址的生成

每次需要生成物理地址的时候，一个段寄存器会自动被选择，且能自动左移 4 位，再与一个 16 位的偏移地址相加，产生所需要的 20 位物理地址。

8086/8088 有 4 个段寄存器 CS、DS、SS、ES 用来存放段地址，还有 6 个 16 位的寄存器（IP、SI、DI、BX、BP、SP）用来存放偏移地址，在寻址时到底应该使用哪个寄存器是 BIU 根据执行操作的要求来确定的。若取指令，则由代码段寄存器 CS 给出段地址，指令寄存器 IP 给出要取指令的偏移地址。执行堆栈操作，被寻址的操作数的段地址和偏移地址由堆栈段寄存器和堆栈指示器给出。若是存取数据，段地址一般由 DS 给出，偏移地址可以由指令直接给出，也可以由 BX、SI、DI 给出，或者是根据指令的具体要求由 EU 计算出来。计算出来的地址称为操作数的有效地址 EA（Effective Address)。所谓指令的寻址方式就是关于如何计算有效地址的方式。

在不改变段寄存器值的情况下寻址的最大范围是 64 K，不可能寻址这个段以外的其他存储单元，要想超出这个段寻址就必须要改变这个段寄存器的值。若有一个任务，它的程序段、堆栈段以及数据段都不超过 64 K，则在程序开始时分别给 CS、SS、DS 赋值，然后在程序中就可以不再考虑这些段寄存器，程序就可以在各自的区域中正常地工作。若某一任务所需要的存储器空间不超过 64 K，则可以在程序开始时使 CS、SS、DS 相等，完全由 IP、SP 和有效地址 EA 来确定存储器的地址。

1.5.3 堆栈和栈操作指令

1. 堆栈的概念

堆栈是在存储器中开辟的一片数据存储区，这片存储区的一端固定，另一端活动，且只允许数据从活动端进出。这同在货栈中从下至上堆放货物的方式一样，最先堆放进去的货物总是压在最底层，而取出货物时，它将最后取出，即“先进后出”。堆栈中数据的存取也遵循“先进后出”的原则。我们把堆栈的活动端称为栈顶，固定端称为栈底。

存储器的任何可用部分（只读存储器除外）均可被用来作为堆栈。只是因为栈顶是活动端，所以需要有一指示栈顶位置，即栈顶地址的指示器，这个指示器就是堆栈指示器 SP，它总是指向堆栈的栈顶。往堆栈存入或从堆栈取出数据，一般是通过 SP 从栈顶存取。

栈的伸展方向既可以从高地址向低地址，也可以从低地址向高地址。8086/8088 的堆栈的伸展方向是从高地址向低地址。8086/8088 的堆栈操作都是字操作。将一个数压入堆栈称为进栈，进栈时 SP 自动减 2，进栈的字就存放在新增加的两个单元内。把一个数从栈顶弹出称为出栈，出栈时 SP 自动加 2，弹出的字是 SP 让出的两个单元的内容。

堆栈的设置主要用来解决多级中断，子程序嵌套和递归等程序设计中难以处理的实际问题，还可以用来保护现场，寄存中间结果，并为主、子程序的调用和返回提供强有力的依托。

2. 栈操作指令

堆栈操作必须采用专门的指令进行。栈操作指令分为两类，即进栈指令 PUSH 和出栈指令 POP。

(1) 进栈指令 PUSH source

进栈指令的功能是将通用寄存器、段寄存器或存储器中的一个字压入栈顶。例如，

PUSH AX 的操作如图 1-28 所示。

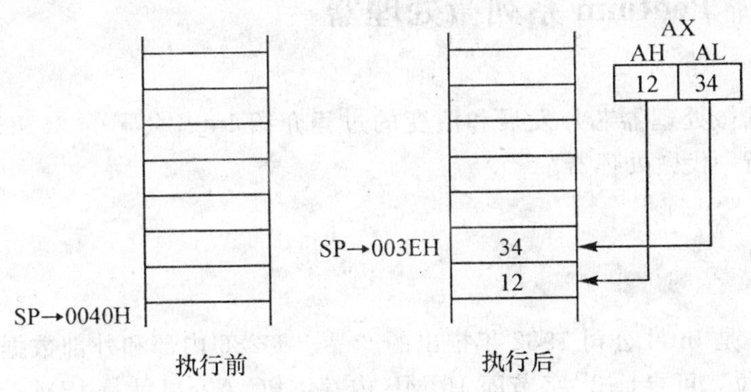

图 1-28　进栈操作

(2) 出栈指令 POP dest

出栈指令的功能是将栈顶的一个字传送给通用寄存器、段寄存器（除 CS 外）或存储器。例如：POP BX 的操作如图 1-29 所示。

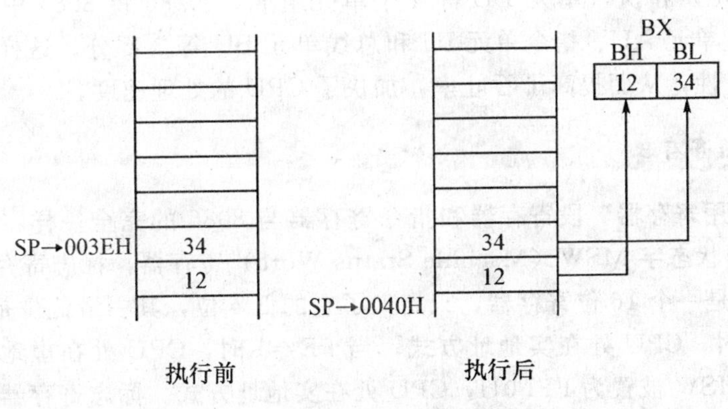

图 1-29　出栈操作

(3) 状态标志寄存器的进栈指令 PUSHF 和出栈指令 POPF

8086/8088 还有标志寄存器的栈操作指令，其操作与进栈指令和出栈指令的操作相同。它们专用于保护和恢复标志寄存器。

利用这两条指令可以改变追踪标志 TF。在 8086/8088 的指令中没有能直接改变 TF 标志的指令。若要改变 TF 标志，可先用 PUSHF 指令将整个标志寄存器进栈，然后改变栈顶存储单元的 D8 位，再用 POPF 指令出栈，这样标志寄存器其余的标志不受影响而只有 TF 标志按需要改变了。

堆栈中的数据也可以通过基址指示器 BP 或者 BX、SI、DI 进行存取，不受栈操作之限。此时，堆栈存储器就如同一般的数据存储器一样，可以在堆栈段的任何地址单元中存取数据。

1.6 80x86、Pentuim 系列微处理器

本节将根据微处理器芯片发展和演变的过程介绍 Intel 公司的 80286、80386、80486 和 Pentium 等新一代微处理器。

1.6.1 80286

Intel 80286 是 Intel 公司 1982 年推出的产品。80286 内部和外部数据总线都是 16 位，地址总线为 24 位，可寻址 2^{24}字节即 16 MB 内存。PC AT 机就是 IBM 公司用 80286 作为 CPU 的最早的 286 PC 机。80286 片内具有存储器管理和保护机构，它有实地址和受保护的虚地址两种工作方式。

1. 80286 的结构

80286 由地址单元 AU（Address Unit）、总线单元 BU（Bus Unit）、指令单元 IU（Instruction Unit）和执行单元 EU 等 4 个单元组成，80286 将 8086 中的总线接口单元 BIU 分成了地址单元 AU、指令单元 IU 和总线单元 BU 等 3 部分。这样，就提高了这些单元操作的并行性，从而提高了吞吐率，加快了 CPU 的处理速度。

2. 80286 的寄存器

80286 的通用寄存器、段寄存器和指令寄存器与 8086 的完全一样，不同之处在于新增加了 1 个机器状态字 MSW（Machine Status Word）寄存器，标志寄存器新增加了 3 个标志位。MSW 是一个 16 位寄存器，只定义了它的低 4 位，其中最低位是保护允许（PE）位，当 PE=0 时，CPU 处在实地址方式；当 PE=1 时，CPU 处在虚地址保护方式。在 CPU 复位时，MSW 被置为 FFF0H，CPU 处在实地址方式。标志寄存器中新增加的 3 位位于它的最高 3 位，其他 9 位标志位的定义与位置均和 8086 的相同。

3. 80286 的工作方式

80286 有实地址和受保护的虚地址两种工作方式。

在实地址方式中，80286 的工作方式和 8086 的工作方式完全一样，使用 24 位地址中的低 20 位 A19～A0。寻址能力为 1 MB，其两种地址，即物理地址与逻辑地址的含义也与 8086 的一样。

在保护方式中，80286 可产生 24 位物理地址，直接寻址能力为 16 MB。与实地址方式一样，80286 将寻址空间分成若干段，一个段最大为 64 KB，物理地址也是由两部分组成的：段地址和偏移地址。但在保护方式下的段地址是 24 位而不是实地址方式下的 16 位。而段内的偏移地址与实地址方式相同，是由各种寻址方式所决定的 16 位。80286 的段寄存器是 16 位的，如何存放 24 位的段地址呢？

在保护方式下，80286 的段寄存器不再存放段地址，而是存放一个指针，又称为段选

择子，段选择子和偏移地址这两个成分构成逻辑地址。把程序中可能用到的各种段（如代码段、数据段、附加段、堆栈段）的段地址和相应的特性（称之为指述符）集合在一起形成一张表，称为描述符表，存放在内存的某一区域。每个描述符由 6 个字节组成，其中有 3 个字节为段地址，段选择子（实际使用了 14 位）指向每个描述符的起始地置。80286 的地址转换机构根据段选择子的值找出描述符中的 24 位段地址，再与偏移地址相加，就得到 24 位物理地址，如图 1-30 所示。

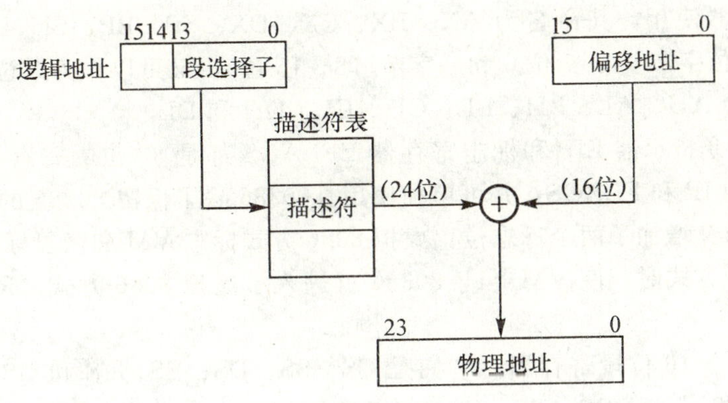

图 1-30 80286 在保护方式下的物理地址形成

由于段选择子有 14 位，因此可以定义 2^{14} 个描述符；而对应各描述符可定义 2^{16} (64 K)字节的段，所以 80286 的逻辑地址寻址能力为 $2^{14}\times 2^{16}$ B＝1000 MB (1 GB) 的存储空间。但 80286 的实际内存最多只有 16 MB，容纳不下这么大的存储空间，所以只能将其置于辅助存储器（硬盘）上。实际工作时，将当前需要的段调入内存，用过的段返回辅助存储器，这一切都是系统自动管理的。因此，虽然系统只有 16 MB 内存，但对用户来说，好像在使用 1 GB 内存，于是这个 1 GB 内存，称之为虚拟内存。

1.6.2 80386

Intel 80386 是 Intel 公司 1985 年推出的一种高性能 32 位微处理器。80386 内部和外部数据总线都是 32 位的，地址总线为 32 位，可寻址 4 GB。

1. 80386 的结构

80386 由总线接口单元 BIU、指令译码单元 IDU（Instruction Decode Unit）、指令预取单元 IPU（Instruction Prefetch Unit）、执行单元 EU、段管理单元 SU（Segment Unit）和页管理单元 PU（Paging Unit）等 6 个单元组成。80386 的结构和 80286 的基本相同，主要的区别是段管理单元和页管理单元。它们负责地址产生、地址转换和总线接口单元的段检查。段管理单元用来把逻辑地址变换成线性地址。页管理单元的功能是把线性地址换算成物理地址。

2. 80386 的寄存器

80386 共有 8 类寄存器，它们是通用寄存器、段寄存器、指令指示器、标志寄存器、控制寄存器、系统地址寄存器、调试寄存器和测试寄存器。

80386 有 8 个 32 位的通用寄存器，它们是 8086 和 80286 的 16 位通用寄存器的扩展，故命名为累加器 EAX、基址寄存器 EBX、计数寄存器 ECX、数据寄存器 EDX、堆栈指示器 ESP、基址指示器 EBP、原变址寄存器 ESI 和目的变址寄存器 EDI。它们的低 16 位可以作 16 位寄存器使用，其命名为 AX、BX、CX、DX、SP、BP、SI、DI，而 AX、BX、CX 和 DX 的低位字节（0～7 位）和高字节（8～15 位），又可以作为 8 位的寄存器单独使用，其命名仍为 AH、AL、BH、BL、CH、CL、DH 和 DL。

80386 的指令指示器 EIP 和标志寄存器 EFLAGS 都是 32 位的寄存器，它们的低 16 位即是 80286 的 IP 和 FLAGS，并可单独使用。80386 除了保留 80286 的所有标志外在高位字的最低两位又增加了两个标志位：虚拟 8086 方式标志 VM 和恢复标志 RF。在 80386 处于虚地址保护方式时，使 VM＝1，80386 就进入了虚拟 8086 方式。RF 标志用于断点和单步操作。

80386 有 6 个 16 位段寄存器，它们是 CS、SS、DS、ES、FS 和 GS。其中 CS 和 SS 的作用与 8086 相同，而 DS、ES、FS 和 GS 都可以用来表示当前的数据段。在 80386 中存储单元的地址仍由段地址和偏移地址两部分组成，只是此时段地址和偏移地址都是 32 位的，段地址不是由段寄存器直接确定的，而是与 80286 一样保存在一个表中，段寄存器的值（使用了 14 位）只是该表的索引。

80386 有 4 个系统地址寄存器，它们是全局描述符表寄存器 GDTR（Global Descriptor Table Register）、中断描述符表寄存器 IDTR（Interrupt Descriptor Table Register）、局部描述符表寄存器 LDTR（Local Descriptor Table Register）和任务寄存器 TR（Task Register）。它们主要用来在保护模式下管理用于生成线性地址和物理地址的 4 个系统表。

80386 有 4 个控制寄存器 CR0～CR3，CR1 为备用。CR0 的低位字节是机器状态字寄存器（MSW），与 80286 中的 MSW 寄存器相同。控制寄存器用来进行分页处理。

80386 的 8 个调试寄存器 DR0～DR7 主要用来设置程序的断点。

80386 的 2 个测试寄存器 TR6 和 TR7 也是用来进行页处理的寄存器。

3. 80386 的工作方式

80386 有实地址、虚地址保护和虚拟 8086 等 3 种工作方式。

80386 工作在实地址方式中时和 8086 工作方式相同，但速度更快，对存储器的寻址也仅使用 32 位地址的 A19～A0，逻辑地址与物理地址的含义也与 8086 的一样。

80386 工作在保护方式时，80386 可产生 32 位物理地址，直接寻址能力为 4GB（2^{32} B）。与80286 一样，80386 的物理地址也是由段选择子和偏移地址两部分组成的，段选择子也只用了 14 位，偏移地址不是 16 位而是 32 位。因此 80386 的逻辑地址可达 2^{14} 个段，每个段的长度可达 2^{32} B＝4 GB，80386 的虚拟内存为 $2^{14}\times 2^{32}$ B＝2^{46} B＝64 TB，在 80286 中虚拟内存的单位是段，80286 的段最大为 64 KB，在磁盘与内存之间进行调度是可行的，但当段的长度达到 4 GB 就不合适了。为此在 80386 中将 4 GB 空间以 4 KB 为一

页分成 1G 个等长的页，并以页为单位在磁盘与内存之间进行调度。

由于 80386 将段进行了分页处理，所以 80386 要经过两次转换才能得到物理地址。第 1 次为段转换，由段管理单元将逻辑地址转换为线性地址；第 2 次为页转换，由页管理单元将线性地址转换为物理地址，80386 的物理地址生成如图 1-31 所示。从图 1-31 可以看到，如果禁止分页功能，线性地址就等于物理地址；如果进行分页处理，线性地址就不同于物理地址。

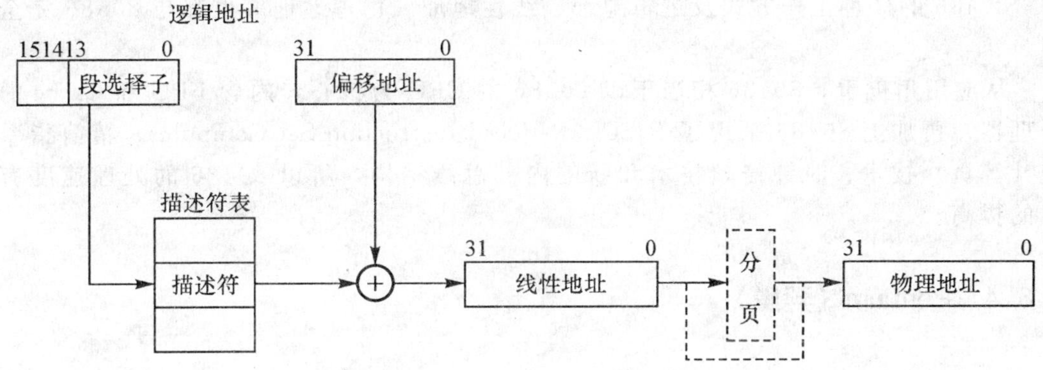

图 1-31　80386 在保护方式下的地址变换

虚拟 8086 方式是在虚地址保护方式下，能够在多任务系统中执行 8086 任务的工作方式。当 80386 工作在虚拟 8086 方式时，所寻址的物理内存是 1 MB，段寄存器的功能不再是描述符表的选择子，将它的内容乘以 16（左移 4 位）就是 20 位的段起始地址，与偏移地址相加形成 20 位的线性地址，线性地址再经过页管理单元的分页处理，就可得到 20 位的物理地址。

1.6.3　80486

80486 是 Intel 公司于 1989 年推出的新型 32 位微处理器。80486 的内部数据总线为 64 位，外部数据总线为 32 位，地址总线为 32 位。

80486 内部由总线接口单元、指令译码单元、指令预取单元、执行单元、段管理单元、页管理单元、浮点处理单元（FPU）和高速缓存（Cache Memory）等 8 个单元组成，比 80386 新增加了相当于 80387 功能的 FPU 和 Cache 两个单元。8086/8088、80286 和 80386 的字长为 16 位或 32 位，能表达的数据范围不大，对于数值计算不太适宜。为此，在 8086/8088、80286 和 80386 微处理器的基础上设计了与之配合的专门用于数值计算的协处理器 8087、80287 和 80387。这些协处理器与 8086、80286 和 80386 密切配合，可以使数值运算，特别是浮点运算的速度提高约 100 倍。而 80486 将 FPU 集成在其内部，其处理速度显著提高，比 80387 快 3～5 倍。为了进一步提高处理速度，在 80486 内部又集成了 8 KB Cache。内存中经常被 CPU 使用到的一部分内容要拷贝到 Cache 中，并不断地更新 Cache 中的内容，使得 Cache 中总是保存有最近经常被 CPU 使用的一部分内容。Cache 中存放的内容除了内存中的指令和数据外，还要存放这些指令和数据在内存中的对应地址。当 CPU 存取指令和数据时，Cache 截取 CPU 送出的地址，并判别这个地址与 Cache 中保存的地址是否相同。若相同，则从 Cache 中存取该地址中的指令或数据；否则从内存中存取。所以 80486 可以高速存取指令和数据。

80486 的寄存器除了 FPU 部件外，与 80386 的寄存器完全相同，不同之处是 80486 对标志寄存器的标志位和寄存器的控制位进行了扩充。

80486 的 3 种工作方式及逻辑地址、线性地址、物理地址等也都与 80386 完全相同。

从应用角度看，80486 相当于以 80386 的 CPU 为核心，内含 FPU 和 Cache 的微处理器。再加上 80486 采用了 RISC（Reduced Instruction Set Computer，精简指令系统计算机）技术、时钟倍频技术和新的内部总线结构，所以 80486 的处理速度有极大的提高。

1.6.4 Pentium（奔腾）

Intel 公司对 80x86 系列微处理器的性能不断地创新与改造，继 80486 之后，1993 年推出新一代名为 Pentium 的微处理器。1995 年又推出名为 Pentium Pro 的微处理器。1997 年、1999 年和 2000 年又相继推出 Pentium Ⅱ、Pentium Ⅲ和 Pentium Ⅳ微处理器。Pentium 是希腊字 Pente（意思为 5）演变来的。Pentium 有 64 位数据线和 32 位地址线。Pentium Pro/Ⅱ/Ⅲ/Ⅳ具有 64 位数据线和 36 位地址线。

除了将控制寄存器和测试寄存器均增加到 5 个外，Pentium 与 80486 的最大区别是：Pentium 内部除具有 8 KB 指令 Cache 和 8 KB 数据 Cache，而 Pentium Pro 内部除具有 8 KB 指令 Cache 和 8 KB 数据 Cache 外，还有 256 KB 二级 Cache。Pentium Ⅱ/Ⅲ/Ⅳ的指令 Cache 和数据 Cache 均增加到 16 KB，二级 Cache 也增加到 512 KB。Pentium 和 Pentium Pro/Ⅱ/Ⅲ/Ⅳ还采用了一些其他的最新技术，在体系结构上还有一些新的特点，因而它们的性能明显高于 80486。

Pentium 微处理器除了实地址方式、虚地址保护方式和虚拟 8086 方式 3 种方式外，还增加了一种系统管理方式 SMM（System Management Mode）。系统管理方式主要为系统对电源管理、对操作系统和正在运行的程序实行管理而设置。一旦 Pentium 微处理器收到系统管理中断（系统管理中断引线 $\overline{SMI}$ 有效）请求，无论 Pentium 微处理器工作在实地址方式、虚地址保护方式还是虚拟 8086 方式，便立即转换到系统管理方式。在系统管理方式中，执行从系统管理方式返回指令 RSM（Resume from System Management Mode），Pentium 微处理器便恢复保存的内容，返回到进入系统管理方式之前的工作方式。

实地址方式、虚地址保护方式、虚拟 8086 方式和系统管理方式 4 种方式之间的转换关系如图 1-32 所示。在系统上电或复位之后，微处理器首先进入实地址方式。控制寄存器 CR0（80286 为机器状态字寄存器 MSW）的保护允许标志位 PE 控制微处理器是工作在实地址方式还是工作在虚地址保护方式；标志寄存器 EFLAGS 的虚

拟 8086 方式标志位 VM 决定微处理器是工作在虚地址保护方式还是工作在虚拟 8086 方式。

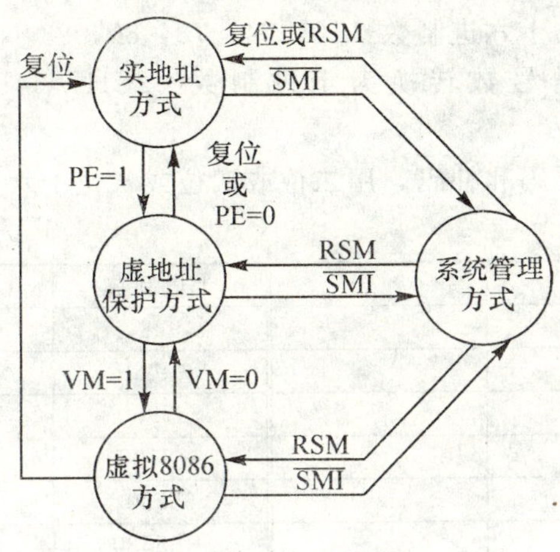

图 1-32　4 种工作方式之间的关系图

1.7　新一代微处理器——Itanium（安腾）

Itanium 是 Intel 公司最近推出的具有超强处理能力的微处理器，其数据总线为 64 位，地址总线也为 64 位，集成度几乎是 Pentium 的 10 倍，其应用目标是高端服务器和工作站。Itanium 采用了最先进的 CPU 设计，具有前所未有的并行处理机制，因此实现了众多的新功能。

(1) 采用完全并行指令计算（Explicitly Perellel Instruction Computing，EPIC）技术。EPIC 是 Itanium 采用的重要技术，EPIC 技术的特点是指令的长度长，指令功能复杂，指令中除了包含操作码以及和操作数据有关的信息外，还包含并行执行的方法等信息。由于 EPIC 技术的引入，使 Itanium 能够同时执行 6 条指令。

(2) 拥有 11 个执行单元和 9 个功能通道。Itanium 内部有 4 个整数执行单元 ALU、4 个浮点执行单元 FMAC、3 个分支单元和 2 个存取单元，并有 2 个整数通道、2 个浮点通道、2 个存储器通道和 3 个分支通道。这多个执行单元和多个通道使 Itanium 在 1 个时钟周期中可执行 20 个操作。

(3) 具有充裕的寄存器组。Itanium 内部共有 128 个通用寄存器、128 个浮点寄存器和 64 个属性寄存器。众多的寄存器使 Itanium 即使在 1 个时钟周期中完成 20 个操作的忙碌情况下，也能保证内部寄存器充足够用，从而减少了等待与传输，提高了执行效率。

(4) 可拥有三级 Cache。Itanium Ⅰ片内含二级 Cache，一级 Cache 包括 16 KB 的指令 Cache 和 16 KB 的数据 Cache，二级 Cache 容量为 96 KB，此外，还可外接 4MB 的三级 Cache，而 Itanium Ⅱ则把 3 MB 的三级 Cache 也容纳在片内。

习题与思考题

1. 将下列十进制数转换为十六进制数：10，64，78，80，93，100，125，255。
2. 将下列十六进制无符号数转换为十进制数：2CH，64H，D5H，100H，378H，4FEH，CADH。
3. 写出下列十进制数的原码和补码，用二位或四位或八位十六进制数填入表中：

十进制数	原码	补码	十进制数	原码	补码
18			928		
−18			−928		
30			8796		
−30			−8796		
347			65530		
−347			−65530		

4. 用十进制数写出下列补码表示的机器数的真值：1BH，71H，80H，F8H，397DH，7AEBH，9350H，CF42H。
5. 用补码运算完成下列算式，并指出运算结果是否产生了溢出：
   (1) 33H＋5AH；　(2) −29H−5DH；
   (3) 65H−3EH；　(4) 4CH−68H。
6. 将 8 位无符号数 AAH 扩展为 16 位应为__________；将 8 位原码数 BBH 扩展为 16 位应为__________；将 8 位补码数 88H 扩展为 16 位应为__________。
7. 将下列各组二进制数进行“与”运算：
   (1) DAH∧99H；　(2) BAH∧56H；　(3) 95H∧FFH。
8. 将下列各组二进制数进行“或”运算：
   (1) DAH∨99H；　(2) F0H∨5AH；　(3) C6H∨45H。
9. 将下列各组二进制数进行“异或”运算：
   (1) 86H ⊕ 5AH；　(2) BCH ⊕ AAH；　(3) DAH ⊕ 99H。
10. 将表中的十进制数按表中要求转换后用十六进制数填入表中：

十进制数	压缩 BCD 数	非压缩 BCD 数	ASCII 码
38			
97			
105			
255			
483			
764			
1000			
1025			

11. 将下列十六进制数的 ASCII 码转换为十进制数：313035H，374341H，32303030H，38413543H。

12. 某 8 位移位寄存器已装入数 15H，令其补 0 左移 3 次，试用十六进制数写出移位后的结果。

13. 标志寄存器 FLAG 中包括哪几个标志位？各位的状态含义及用途如何？

14. 8086/8088 有哪些寄存器？如何分组？各有什么用途？哪些寄存器可用来指示存储器的偏移地址？

15. 8086/8088 系统中，存储器的物理地址由哪两部分组成？是如何生成的？每个段与寄存器之间有何对应的要求？

16. 假设用户程序装入内存后 SS＝095BH，SP＝40H，试问该用户程序的可用栈底部物理地址是多少？

17. 设 AX＝1122H，BX＝3344H，CX＝5566H，SS＝095BH，SP＝40H。下述程序段执行后 AX、BX、CX 和 DX 4 个通用寄存器的内容是多少？画出堆栈存储器的物理地址及其存储内容和 SP 指向的示意图。

```
PUSH AX
PUSH BX
PUSH CX
POP BX
POP AX
POP DX
```

18. 8086/8088 系统中，设 CS＝0914H，共有 243 字节长的代码段，该代码段末地址的逻辑地址（段地址：偏移地址）和物理地址各是多少？

19. DS＝095FH 时，物理地址是 11820H。当 DS＝2F5FH 时，物理地址为多少？

20. 设 SP＝0040H，如果用进栈指令存入 5 个数据，则 SP＝__________，若又用出栈指令取出 2 个数据，则 SP＝__________。

第 2 章　汇编语言与汇编程序

计算机的指令是由一个或多个字节二进制数组成的，这种指令称为机器指令。由于使用不便，所以都不直接使用机器指令，而是使用助记符、符号等组成的符号指令。用符号指令书写程序的语言称为汇编语言。把用汇编语言编写的源程序翻译成机器指令（目标程序）的过程称为汇编。完成汇编任务的程序称为汇编程序。除此之外，汇编程序还具有其他一些功能，如按用户要求自动分配存储区（包括程序区、数据区等）；自动把各种进制数转换成二进制数；计算表达式的值；对源程序进行语法检查并给出错误信息（如非法格式、未定义符号）等。具有这些功能的汇编程序又被称为基本汇编。在基本汇编的基础上，进一步允许在源程序中把一个指令序列定义为一条宏指令的汇编称为宏汇编。

汇编语言的特点之一是用助记符表示指令所执行的操作，而它的另一个特点就是在操作数中使用符号。在源程序中使用符号给编程带来了极大的方便，但却给汇编带来困难，因为汇编程序无法区分源程序中的符号是数据还是地址，也无法识别数据的类型，还搞不清源程序的分段情况等。汇编语言为了解决这些问题，使汇编程序准确而顺利地完成汇编工作，专门设置了伪指令和算符。伪指令和算符只为汇编程序将符号指令翻译成机器指令提供信息，没有与它们对应的机器指令。汇编时，它们不生成代码，汇编工作结束后它们就不存在了。汇编的伪指令和算符较多，本书仅介绍其中的一部分，读者若要全面地了解，可查阅“宏汇编语言程序设计”类的书籍。

8086 是学习和掌握 80x86、Pentium 的基础，所以本书先介绍 8086 宏汇编语言和宏汇编程序。宏汇编语言有 3 类基本指令：符号指令、伪指令和宏指令。本章介绍部分符号指令和伪指令，其余的符号指令和伪指令留待后续章节介绍。

2.1　符号指令中的表达式

使用符号指令编写程序，除了正确地使用助记符和定义符号外，其主要问题是正确地表示操作数的地址，即正确地使用寻址方式，而寻址方式的使用又可归结为地址表达式的使用。因此，正确、熟练地使用地址表达式是编写程序的基本技能。

为了表示某个存储单元、数据，需要定义一些符号。符号是以字母开始的一串字符。为了区别符号和数据，以字母开始的十六进制数，要在其前面添加一个前导 0。如 8 位补码数－1，应写为 0FFH。

8086 宏汇编语言中定义的符号分为常量、变量和标号 3 类，其中变量和标号具有属性。它们的定义及属性如下。

2.1.1 常量和数值表达式

1. 常量

常量是指那些在汇编时已经有确定数值的量。常量可以数值形式出现在符号指令中，这种常量称为数值常量；也可将那些经常使用的数值预先给它定义一个名字，然后用该名字来表示该常量，这种常量称为符号常量。

为便于程序设计，数值常量有多种表示形式。常用的有二进制数、十进制数、十六进制数和 ASCII 码字符。ASCII 码字符用做数值常量时，需用引号引起来，如'A'、'BC'、'$'等所有可以打印或显示的 ASCII 码字符。

符号常量由伪指令 EQU 或“＝”号定义，如：

P　　EQU 314 或 P＝314

汇编程序不给符号常量分配存储单元，它可以使源程序简洁明了，改善程序的可读性；可方便地实现参数的修改，增强程序的通用性。

2. 数值表达式

汇编语言允许对常量进行算术（＋、－、×、/、MOD)、逻辑（AND、OR、XOR、NOT）和关系（EQ、NE、LT、GT、LE、GE）3 种运算。由常量和这 3 种运算符组成的有意义的式子，称为数值表达式。数值表达式的值的计算是在汇编时进行的，其结果仍为一数值常量，因此数值表达式也可以出现在用符号指令书写的源程序中。正确地使用数值表达式能给程序设计带来极大的方便。

2.1.2 变量和地址表达式

变量是存储器中的数据或数据区的符号表示。变量名即是数据的地址或数据区的首地址。与数值表达式一样，由变量、常量、寄存器（SI、DI、BX、BP）的内容（用寄存器名置入方括号中表示）和运算符组成的有意义的式子称为地址表达式。指令中的存储器的地址可以用变量或地址表达式给出。由于存储器是分段使用的，因此变量或地址表达式都具有 3 重属性：段地址、偏移地址和类型。

变量的段地址是指变量所在段的段首地址除以 10H 之商。当需要访问该变量时，其段地址一定要在其相应的段寄存器中。

变量的偏移地址是指变量所在段的段首址到该变量的字节距离。

变量的段地址和偏移地址分别用 SEG 或 OFFSET 两个算符来指定，只要在操作数中指定带 SEG 或 OFFSET 算符的变量名，就可以分别产生该变量的段地址或偏移地址。例如，变量 W 的段地址和偏移地址分别表示为 SEG W 和 OFFSET W。

变量的类型是指存取该变量中的数据所需要的字节数。变量的类型可以是字节(Byte)、字（Word)、双字（Dword)、4 字（Qword）和 10 字节（Tbyte)。变量使用数据定义伪指令 DB（定义字节)、DW（定义字)、DD（定义双字)、DQ（定义 4 字)、DT

（定义 10 字节）来定义。其格式是：

［变量名］　　数据定义伪指令　表达式［，…］

若无变量名则为定义无名数据区。表达式确定了变量的初值，所使用的表达式可以是以下几种：

(1) 数值表达式。

(2) ASCII 码字符串（只有用 DB 定义变量时，才允许串长度即引号中的字符数超过 2 个字符）。

(3) 地址表达式（只适用 DW 和 DD 两个伪指令）。如果该地址表达式为一变量或标号名，用 DW 定义，则是取其偏移地址来初始化变量；若用 DD 定义，则是取其段地址和偏移地址来初始化变量。

(4) "?" 表示所定义变量无确定初值，一般用来预留若干字节（或字、双字）存储单元，以存放程序的运行结果。

(5) n DUP（表达式），其中 DUP（duplicate）为重复字句，n 是重复因子（只能取大于等于 1 的正整数，它表示定义了 n 个表达式），它们之间一定要空格，表达式的类型由数据定义伪指令确定。

(6) 以上表达式组成的序列，各表达式用逗号分隔。

例如，在数据段 DATA1 中定义的变量如下：

```
W1    DW B3
      ；用 B3 的偏移地址初始化 W1 变量
B1    DB 'AB$'
      ；变量 B1 用 A、B、$ 的 ASCII 码初始化
W2    DW−5，1994H
B2    DB 4 DUP（?）
      ；变量 B2 的 4 个单元不初始化
D     DD EB
      ；用变量 EB 的段地址和偏移地址初始化 D 变量
B3    DB 2 DUP（−1）
      DB 1 DUP（10,'E'）
      ；重复因子 1 不能省
      DB '13'，1，3
```

在附加数据段 DATA2 中定义的变量如下：

```
EB    DB 8 DUP(0)
EW    DW 'AB','CD'
      ；用 DW 定义变量时，字符串长度不超过 2 个字符
```

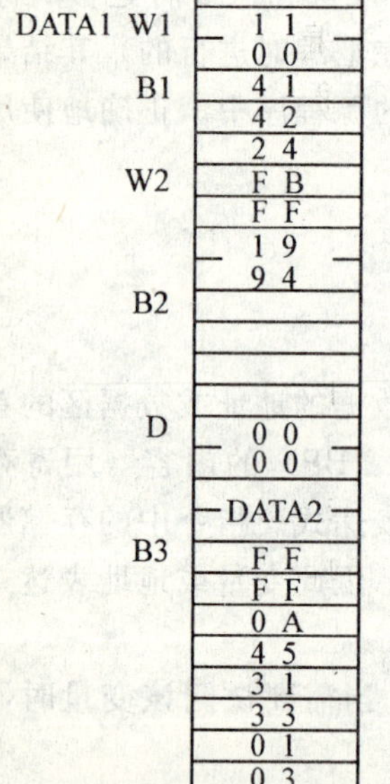

图 2-1　变量的数据存储形式

两个数据段中的数据（十六进制的形式）在存储器中的存储形式如图 2-1 所示，从中可以看出变量名代表本数据存储区中第 1 个数据的存储地址。第 n 个字节数据的存储地址等于字节变量名＋（n−1），第 m 个字数据的存储地址等于字变量名＋2（m−1）。如字节变量 B1 的第 2 个数据"B"

的存储地址为 B1+1。又如字变量 W2 的第 2 个数据 1994H 的存储地址是 W2+2。变量 B3 的偏移地址为 0011H，所以变量 W1 的值为 0011H。变量 EB 的偏移地址为 0000H，变量 EB 的段地址有如下两种表现形式：DATA2（段名）和 SEG EB，所以变量 D 的值为 DATA2 和 0000H。

2.1.3 标号

标号是指令地址的符号表示，也可以是过程名。过程名是过程入口地址的符号表示，即过程的第一条指令的地址。

标号的定义方式有两种：

(1) 用“:”定义，直接写在指令助记符前。如定义标号 CYCLE，

CYCLE：MOV AL，[SI]

(2) 用 PROC 和 ENDP 伪指令定义过程。

标号一般只在代码段中定义和使用，标号代表指令的地址，因而它也有 3 个属性：段地址、偏移地址和类型。

标号的段地址是定义该标号所在段的段地址。

标号的偏移地址是标号所在段的段首址到该标号定义指令的字节距离。

标号的类型有 NEAR 和 FAR 两种。用“:”定义的标号为 NEAR 类型，过程名可以定义为 NEAR 类型也可以定义为 FAR 类型，NEAR 类型的标号只能在定义该标号的段内使用，而 FAR 类型的标号却无此限制。

过程用伪指令 PROC 和 ENDP 定义，过程定义的格式见 2.4.1 节。

标号同变量一样，也可以和常量组成地址表达式。

2.1.4 变量和标号类型的变更

变量和标号均有类型属性，而由其组成的地址表达式也有类型属性。单个变量、标号、寄存器的内容（用寄存器名加方括号表示）是地址表达式的特例，不含变量或标号的地址表达式没有类型属性。在编程时往往需要临时改变原定义的变量或标号的类型，PTR 算符用来明确指出某个变量、标号或地址表达式的类型属性，或者使它们临时兼有与原定义不同的类型属性，但仍保持它们原来的段地址和偏移地址属性不变。其格式是：

类型 PTR 地址表达式

例如，

BYTE PTR W1

临时改变字变量 W1 的类型为字节变量。又如

WORD PTR B3

临时改变字节变量 B3 的类型为字变量。再如

BYTE PTR [BX+5]

明确地址表达式 [BX+5] 的类型属性为字节。

2.2 符号指令的寻址方式

计算机是靠机器指令加工处理信息的。所谓机器指令，就是这样一组二进制数形式的代码，它指出进行什么操作，有哪些数据参与该操作，操作的结果如何处理等。有多少条指令就有多少种代码，8086/8088 有 3000 多种代码。代码即机器指令，是很难记忆的，记住它们不但很难做到，实际上也无必要，因为任何计算机的汇编语言都将这种代码与符号指令一一对应。所以往后凡不特别声明，指令均指符号指令，符号指令构成如下：

操作助记符 [目的操作数] [，源操作数]

操作助记符，也称指令助记符，它以符号形式给出该指令进行什么操作，如数据传送 MOV，加 ADD，减 SUB，逻辑与 AND 等。操作数可以是操作数本身，可以是寄存器，也可以是操作数的地址。有的操作数隐含在助记符中（形式上无操作数），有的只有一个操作数，有的有两个操作数，故符号指令的表示中使用了可选择符号 [ ]。

通常，一条带有操作数的指令要指明用什么方式寻找操作数，寻找操作数的方式称为寻址方式。熟悉并灵活地运用计算机所采取的寻址方式是至关重要的。

2.2.1 寄存器寻址

操作数在指定的寄存器中。如：

MOV BX，AX

其中 MOV 为传送指令的助记符，其目的操作数和源操作数分别是 BX 和 AX，即操作数在源寄存器 AX 之中，其操作是将 AX 的内容送 BX。若执行前，AX＝2035H，BX＝0178H；执行该指令后，BX＝AX＝2035H。又如：

ADD AL，BL

其中 ADD 为加法指令的助记符，AL 为目的操作数，BL 为源操作数。其操作是将 AL 的内容和 BL 的内容相加，结果送 AL。若执行前，AL＝35H，BL＝78H；执行该指令后，AL＝ADH，BL＝78H。

在寄存器寻址方式中，16 位二进制数必须用 AX、BX、CX、DX、SI、DI、BP 和 SP 等 8 个 16 位通用寄存器作操作数（段寄存器仅用在部分传送指令中），8 位二进制数必须用 AH、AL、BH、BL、CH、CL、DH 和 DL 等 8 个 8 位通用寄存器作操作数。虽然操作数可以是通用寄存器的任意一个，且它们都能参与算术或逻辑运算和存放结果，但是 AX 是累加器，若结果存放在 AX 中，则通常指令执行时间要短些。由于通用寄存器是处理器的一部分，因此采用寄存器寻址方式可以提高工作效率。对于那些需要经常存取的操作数据，采用寄存器寻址方式较为合适。

2.2.2 立即寻址

操作数就在指令中，实际上是不需要寻址的。如：

MOV AL，5　　；将字节 05H 送 AL，　指令执行后，　AL=05H

MOV AX，18　；将字 0012H 送 AX，　指令执行后，　AX=0012H

目的操作数分别是 AL 和 AX，源操作数分别是字节数据 5 和字数据 18，不论 AL 和 AX 的内容是什么，指令执行后，AL 和 AX 的值分别是 05H 和 0012H。又如：

ADD AX，100H

该指令是将 AX 的内容和立即数 100H 相加，再送回 AX。若指令执行前 AX=0012H，指令执行后 AX=0112H。

立即寻址方式只能用于源操作数，主要用来给寄存器或存储器赋初值，也可以与寄存器操作数或存储器操作数进行算术逻辑运算。

2.2.3　直接寻址

操作数在存储器中，其偏移地址由指令直接给出，一般是由变量和常量组成的地址表达式，段地址（在不作专门说明时）一般在 DS 段寄存器中。若在其他段中，则应在偏移地址前加段名和冒号。如：

MOV AX，W

该指令的源操作数地址为 DS：OFFSET W。

若偏移地址是数值常量，则均应在偏移地址前加段名（在 DEBUG 中可将偏移地址置于方括号中）。如：

MOV DS：8000H，BX

该指令的目的操作数地址为 DS：8000H。

2.2.4　间接寻址

操作数在存储器中，其偏移地址在指令给出的方括号中的寄存器中，即方括号中的寄存器的内容为操作数的偏移地址。段地址由间址寄存器确定，若用 BX、SI、DI 寄存器间址，则操作数在当前数据段中，即段地址在 DS 中；若用 BP 寄存器间址，则操作数在堆栈段中，亦即段地址在 SS 中。只有上述 4 个通用寄存器 BX、SI、DI 和 BP 可以用于间接寻址。如：

MOV CX，[BX]

该指令的源地址在当前数据段中，源操作数是 DS：[BX]，目的操作数是 CX。执行的操作是：

DS：[BX] →CL，DS：[BX+1] →CH

具体地，若 DS=1359H，BX=0124H，则传送数据的地址是 1359H：0124H=136B4H 和 1359H：0125H=136B5H；该指令执行的操作是将 136B4H 的内容送 CL，将 136B5H 的内容送 CH。

间接寻址的主要优点是只要对间址寄存器作适当修改，一条指令就可以对许多不同的存储单元进行访问。循环程序设计中，多用间接寻址。

2.2.5 基址寻址

源操作数在存储器中，其偏移地址是指令中指定的寄存器 BX 或 BP 的内容与指令中给出的位移量相加之和，段地址同间址。如：

MOV [BX+6]，AL 或 MOV 6 [BX]，AL

该指令的源操作数是寄存器 AL，目的地在当前数据段中，目的操作数是 DS：[BX+6]。执行的操作是：

AL→DS：[BX+6]

具体地，若 DS=1359H，BX=0124H，则传送数据的地址是 1359H：0124H+6=136BAH；该指令执行的操作是将 AL 的内容送 136BAH。又如：

MOV [BP+6]，AX 或 MOV 6 [BP]，AX

源操作数是寄存器 AX，目的地在堆栈段中，目的操作数是 SS：[BP+6]。执行的操作是：

AL→SS：[BP+6]，　AH→SS：[BP+7]

具体地，若 SS=1355H，BP=0030H，则传送数据的地址是 1355H：0030H+6=13586H 和 1355H：0030H+7=13587H；该指令执行的操作是将 AL 中的内容送 13586H 单元，将 AH 中的内容送 13587H 单元。

上述两种写法，即将位移量放在方括号内与放在方括号外，功能是一样的，前者意义明确些，后者上机操作要方便些。

2.2.6 变址寻址

变址寻址与基址寻址类似，只不过是用 SI 和 DI 取代 BX 和 BP。约定的段地址在 DS 中。

2.2.7 基址变址寻址

操作数在存储器中，其偏移地址是指令中指定的基址寄存器和变址寄存器的内容与位移量 3 项相加之和。段地址由基址寄存器确定在哪一个段寄存器中，即若用 BX 作为基址寄存器，则操作数在数据段区域中；若用 BP 作为基址寄存器，则操作数在堆栈段区域中。如：

MOV [BX+SI+5]，AX 或 MOV 5 [BX+SI]，AX

目的地址是：DS：[BX+SI+5] 和 DS：[BX+SI+6]。

间接寻址、基址寻址和变址寻址都是基址变址寻址的特例。在基址寻址、变址寻址和基址变址寻址的地址表达式中，其位移量除了可以是数值常量外，也可以是常量名或变量名；若是变量名，它给出变量所在段的偏移地址。还可以是常量和变量名，其位移量则是该变量所在段的偏移地址与常量之和。变量名可以放在方括号前，也可以放在方括号中同寄存器、常量一起写成地址表达式。将变量名置于方括号外，便于上机操作。其意义是取变量存储区中的数据，因此，它们的类型要与指令中的另一操作数的类型一致。

如有一字变量 W，指令

MOV AL，W [BX+5]

非法；应该借助于算符 PTR 临时改变 W 的类型属性，使非法变为合法：

MOV AL，BYTE PTR W [BX+5]

又如有一字节变量 B，指令

MOV AX，B [SI+5]

也非法；同样应该借助于算符 PTR 临时改变 B 的类型属性，使非法变为合法：

MOV AX，WORD PTR B [SI+5]

在基址寻址、变址寻址和基址变址寻址的地址表达式中，若含有变量名，则基址、变址寄存器的内容是基地址，而变量的偏移地址与常量之和是位移量。也可以把变量的偏移地址看做基地址，将基址、变址寄存器的内容与常量之和看做该变量数据区的位移量。

在变量数据区中存取数据可以使用间接寻址，也可以使用基址寻址或变址寻址。如将立即数 35H 存入字节变量 BUF+5 单元中，若基址寄存器 BX 的内容等于存入单元 BUF+5 的偏移地址，则为间接寻址：

MOV BX，OFFSET BUF+5

MOV BYTE PTR [BX]，35H

若基址寄存器 BX 的内容等于字节变量 BUF 数据区中的位移量，则为基址寻址：

MOV BX，5

MOV BUF [BX]，35H

由此可见，在变量数据区中存取数据，若希望操作数的类型含糊就采用间接寻址；若希望操作数的类型明确就采用基址寻址或变址寻址。

2.2.8 存储器寻址中段地址的确定

操作数在存储器中的寻址方式为存储器寻址，包括直接寻址、间接寻址、基（变）址寻址和基址变址寻址。非直接寻址的存储器寻址方式中的偏移地址可以仅是间址寄存器的内容，也可以是地址表达式经汇编程序计算后得到的数值。通常把这个由汇编程序计算得到的偏移地址称为有效地址 EA（effective address）。

80x86 的存储器总是分段使用的，在存储器中寻找操作数时除了偏移地址外，还要有段地址，前面讲的指令都没有特别指明是哪个段地址。段地址的确定在 8086/8088 中有一个基本约定，只要指令中不特别说明要超越这个约定，则就按这个约定来寻找操作数。这个基本约定以及是否允许超越，即段更换的情况如表 2-1 所示。

表 2-1 存储器寻址时段寄存器的基本约定和段更换

存储器存取方式	约定段	段更换	偏移地址
取指令	CS	不允许	IP
堆栈操作（CALL、RET、PUSH、POP 等）	SS	不允许	SP
数据存取（BP 间址、基址除外）	DS	ES SS CS	EA
BP 间址、基址数据存取	SS	DS ES CS	EA
字符串处理指令的源串	DS	ES CS SS	SI
字符串处理指令的目的串	ES	不允许	DI

指令中段超越或段更换是在偏移地址前写上段名来表示的，如：

MOV ES：[DI]，AL

MOV ES：2000H，AL

其中 ES 为前缀字节，产生目标代码时，它将放在这条 MOV 指令的前面：

26　　ES：

8805　　MOV [DI]，AL

其中符号指令前的 3 个字节即十六进制数 268805 是符号指令 MOV ES：[DI]，AL 的目标代码，即机器指令。

2.3 常用指令

80x86 有庞大的指令系统，形式多样，功能极强。本书先介绍 80x86 的基本指令集，即 8086/8088 的指令集。8086/8088 的指令助记符 115 个代表 91 种操作，共分为 6 类指令。本章将介绍其中的一部分常用指令，其余部分将结合程序设计技术和接口电路控制程序设计的讲述分散到其他章节中介绍，可通过目录或附录查找到。

2.3.1 数据传送类指令

不论是专用计算机，还是通用计算机，也不管是数值计算或信息处理，还是实时控制，都需要传送数据。因此数据传送是一种最大量、最基本、最主要的操作。传送类指令的特点是把数据从计算机的一个部位传送到另一部位。把发送的部位称为源，接收的部位称为目的地。传送类指令大多数都是将源中的数送到目的地。只有交换指令是将源和目的地中的数交换。8086/8088 设置了数据传送、地址传送、标志传送、查表转换、输入/输出和数据交换等多种数据传送类指令，为用户编程提供了有利条件。

1. 数据传送指令

指令格式：MOV dest，source

指令的意义是把一个字节或一个字操作数从源送到目的地（源保持不变）。数据传送指令的操作数及其传送方向如图 2-2 所示。由图 2-2 可知，立即操作数、代码段寄存器 CS 只能作源操作数；源操作数、目的操作数只能有一个存储器操作数。该指令有如下 9 种形式：

(1) MOV REG，REG　　　　；通用寄存器间传送

(2) MOV REG，IMM　　　　；立即数送通用寄存器

(3) MOV MEM，IMM　　　　；立即数送存储器

(4) MOV MEM，REG　　　　；通用寄存器送存储器

(5) MOV REG，MEM　　　　；存储器送通用寄存器

(6) MOV SEGREG，REG　　　；通用寄存器送段寄存器（CS 除外）

(7) MOV REG，SEGREG　　　；段寄存器送通用寄存器（含 CS）

(8) MOV SEGREG，MEM　　　　；存储器送段寄存器（CS 除外）

(9) MOV MEM，SEGREG　　　　；段寄存器送存储器（含 CS）

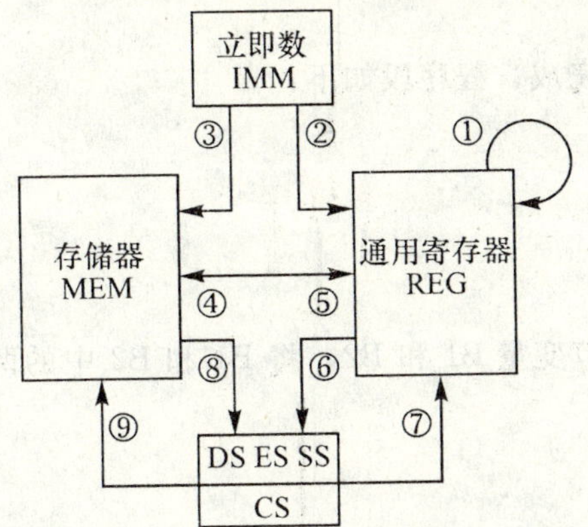

图 2-2　MOV 指令的操作数及传送方向

使用 MOV 指令需注意：源操作数和目的操作数不能同时为存储器操作数；两操作数的类型属性要一致；操作数不能出现二义性（至少 1 个操作数的类型要明确）；代码段寄存器 CS 和立即数不能作目的操作数。尤其要注意的是：立即数的类型属性是不明确的，不能把 16 位二进制数当做字类型的立即数，也不能把 8 位二进制数当做字节类型的立即数。在立即数送存储器的指令中，若存储器操作数的类型不明确，则必须使用算符来明确其中一个操作数的类型。下列指令是非法的：

```
MOV AX，BL           ；类型不一致
MOV CS，AX           ；CS 不能作目的操作数
MOV [DI]，[BX]       ；源和目的不能都是存储器操作数
MOV [BX]，1          ；两个操作数的类型都不明确，不知是字还是字节（二义性）
```

两个操作数的类型都不明确的指令，可以使用 PTR 算符使之成为合法指令：

```
MOV BYTE PTR [BX]，1
```

2. 数据交换指令

指令格式：XCHG dest，source

指令的意义是将源地址与目的地址中的内容交换。交换能在两个通用寄存器之间、通用寄存器与存储器之间进行。只有如下两种形式：

```
XCHG REG，REG                        ；REG ←→ REG
XCHG REG，MEM 或 XCHG MEM，REG       ；REG ←→ MEM
```

如数据段中有两个字变量 W1 和 W2，将两个字数据互换的程序段如下：

```
MOV AX，W1
XCHG AX，W2
MOV W1，AX
```

不用数据交换指令，仅使用 MOV 指令的程序段如下：

```
MOV AX，W1
MOV BX，W2
MOV W1，BX
MOV W2，AX
```

还可以使用栈操作指令来完成，程序段如下：

```
PUSH W1
PUSH W2
POP W1
POP W2
```

若数据段中有两个字节变量 B1 和 B2，将 B1 和 B2 中的两个字节数据互换的程序段如下：

```
MOV AL，B1
XCHG B2，AL
MOV B1，AL
```

也可以不用数据交换指令，仅使用 MOV 指令来实现：

```
MOV AH，B1
MOV AL，B2
MOV B1，AL
MOV B2，AH
```

若字节变量 B1 和 B2 相邻且 B1 的地址低，则还可以采用如下的程序段：

```
MOV AX，WORD PTR B1
XCHG AH，AL
MOV WORD PTR B1，AX
```

还可以使用循环移位指令实现，见 2.3.3 节。

3. 地址传送指令

8086/8088 有 3 条专门传送地址的指令，它们的目的操作数均是 16 位的通用寄存器，源操作数都是存储器。

(1) 传送偏移地址指令（load effective address to register）。指令格式：

LEA REG，MEM

指令的意义是按存储器操作数 MEM 提供的寻址方式计算的有效地址送 16 位通用寄存器。该指令通常用来给某个 16 位通用寄存器设置偏移地址的初值，以便从此开始存取多个数据。

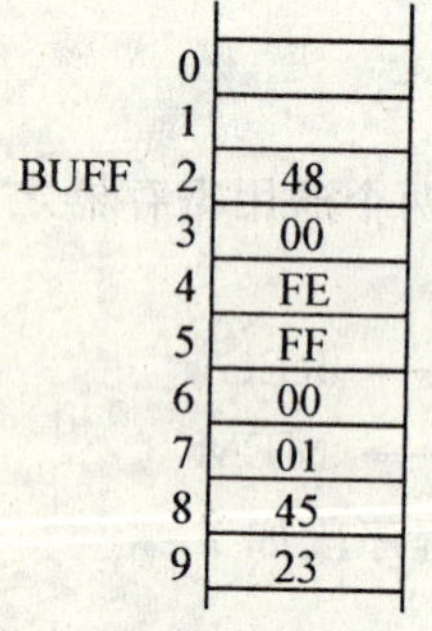

地址	变量	内容
0		
1		
2	BUFF	48
3		00
4		FE
5		FF
6		00
7		01
8		45
9		23

图 2-3　数据段中数据的存储形式

若在数据段中，有一如图 2-3 存储形式的数据区，则

```
LEA SI，BUFF          ；将变量 BUFF 的偏移地址送 SI
LEA DI，[SI+6]        ；将地址表达式 [SI+6] 的偏
                        移地址送 DI
```

两条指令执行后，SI=0002H，DI=0008H。

若将图 2-3 中 BUFF 为偏移地址的存储区的内容分别送到 AX、BX、CX 和 DX，其程序段如下：

```
LEA SI，BUFF
MOV AX，[SI]
MOV BX，[SI+2]
MOV CX，[SI+4]
MOV DX，[SI+6]
```

该程序段执行后，AX=0048H，BX=FFFEH，CX=0100H，DX=2345H。

注意："LEA SI，BUFF"与"MOV SI，BUFF"两条指令是有区别的。"LEA SI，BUFF"是取变量 BUFF 的偏移地址，执行后，SI=0002H；而"MOV SI，BUFF"是取字变量 BUFF 的内容，执行后，SI=0048H。这两条指令的源操作数的形式完全相同，取变量的偏移地址是立即寻址，取变量的内容是存储器寻址。为了避免这种由操作符决定操作数的寻址方式给初学者造成的困难，本书不用"LEA SI，BUFF"指令，而用与它功能相同的指令"MOV SI，OFFSET BUFF"。若 SI 的值为变量 BUFF 的偏移地址，则指令"LEA DI，[SI+6]"也可用指令"MOV DI，OFFSET BUFF+6"来取代。

(2) 传送数据段地址指针指令（load point into DS）。指令格式：

```
LDS REG，MEM
```

指令的意义是将地址指针（双字长即 32 位的存储器操作数）的段地址送 DS，偏移地址送 16 位通用寄存器。这条指令为存取非当前数据段中的数据作地址准备。如指令：

```
LDS SI，[BX]
```

所执行的操作为：[BX+3] 和 [BX+2] →DS，[BX+1] 和 [BX] →SI。

(3) 传送附加段地址指针指令（load point into ES）。指令格式：

```
LES REG，MEM
```

该指令的意义同 LDS，只是将 DS 改为 ES。如指令：

```
LES DI，[BX+4]
```

所执行的操作为：[BX+7] 和 [BX+6] →ES，[BX+5] 和 [BX+4] →DI

将变量 EB 的段地址和偏移地址分别送 ES 和 DI，可用以下 3 条指令：

```
MOV DI，SEG EB
MOV ES，DI
MOV DI，OFFSET EB
```

也可以用 EB 做地址表达式定义一个双字变量 D（见图 2-1）：

```
D   DD EB
```

再仅用一条指令：

```
LES DI，D
```

即可实现。

4. 查表转换指令（translate）

指令格式：XLAT [source-table]

该指令的操作数都是隐含的，所执行的操作是将 BX 为基地址、AL 为位移量的字节存储单元中的数据送 AL 即［BX＋AL］→AL。该指令可以很方便地将一种代码转换为另一种代码。该指令的功能可以用如下的程序段代替：

```
ADD BL，AL
ADC BH，0                    ；代替的条件是该指令不再产生进位
MOV AL，[BX]
```

数据传送类指令不影响状态标志位。

2.3.2 加减运算指令

算术运算指令包括加、减、乘、除 4 种基本运算。本节仅介绍加减运算指令。参与加减运算的操作数如图 2-4 所示。

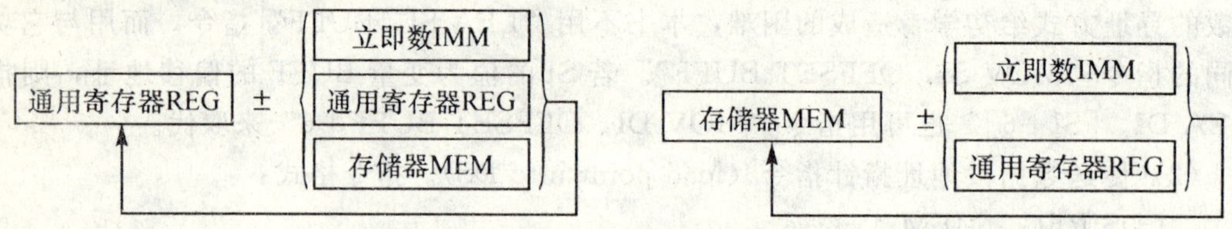

图 2-4 加减运算的操作数

1. 加法类指令

(1) 加指令 ADD（addition）。指令格式：

```
ADD dest，source
```

指令的意义是将源和目的相加，结果送目的，源保持不变。

ADD 指令有如下 5 种形式：

```
ADD REG，IMM        ；REG＋IMM→REG
ADD REG，REG        ；REG＋REG→REG
ADD REG，MEM        ；REG＋MEM→REG
ADD MEM，IMM        ；MEM＋IMM→MEM
ADD MEM，REG        ；MEM＋REG→MEM
```

(2) 加进位的加指令 ADC（addition with carry）。指令格式及意义是：

```
ADC dest，source          ；dest＋source＋CF→dest
```

ADC 指令有如下 5 种形式：

```
ADC REG，IMM              ；REG＋IMM＋CF→REG
ADC REG，REG              ；REG＋REG＋CF→REG
ADC REG，MEM              ；REG＋MEM＋CF→REG
ADC MEM，IMM              ；MEM＋IMM＋CF→MEM
ADC MEM，REG              ；MEM＋REG＋CF→MEM
```

ADD 和 ADC 两指令按执行结果影响状态标志位：

当结果的最高位（字节操作是 D_7，字操作是 D_{15}）产生进位时，CF=1；否则 CF=0。

当结果为 0 时，ZF=1；否则 ZF=0。

当结果的最高位为 1 时，SF=1；否则 SF=0，即 SF 总与结果的最高位一致。

当结果不在符号数范围：字节运算时不在字节补码数范围（−128～127），字运算时不在字补码数范围（−32768～32767）时，OF=1；否则 OF=0。

当结果的二进制位 1 的个数为偶数时，PF=1；否则 PF=0。

当运算时，D_3 产生进位，AF=1；否则 AF=0。

例如 3 个 32 位无符号数 12345678H、8765ABCDH 和 2468FEDCH 相加，其和（仍为 32 位无符号数）放 DX 和 AX 中的程序段如下：

```
MOV DX，1234H
MOV AX，5678H
ADD AX，0ABCDH          ；字母开始的十六进制数，要在其前面添加一个前导 0
ADC DX，8765H
ADD AX，0FEDCH
ADC DX，2468H
```

(3) 增量指令 INC (increment destination by one)。指令格式及意义是：

```
INC dest          ；dest+1→dest
```

dest 既是目的操作数又是源操作数。该指令的操作数只能是通用寄存器和存储器，所以该指令只有如下两种形式：

```
INC REG
INC MEM
```

增量指令主要用于修改偏移地址和计数次数。增量指令

```
INC REG/MEM
```

与加 1 指令

```
ADD REG/MEM，1
```

的惟一区别是增量指令对 CF 标志位没有影响，而加 1 指令按操作影响 CF 标志位。

使用存储器增量指令

```
INC MEM
```

时，存储器操作数不得出现二义性。如

```
INC  [SI]
```

是非法的，因为汇编程序不能确定是字节增 1 还是字增 1。可以使用 PTR 算符使之成为合法指令：

INC　BYTE PTR　[SI] 或 INC　WORD PTR　[SI]

2. 减法类指令

与加法类指令相似，减法类指令也有 3 类：

(1) 减指令 SUB (subtraction)。指令格式及意义：

```
SUB dest，source          ；dest−source→dest
```

(2) 减借位的减指令 SBB (subtraction with borrow)。指令格式及意义：

SBB dest，source　　；dest－source－CF→dest

(3) 减量指令 DEC (decrement)。指令格式及意义：

DEC dest　　；dest－1→dest

减法类指令对标志位的影响，除将进位改为借位外与加法类指令的相同。

例如 2 个 32 位无符号数 8765ABCDH 和 2468FEDCH 相减，其差放 DX 和 AX 中的程序段如下：

```
MOV   AX，0ABCDH
SUB   AX，0FEDCH          ；字母开始的十六进制数，要在其前面添加一个前导 0
MOV DX，8765H
SBB DX，2468H
```

3. 比较指令 CMP (compare)

指令格式及意义：

CMP dest，source　　；dest－source

比较指令除了不回送结果外，其他一切均同 SUB 指令。该指令主要用来判断两数的大小与是否相等。比较指令后面常常是条件转移指令，根据比较的结果实现程序的分支。

2.3.3 位操作指令

这类指令包括逻辑运算与移位两种类型，它们均可直接对寄存器或存储器中的位进行操作。

1. 逻辑运算指令

(1) 求补指令 NEG (negate)。指令格式：

NEG dest

指令的意义是将操作数地址中的内容求补后再送入操作数地址中。该指令的操作数只有通用寄存器 REG 和存储器 MEM。

特别需要强调的是该指令是求补指令，不是求补码指令。不论操作数地址中的数是符号数还是无符号数，是正数还是负数，也不管它是补码形式还是原码形式或反码形式的数，该指令均对其进行求补操作。

如：AX＝FFFBH，执行 NEG AX 后，AX＝0005H。而 FFFBH 既可看做无符号数 65531，也可看做补码形式的数－5，还可以看做原码形式的数－32763 或反码形式的数－4。

又如：BX＝000AH，执行 NEG BX 后，BX＝FFF6H。000AH 是正数或无符号数 10；而 FFF6H 视为无符号数是 65526，视为补码是－10，视为原码是－32758，视为反码是－9。

由此可见，若将执行求补指令前后的数均视为补码数，求补指令则将该数变为绝对值相等符号相反的另一数。

(2) 求反指令 NOT。指令格式：

NOT dest

指令的意义是将操作数地址中的数逐位取反后再送回操作数地址中。

需要注意的是：求反指令不是求反码指令，它对符号位仍执行求反操作。

(3) 逻辑与 AND、逻辑或 OR、逻辑异或 XOR。

```
指令格式：AND dest, source        ; dest ∧ source→ dest
          OR dest, source         ; dest ∨ source→ dest
          XOR dest, source        ; dest ⊕ source→ dest
```

这 3 类指令的形式相同，只是对目的操作数和源操作数按位进行不同的逻辑操作，将结果回送到目的操作数地址中，如图 2-5 所示。

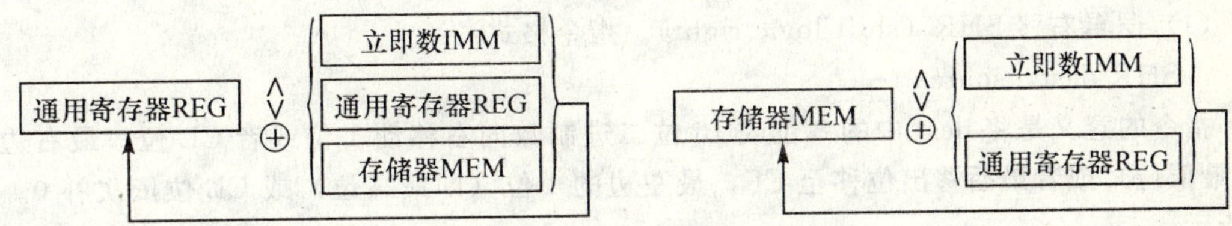

图 2-5　逻辑指令的操作数

这 3 类指令都将标志位 CF 和 OF 清 0，对标志位 SF、ZF 和 PF 的影响同加操作。这 3 类指令的主要作用如表 2-2 所示。从中可以看出这 3 类指令的主要作用。AND 指令可以用来取出目的操作数中与源操作数的 1 对应的位。OR 指令可以用来将目的操作数和源操作数中的所有 1 位拼合在一起。XOR 指令可以用来将通用寄存器清 0，还可以用来将目的操作数中的某些位取反。

表 2-2　AND、OR、XOR 3 类指令的主要作用

指　令	执行前目的操作数	执行后目的操作数
AND AX，000FH	AX=0F6E5H	AX=0005H
OR BX，0056H	BX=7B00H	BX=7B56H
XOR CX，CX	CX=35EBH	CX=0000H

如用逻辑与和逻辑或指令可以将 AX 的高 4 位、CX 的中间 8 位、BX 的低 4 位拼合起来，其程序段如下：

```
AND AH, 0F0H        ; 字母开始的十六进制数，要在其前面添加一个前导 0
AND BL, 0FH
AND CX, 0FF0H
OR CH, AH
OR CL, BL
```

(4) 测试指令 TEST。指令格式：

```
TEST dest, source        ; dest ∧ source
```

TEST 指令与 AND 指令的关系同 CMP 指令与 SUB 指令的关系。TEST 指令主要用来检测与源操作数中为 1 的位相对应的目的操作数中的那几位是为 0 或为 1，供其后面的

条件转移指令实现程序的分支。

2. 移位指令

移位指令的目的操作数可以是通用寄存器或存储器，可以是字节，也可以是字；源操作数为移位的次数，只能是 CL 或 1，即若移位次数不是 1 次就要先将移位次数送入 CL，然后再执行源操作数为 CL 的移位指令。CL 的值为 0，则不移位。以 CL 为源操作数的移位指令执行以后，CL 的值不变。

移位有逻辑右移、算术右移、算术/逻辑左移、循环右移、循环左移、带进位循环右移和带进位循环左移 7 种。

(1) 逻辑右移 SHR (shift logic right)。指令格式：

SHR dest，source

指令的意义是将 dest 中的 8 位或 16 位二进制数向右移动 1 位或者 CL 位，最右边位(即最低位)或者最后移出位移至 CF，最左边的 1 位(即最高位)或 CL 位依次补 0。如下所示：

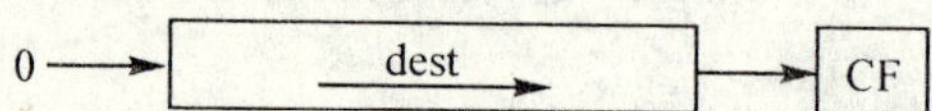

如：AL=abcdefgh (abcdefgh 均为二进制数 1 或 0)，逻辑右移指令

SHR AL，1

执行后，AL=0abcdefg，CF=h。

又如：AL=abcdefgh (abcdefgh 均为二进制数 1 或 0)，CL=3，逻辑右移指令

SHR AL，CL

执行后，AL=000abcde，CF=f。

(2) 算术右移 SAR (shift arithmetic right)。指令格式：

SAR dest，source

指令的意义是将 dest 中的 8 位或 16 位二进制数向右移动 1 位或者 CL 位，最右边位(即最低位)或者最后移出位移至 CF，最左边位(即最高位)既向右移动又保持不变。如下所示：

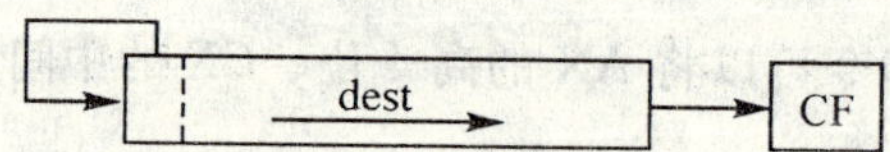

如：AL=abcdefgh (abcdefgh 均为二进制数 1 或 0)，算术右移指令

SAR AL，1

执行后，AL=aabcdefg，CF=h。

又如：AL=abcdefgh (abcdefgh 均为二进制数 1 或 0)，CL=3，算术右移指令

SAR AL，CL

执行后，AL=aaaabcde，CF=f。

算术右移指令执行后，保持目的操作数的符号位不变。如：

MOV CH，80H

MOV CL，4

SAR CH，CL

这 3 条指令执行后，CH＝F8H，CL＝4，补码数 F8H 的真值是－8。移位前 CH＝80H，补码数 80H 的真值是－128，而－128÷16＝－8。可见，算术右移 4 次的作用是将补码数除以 16。

（3）算术/逻辑左移 SAL/SHL。指令格式：

SAL/SHL dest，source

指令的意义是将 dest 中的 8 位或 16 位二进制数向左移动 1 位或者 CL 位，最左边位（即最高位）或者最后移出位移至 CF，最右边的 1 位（即最低位）或右边的 CL 位移入 0。如下所示：

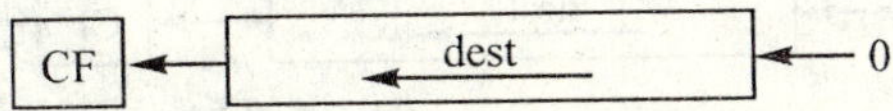

如：AL＝abcdefgh（abcdefgh 均为二进制数 1 或 0），逻辑左移指令

SHL AL，1

执行后，AL＝bcdefgh0，CF＝a。

又如：AL＝abcdefgh（abcdefgh 均为二进制数 1 或 0），CL＝3，逻辑左移指令

SHL AL，CL

执行后，AL＝defgh000，CF＝c。

（4）循环右移。指令格式：

ROR dest，source

指令的意义是将 dest 中的 8 位或 16 位二进制数向右移动 1 位或者 CL 位，从右边移出位既移入 CF 又移入左边的空出位，最后移出位移至最左边位（即最高位），同时保留在 CF。如下所示：

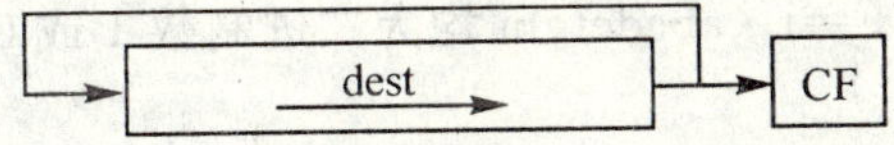

如：AL＝abcdefgh（abcdefgh 均为二进制数 1 或 0），循环右移指令

ROR AL，1

执行后，AL＝habcdefg、CF＝h。

（5）循环左移。指令格式：

ROL dest，source

指令的意义是将 dest 中的 8 位或 16 位二进制数向左移动 1 位或者 CL 位，从左边移出位既移入 CF 又移入右边的空出位，最后移出位移至最右边位（即最低位），同时保留在 CF。如下所示：

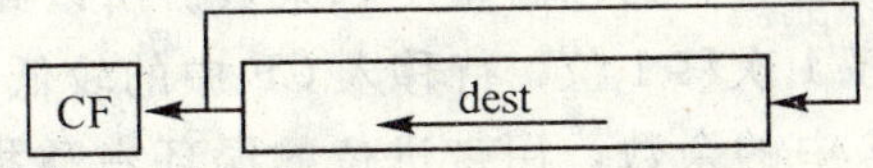

如：AL＝abcdefgh（abcdefgh 均为二进制数 1 或 0），CL＝5，循环左移指令

ROL AL，CL

执行后，AL＝fghabcde，CF＝e。

利用循环右移或循环左移指令也可以将数据段中的两个相邻变量 B1 和 B2（B1 的地

址低）中的两个字节数据交换，其程序段为：

```
MOV CL，4
ROR WORD PTR B1
```

（6）带进位循环右移。指令格式：

```
RCR dest，source
```

指令的意义是将 dest 和进位 CF 中的 9 位或 17 位二进制数一同向右移动 1 位或者 CL 位，dest 中的最右边位（即最低位）或者最后移出位移至 CF，CF（原内容）移至 dest 的最左边位（即最高位）或者中间位。如下所示：

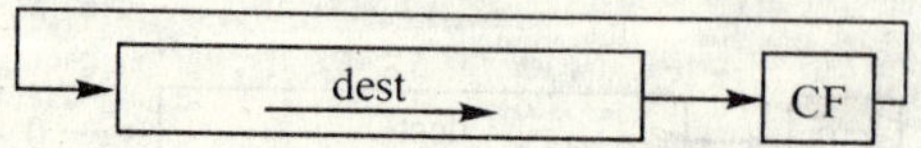

如：AL=abcdefgh，CF=i（abcdefghi 均为二进制数 1 或 0），CL=4，带进位循环右移指令

```
RCR AL，CL
```

执行后，AL=fghiabcd，CF=e。

（7）带进位循环左移。指令格式：

```
RCL dest，source
```

指令的意义是将 dest 中的 8 位二进制数和进位 CF 一同向左移动 1 位或者 CL 位，dest 中的最左边位（即最高位）或者最后移出位移至 CF，CF（原内容）移至 dest 的最右边位（即最低位）或者中间位。如下所示：

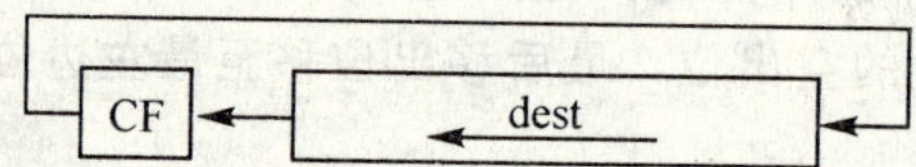

如：AL=abcdefgh，CF=i（abcdefghi 均为二进制数 1 或 0），带进位循环左移指令

```
RCL AL，1
```

执行后，AL=bcdefghi，CF=a。

2.3.4 指令应用举例

【例 2.1】 编写程序段实现将字变量 W 中的无符号数除以 8，商和余数分别放入字变量 QUOT 和字节变量 REMA 中。

变量中的无符号数除以 8，只需将该变量中的数右移 3 位即可实现，若用 CL（CL=3）为源操作数的逻辑右移指令，则进位标志 CF 中只保留有最后移入的 1 位二进制数，先移出来的 2 位二进制数都将丢失，这样就得不到余数。所以要用逻辑右移 1 位的指令，将被除数按低位到高位的顺序 1 次移 1 位，待移入 CF 中的较低位移走后，再将较高位右移入 CF 中。将每次移入 CF 中的余数，用带进位的循环右移指令移入字节变量 REMA 中。3 位余数都移入字节变量 REMA 中后再用逻辑右移指令右移 5 位将 3 位余数从 D_7～D_5 移至 D_2～D_0。其程序段如下：

```
W        DW 65525
QUOT     DW 0
```

```
REMA    DB 0
        MOV AX，W
        SHR AX，1
        RCR REMA，1
        SHR AX，1
        RCR REMA，1
        SHR AX，1
        RCR REMA，1
        MOV QUOT，AX
        MOV CL，5
        SHR REMA，CL
```

该程序的执行过程如下：

65525＝65536－11＝10000H－BH＝FFF5H 即 AX＝FFF5H。执行第一条“SHR AX，1”指令后，AX=7FFAH，CF=1。执行第一条“RCR REMA，1”指令后，(REMA)＝1×××××××B。执行第二条“SHR AX，1”指令后 AX=3FFDH，CF＝0。执行第二条“RCR REMA，1”指令后，(REMA)＝01××××××B。执行第三条“SHR AX，1”指令后，AX＝1FFEH，CF＝1。执行第三条“RCR REMA，1”指令后，(REMA)＝101×××××B；执行最后两条指令后（REMA）＝00000101B=05H。最终的结果为：商是 1FFEH，余数是 05H 即 5（65525÷8＝8190……5）；1FFEH 的十进制数是 8190，转换过程为：1FFEH＝2000H－2＝8192－2＝8190。移位过程如图 2-6 所示。

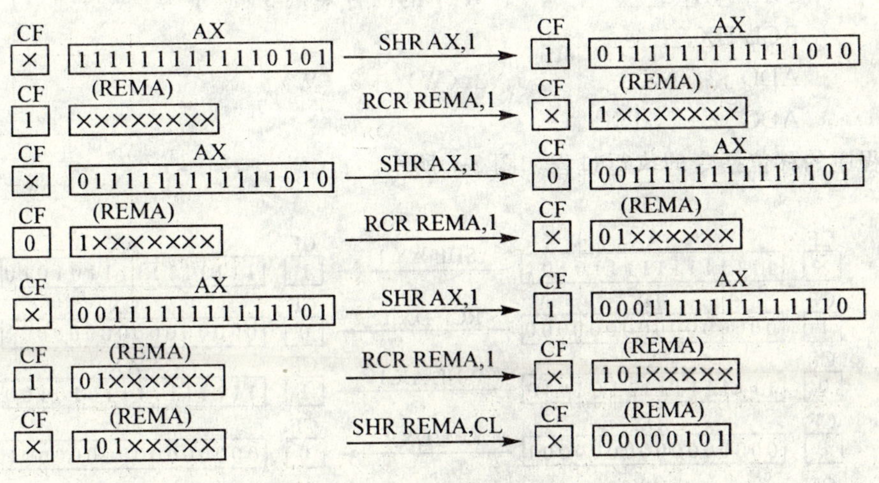

图 2-6　例 2.1 移位指令的执行过程

还可以先取出余数，再连续逻辑右移 3 位得商：

```
MOV REMA，7            ；取最低 3 位的逻辑尺（7）
MOV AX，W
AND REMA，AL           ；取余数
MOV CL，3
```

```
    SHR AX, CL
    MOV QUOT, AX
```

【例 2.2】 编写程序段将字变量 W 中的无符号数乘以 10，积放字变量 J2 中。

因为 $10=8+2=2^3+2$，所以将 16 位无符号数乘以 10，等于 16 位无符号数分别乘以 2 和乘以 8 后再相加，16 位无符号数乘以 2 和乘以 8 分别用左移 1 位和左移 3 位实现。因为没有限定 16 位无符号数的大小，它乘以 2 有可能大于 16 位无符号数的最大值 65535，因此要将它扩展为 32 位的无符号数再乘以 2，也即要用逻辑左移双字来实现乘以 2 的操作。可以用逻辑左移低位字，再带进位循环左移高位字两条指令来实现逻辑左移双字的操作。用逻辑左移双字 3 位可以实现乘以 8 的操作。同除以 8 一样，左移 3 位不能连续移 3 位要用左移 1 位、移 3 次来完成。其程序段如下：

```
W       DW 65525
J2      DW 0, 0
        MOV AX, W
        XOR DX, DX          ; DX 清 0，将 16 位无符号数扩展为 32 位
        SHL AX, 1           ; 乘以 2
        RCL DX, 1
        MOV J2+2, DX        ; 保存乘以 2 的结果
        MOV J2, AX
        SHL, AX, 1          ; W 中的内容乘以 4
        RCL DX, 1
        SHL AX, 1           ; W 中的内容乘以 8
        RCL DX, 1
        ADD J2, AX          ; 2 (W) +8 (W)
        ADC J2+2, DX
```

该程序的移位指令的执行过程如图 2-7 所示。

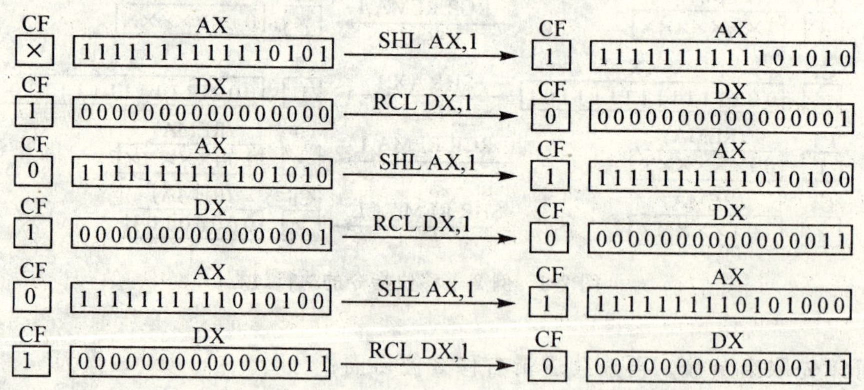

图 2-7 例 2.2 移位指令的执行过程

J2+2 和 J2 中的乘以 2 的 32 位数为 00000000000000011111111111101010B=0001FFEAH。

DX 和 AX 中的乘以 8 的 32 位数为 00000000000001111111111110101000B=0007FFA8H。

32 位数的相加也分为低 16 位和高 16 位分别相加，低 16 位相加产生的进位通过进位标志传递到高 16 位，所以高 16 位要用带进位的加指令。

相加以及将结果转换为十进制数的计算为：

0001FFFAH＋0007FFA8H

＝0009FF92H

＝000A0000H－6EH

＝10×10000H－40H－20H－0EH

＝65536×10－64－32－14

＝655250

可见达到了乘以 10 的目的。

【例 2.3】　字变量 NUMW 中有一无符号数，编写计算（NUMW）×16＋30 并将结果送入 NUMW＋2 和 NUMW 中的程序。

16 位二进制数乘以 16，应先将其扩展为 32 位二进制数，然后用上例的方法将 32 位二进制数逻辑左移 4 位。其结果的高位字等于移位前低位字的最高 4 位，结果的低位字等于移位前的低位字逻辑左移 4 位。由此可见可以将低位字循环左移 4 位，把低位字的最高 4 位移到最低 4 位中，再将其最低 4 位取出放入高位字中即可。此法编写的程序段如下：

```
NUMW    DW 1234H，0
        MOV CL，4
        ROL NUMW，CL          ；将 NUMW 字单元中的 1234H 变成 2341H
        MOV AX，   000FH      ；取 16 位二进制的最低 4 位的逻辑尺送 AX
        AND AX，   NUMW       ；AX=0001H 最低 4 位（移位前的最高 4 位）
        AND  NUMW，0FFF0H     ；清低位字的最低 4 位（NUMW）＝2340H
        ADD NUMW，30          ；低位字加 30
        ADC AX，0             ；将低位字加 30 的进位（若产生）加入高位字
        MOV NUMW＋2，AX
```

【例 2.4】　将 AX 中小于 256 大于 0 的 3 位 BCD 数转换为二进制数，存入字节变量 SB 中。

先介绍用除 2 取余法将 AX 中的 3 位 BCD 数转换为 1 个字节的二进制数。BCD 数除以 2，商应仍为 BCD 数。但由于在计算机中除以 2 操作采用移位实现，将百位和十位的 BCD 数右移 1 位，若移入十位和个位的 1 位二进制数是 0，则商一定是 BCD 数；若移入的数是 1，则商可能不是 BCD 数，即使是 BCD 数，也是错误的 BCD 数。因为高位的 1 除以 2（即右移）到低位应为 5，但在 4 位二进制数表示的 BCD 数中，它却为 8。为了纠正该错误，应该出现该情况就要减去 3。在此，减 3 操作采用的方法是：取出高位移入低位的 D_7 位或 D_3 位，先将它们移到权值为 2 的位减去 2 或 0，再将它们移到权值为 1 的位减去 1 或 0。若移入的是 1，则减操作减去 2 或 1；若移入的不是 1 而是 0，则减操作都减去 0。如 AX 中为 BCD 数 0255H，右移一位（0000 0010 0101 0101B→0000 0001 0010 1010B）其结果为 012AH；012AH 不是 BCD 数，这是由于十位移入个位的 1 造成的。取出百位移入十位和十位移入个位的位为 0000 1000B，逻辑右移 2 位得 0000 0010B（即 02H），012AH 减去

02H 得 0128H，再将 0000 0010B（即 02H）逻辑右移 1 位得 0000 0001B（即 01H），0128H 减去 01H 得 0127H。再将 0127H 右移一位（0000 0001 0010 0111B→0000 0000 1001 0011B)，其结果为 0093H；0093H 虽是 BCD 数，但却是错误的 BCD 数，这是由于百位移入十位的 1 造成的。取出百位移入十位和十位移入个位的位为 1000 0000B，逻辑右移 2 位得 0010 0000B（即 20H），0093H 减去 20H 得 0073H，再将 0010 0000B（即 20H）逻辑右移 1 位得 0001 0000B（即 10H），0073H 减去 10H 得 0063H……如此操作 8 遍。程序段如下：

```
SB    DB 0
      SHR AX，1          ；除以 2 取余数
      RCR SB，1          ；余数移入字节变量 SB
      MOV DL，AL         ；除以 2 后的十位和个位送 DL
      AND DL，88H        ；取除以 2 后的 D7位和 D3位
      SHR DL，1
      SHR DL，1
      SUB AL，DL
      SHR DL，1
      SUB AL，DL
      SHR AX，1          ；再除以 2 取余数
      RCR SB，1
      MOV DL，AL
      AND DL，88H
      SHR DL，1
      SHR DL，1
      SUB AL，DL
      SHR DL，1
      SUB AL，DL
      SHR AX，1          ；再除以 2 取余数
      RCR SB，1
      MOV DL，AL
      AND DL，88H
      SHR DL，1
      SHR DL，1
      SUB AL，DL
      SHR DL，1
      SUB AL，DL
      SHR AX，1          ；再除以 2 取余数
      RCR SB，1
      MOV DL，AL
      AND DL，88H
```

```
SHR DL, 1
SHR DL, 1
SUB AL, DL
SHR DL, 1
SUB AL, DL
SHR AX, 1                ；再除以 2 取余数
RCR SB, 1
MOV DL, AL
AND DL, 88H
SHR DL, 1
SHR DL, 1
SUB AL, DL
SHR DL, 1
SUB AL, DL
SHR AX, 1                ；再除以 2 取余数
RCR SB, 1
MOV DL, AL
AND DL, 88H
SHR DL, 1
SHR DL, 1
SUB AL, DL
SHR DL, 1
SUB AL, DL
SHR AX, 1                ；再除以 2 取余数
RCR SB, 1
MOV DL, AL
AND DL, 88H
SHR DL, 1
SHR DL, 1
SUB AL, DL
SHR DL, 1
SUB AL, DL
SHR AX, 1                ；再除以 2 取余数
RCR SB, 1
MOV DL, AL
AND DL, 88H
SHR DL, 1
SHR DL, 1
SUB AL, DL
```

```
SHR DL, 1
SUB AL, DL
```

本题还可以用（百位×10＋十位）×10＋个位的方法将 BCD 数转换为二进制数。如将 BCD 数 255H 转换为二进制数 11111111B，用二进制数运算的过程如图 2-8 所示。

```
  00000010        00010100       00011001        11111010
×     1010      +      101     ×     1010      +      101
----------      ----------     ----------      ----------
  00010100        00011001          11001        11111111
                               +   11001
                               ----------
                                 11111010
```

图 2-8　例 2.4 用二进制运算过程图

因为 $10=2^3+2$，$10X=2^3X+2X$，所以可以用逻辑左移指令和加法指令将 BCD 数转换为二进制数。实现转换的程序段如下：

```
SB      DB 0
        MOV CL, 2
        SHL AH, 1           ; 百位乘以 2
        MOV SB, AH          ; 暂存 2 百位
        SHL AH, CL          ; 百位再乘以 4 得 2³百位
        ADD AH, SB          ; 2³百位+2 百位得 10 百位
        MOV SB, AL          ; 暂存十位和个位
        SHR AL, CL          ; 取十位
        SHR AL, CL
        ADD AH, AL          ; 10 百位+十位
        MOV AL, SB          ; 十位和个位送 AL
        SHL AH, 1           ; (10 百位+十位) ×10
        MOV SB, AH
        SHL AH, CL
        ADD SB, AH          ; 2³ (10 百位+十位) +2 (10 百位+十位)
        AND AL, 0FH         ; 取个位
        ADD SB, AL          ; 加上个位
```

2.4　伪指令

2.4.1　过程的定义

过程由伪指令 PROC 和 ENDP 定义。定义过程的格式为：

过程名　PROC［NEAR］或 FAR

⋮

过程名　ENDP

其中，PROC 和 ENDP 必须成对出现，且前面都有同一过程名（过程名是必须有的），过程的类型由 PROC 的操作数指出。若 PROC 后无操作数，则默认为 NEAR 类型。

在汇编程序中，可以使用过程定义伪指令定义子程序，通过调用指令 CALL 调用子程序。过程名是为该子程序起的名字，在调用子程序时，作为调用指令 CALL 的操作数。PROC 和 ENDP 两伪指令之间，是为实现某功能的程序段，其中至少有一条子程序返回指令 RET 以便返回调用它的程序。

子程序也可以用“:”定义，“:”定义的标号是为该子程序起的名字。主程序把用“:”定义的子程序作为远过程来调用。若子程序与调用它的主程序在同一代码段，则必须用过程来定义该子程序。中断调用都是远调用，所以中断服务子程序可以用“:”定义。若用过程来定义中断服务子程序，则必须将中断服务子程序定义为远过程，无论它与调用程序是否在不同的代码段。

2.4.2　段的定义

段的定义通过 SEGMENT 和 ENDS 伪指令进行。定义一个段的格式是：

段名　SEGMENT［定位方式］［组合方式］［‘类别名’］

⋮

段名　ENDS

其中，SEGMENT 和 ENDS 必须成对出现，它们的前面需有相同的名字，该名字为段名。伪指令 SEGMENT 有 3 个可选择的操作数：定位方式、组合方式和类别名。这 3 个可选操作数用于模块化程序设计中，源程序经汇编告知连接程序 LINK 各模块之间的通信方式和各段之间的组合方式，从而把各模块正确地连接在一起。

段名也可以用来表示段地址，如取段名为 DATA 的段地址送 AX 的指令为：

MOV AX，DATA

组合方式有［NONE］、STACK 等 6 种，它们表明本段同其他段的组合关系。NONE 即无组合方式，表示本段与其他段逻辑上不发生关联，这是隐含的组合方式。STACK 表示本段与其他模块中所有 STACK 组合方式的同名段组合成一个堆栈段。为它保留的存储器空间是各堆栈段所需字节之和，在运行时就是堆栈段寄存器 SS 所指物理段，且 SP 指向该段的末地址+1。另外，所有模块中至少有一个 STACK 段，否则连接程序 LINK 在连接时会指出有一个错误。所以定义堆栈段时，必须至少有组合方式 STACK。

定位方式有［PARA］、BYTE、WORD 和 PAGE 4 种，它们表明如何将经组合后的段定位到存储器中。PARA 表示本段要从 16 的整数倍地址处开始存放，即段首址的最低 4 位必须为 0，这是隐含的定位方式。它使段间可能有 1～15 个字节的间隙。BYTE 表示本段可从任何地址开始，它使段间不留任何间隙。WORD 表示本段要从偶地址开始，它使段间可能留有一个字节的间隙。PAGE 表示本段要从 256（即一页）的整数倍地址开始，即段首址的最低 8 位必须为 0，它使段间可能留有 1～255 个字节的间隙。

类别名是用单引号括起来的字符串，它是任意的一个名字。连接时LINK将把类别名相同的所有段（它们不一定同段名）存放在连续的存储区域中。典型的类别名有DATA、CODE、STACK。

2.4.3 汇编地址计数器

汇编地址计数器用符号$表示，它用来记录正在被汇编程序翻译的指令的地址，即它的内容标出了汇编程序当前的工作位置。

在一个源程序中，往往包含了多个段，汇编程序在将该源程序翻译成目标程序时，每遇到一个新的段，就为该段分配一个初值为0的汇编地址计数器，然后再对该段中的（伪）指令汇编。在汇编过程中，对凡是需要申请分配存储单元的变量和产生目标代码的指令，汇编地址计数器就按存储单元数和目标代码的长度增值。因此，段内定义的所有标号和变量的偏移地址就是当前值。汇编地址计数器可以用做指令的操作数，此时汇编地址计数器的值就是该指令的偏移地址。汇编地址计数器也可以出现在表达式中。如：

```
DATA     SEGMENT
BUF      DB'0123456789ABCDEF'
COUNT    EQU $-BUF
DATA     ENDS
```

常量COUNT的值就是变量BUF数据区所占的存储单元数16。

汇编地址计数器的值可以用伪指令ORG来设置，其格式是：

ORG 数值表达式

功能是将汇编地址计数器设置成数值表达式的值。其中数值表达式的值为0000H～FFFFH之间的整数。

2.4.4 段寄存器的假定

宏汇编程序MASM将源程序翻译成目标程序，依赖于各段寄存器的内容。我们知道，每个存储单元的逻辑地址是一对16位二进制数，即段地址和偏移地址。几乎所有访问存储器的指令都仅使用偏移地址。而段地址来自某个段寄存器。所以源程序在程序代码段的开始就要对段寄存器与段之间的关系作假定，以便汇编程序根据给定的偏移地址和段寄存器计算出正确的物理地址。

段寄存器与段的关系，由伪指令ASSUME设定，设定格式是：

ASSUME SEGREG：SEGNAM [，SEGREG：SEGNAM，…]

其中SEGREG为4个段寄存器CS、SS、DS、ES中的任一个，SEGNAM是段名。

需要说明的是，伪指令ASSUME只是将段寄存器与段间的对应关系告诉汇编程序，它并没有将段首址置入对应的段寄存器中，这一工作要到程序最后投入运行时才能完成。那时CS和SS的内容将由系统自动设置，不用程序处理；但对DS和ES，则必须由程序将其段首址分别置入。

2.4.5 源程序的结束

源程序的结束要用伪指令 END，其格式是：

END［表达式］

该伪指令用在源程序的最后，用以表示整个源程序的结束，即告诉汇编程序，汇编工作到此结束。

其中可选项表达式的值必须是存储器的地址，该地址即为程序的启动地址，也就是程序的第一条可执行指令的地址。表达式一般为过程名。如果不带表达式，则该程序不能单独运行，只是供其他程序调用的子模块。

2.4.6 宏汇编源程序的格式

宏汇编源程序一般由 3 个段组成，其格式如下：

```
stack    segment stack 'stack'
         dw 32 dup(0)
stack    ends
data     segment
         ⋮
data     ends
code     segment
begin    proc far
         assume ss: stack, cs: code, ds: data
         push ds
         sub ax, ax
         push ax
         mov ax, data
         mov ds, ax
         ⋮
         ret
begin    endp
code     ends
         end begin
```

堆栈段定义了 32 个字，32 个字是堆栈比较适宜的大小，它的组合方式和类别名均是 STACK。数据段和代码段没有指定组合方式和类别名。这 3 个段都采用的是隐含的定位方式，即这三个段的段首址都是 16 的整数倍。代码段中定义了一个远过程，该过程中有 6 条指令。前 5 条指令是初始化程序，最后一条指令是返回指令。返回指令（远返回）所执行的操作是将栈顶 4 个单元的内容送 IP 和 CS，SP 加 4。这 6 条指令的作用如下。

汇编语言源程序都是经汇编和连接两个步骤才能生成一个可在 DOS 状态下直接执行

的文件 EXE 程序，而在 DOS 状态下，执行 EXE 程序时，DOS 会在 COMMAND.COM 暂存部分之后建立一个 256 字节的程序段前缀 PSP（program segment prefix），在其后装入 EXE 程序，并把控制权转移给它（即源程序结束伪指令 END 后的参数指向的远过程）。PSP 的 256 个字节包含 3 部分的信息：有被装入程序与 DOS 连接时使用的信息，有供装入程序使用的参数，还有供 DOS 本身使用的信息。在其首地址处有一条 INT 20H 指令。DOS 在转移控制权时，将 CS 指向 EXE 程序的代码段，SS 指向堆栈段，DS 和 ES 并不指向用户程序的数据段和附加数据段而是指向 PSP，这样便于用户使用和处理 PSP 中的信息。所以在初始化程序中有将数据段的段地址送 DS 的两条指令（若有附加数据段，还应有将附加段的段地址送 ES 的指令）：

```
MOV AX, DATA
MOV DS, AX
```

DOS 像调用子程序一样，把控制权转移给 EXE 程序，EXE 程序执行完成后也应像子程序返回调用程序一样返回 DOS。IBM PC DOS 为 EXE 程序返回 DOS 安排了两种方法：其一是用调用号为 4CH 的系统功能调用（见 2.5.1 节），即使用 4CH 功能调用结束 EXE 程序。4CH 功能调用的格式如下：

```
MOV AH, 4CH
INT 21H
```

其二是用软中断指令（见 7.4.2 节）INT 20H，其指令机器码是 CD20（H）。

本书使用 INT 20H 从 EXE 程序返回 DOS。这是因为 4CH 功能调用返回 DOS 虽简单，但不论是什么程序调用它均返回 DOS。作为被用户调用的子（程序）过程应该返回调用它的用户程序，就不能使用 4CH 功能调用返回，仅返回 DOS 的主过程才能使用 4CH 功能调用返回。而软中断 INT 20H 是返回调用程序，被用户调用的子过程和被 DOS 调用的主过程可以统一使用 INT 20H 结束 EXE 程序来返回调用程序。在用调试程序 DEBUG 调试 EXE 程序时就返回调试程序 DEBUG，这样又便于调试。但是 INT 20H 返回调用程序要求 CS 指向 PSP，即 CS 要等于 PSP 的段地址。除了远过程中的返回指令能将堆栈中的数据传送给 CS 外，再没有其他指令可把数据传送给 CS。因此，在远过程中首先将 PSP 的首地址进栈，返回指令正好可将 CS 指向 PSP，然后执行放在 PSP 首地址中的 INT 20H 指令，从而使 EXE 程序结束返回调用程序。程序段为：

```
PUSH DS          ；PSP 的段地址（段地址在 DS 中）进栈
SUB AX, AX
PUSH AX          ；PSP 首地址的偏移地址（偏移地址为 0）进栈
 ⋮
RET              ；PSP 的首地址出栈送 IP 和 CS
```

综上所述可知，执行初始化程序的作用其一是使 PSP 的首地址进栈，以便远返回指令结束用户程序返回调用程序，其二是使 DS 指向数据段的段首址。

汇编源程序的格式虽较复杂，但千篇一律，在本书中用小写体给出，各源程序均可保留这些部分，只要将编写的程序段插入它们之中。程序段（包括变量和常量的定义）本书用大写体给出。在 IBM PC 机中程序段的大写与小写是等价的，可不加区分，本书区分开只是为了突出程序段。

2.5　系统功能调用

IBM PC 微机系统为汇编用户提供了两个程序接口，一个是 DOS 系统功能调用，另一个是 ROM 中的 BIOS（basic input/output system）。系统功能调用和 BIOS 由一系列的服务子程序构成，但调用与返回不是使用子程序调用指令 CALL 和返回指令 RET，而是通过软中断指令 INT N 和中断返回指令 IRET 调用和返回。

DOS 系统功能调用和 BIOS 的服务子程序，使程序设计人员不必涉及硬件即可以实现对系统的硬件尤其是 I/O 的使用与管理。

本书仅介绍常用系统功能调用。

2.5.1　常用系统功能调用

系统功能调用是 IBM PC 微机系统为汇编用户提供的一个程序接口。系统功能调用使程序设计人员不必涉及硬件即可以实现对系统的硬件尤其是 I/O 的使用与管理。系统功能调用的调用与返回不是使用子程序调用指令 CALL 和返回指令 RET，而是通过软中断指令 INT　21H 和中断返回指令 IRET 调用和返回。

系统功能调用主要分为字符 I/O 与磁盘控制功能，文件操作功能，记录和目录操作功能，程序结束、内存分配与其他功能 4 类。编号亦即调用号从 0～75H。本书仅介绍设备管理系统功能调用中基本的 I/O 管理功能。

使用系统功能调用的一般过程为：把调用号放入 AH 中，设置入口参数，然后执行 INT 21H 指令，最后分析处理出口参数。

键盘和显示器的 DOS 功能调用如表 2-3 所示。

表 2-3　　**键盘和显示器的 DOS 功能调用**

调用号	功　能	入口参数	出口参数
1	键入并显示一个字符		键入字符的 ASCII 码在 AL 中
2	显示器显示一个字符	DL 中置输出字符的 ASCII 码	
5	打印机打印一个字符	DL 中置输出字符的 ASCII 码	
8	键盘输入一个字符		键入字符的 ASCII 码在 AL 中
9	显示器显示字符串	DS：DX 置字符串首址，字符串以“$”结束	
10（0AH）	键入并显示字符串	DS：DX 置字符串首址，第 1 单元置允许键入的字符数（含一个回车符）	键入的实际字符数在第 2 单元中，键入的字符从第 3 单元开始存放
11（0BH）	检测有无键入		有键入 AL＝FFH，无键入 AL＝0

本节仅介绍常用的1、2、9、10等4个系统功能调用。

1. 1号功能调用

调用格式：

```
MOV AH，1
INT 21H
```

系统执行该功能调用时将扫描键盘等待键入，一旦有键按下就将该按键所表示字符的ASCII码读入AL，并同时将该字符送显示器显示。注：若键入Ctrl＋Break，则退出本调用。

2. 2号功能调用

调用格式：

```
MOV DL，待显示字符的ASCII码
MOV AH，2
INT 21H
```

本调用执行后，显示器显示待显示的字符。

3. 9号功能调用

调用格式：

```
MOV DX，待显示字符串的首偏移地址
MOV AH，9
INT 21H
```

本调用执行后，显示器显示待显示的字符串。执行前要在DS数据段定义一串字符，该字符串必须以“＄”结尾。

当需要输出数据区中某一字符串时，若该字符串的尾部无“＄”，一定要在其尾部置入一个“＄”；若该字符串中间就有“＄”，则要采用2号功能调用逐个输出该字符串中的字符。

4. 10号功能调用

调用格式：

```
MOV DX，数据区的首偏移地址
MOV AH，10
INT 21H
```

当需要输入字符串时，应在DS数据段中事先定义一个变量数据区IBUF，其定义格式如下：

```
IBUF DB 数据区大小，0，数据区大小 DUP(0)
```

其中，数据区大小是一个无符号数，可以为0～255。若定义为0，则执行10号功能调用时程序不会等待接收键入就结束10号功能调用；若定义为1，则执行10号功能调用时程序会等待接收，但不接收其他字符，仅接收一个回车即结束10号功能调用；若定义

为2～255，则等待接收1～254个字符（比定义值少1个），接收的字符数可以少，但不能多，最后等待接收回车结束10号功能调用。DUP(0)前的“数据区大小”应与前面一个数据区大小一致，因为数据区的大小是由前面的即第1个单元规定的，从第3个单元开始是预留给10号功能调用装载键入字符的，留多了不能多装，是浪费；留少了可多装，当输入的字符数超过预留的单元数时，数据区就会自动往下延伸，冲掉紧跟其后的存储单元中的内容，造成程序运行的混乱。第2个单元是预留给装载10号功能调用时实际键入字符数的，实际键入的字符数不包括回车（0DH）。

要注意，10号功能调用是键入并回显一串字符，10号功能调用每次都要从键盘接收1个ENTER键，当然就要执行1个回车操作，将显示器的光标移到本行的行首。不同于高级语言中的ENTER键，高级语言都是将ENTER键定义为回车又换行，即将光标移至下一行的行首。所以一般在10号功能调用后要再输出一个换行，将光标从本行的首部移到下一行；否则，再输出的字符就会覆盖输入的字符。

最后，要特别强调的是：2号功能调用、9号功能调用和10号功能调用虽然未使用AL，但调用后也会破坏AL中原来的内容。为防止AL中原来的内容被破坏，在调用前应先保护AL，调用后再恢复。

2.5.2　常用系统功能调用应用举例

【例2.5】　编写汇编语言源程序，在显示器上显示“wish you success!”。

只需将欲显示字符串的ASCII码存放到字节变量数据区中（字节变量数据区一定要以（“$”结束)，用9号功能调用即可显示该字符串。程序如下：

```
stack    segment stack 'stack'
         dw 32 dup (0)
stack    ends
data     segment
OBF      DB 'wish you success!  $'
data     ends
code     segement
start    proc far
         assume ss: stack, cs: code, ds: data
         push ds
         sub ax, ax
         push ax
         mov ax, data
         mov ds, ax
         MOV DX, OFFSET OBF
         MOV AH, 9
         INT 21H
         ret
```

```
start   endp
code    ends
        end start
```

【例 2.6】 编写汇编语言源程序，将键入的 4 位十进制数（如 5，则键入 0005）以压缩 BCD 数形式存入字变量 SW 中。

该程序首先接收键入的 4 位十进制数，然后拼合为压缩 BCD 数，存入字变量 SW。为了接收键入的 4 位十进制数，需要在数据段中定义一变量数据区。该数据区应有 7 个字节，其中第 1 字节定义为 5，即可接收 5 个字符，第 2 字节预留给 10 号功能调用装载实际键入字符数，第 3～7 字节预留给 10 号功能调用装载实际键入的字符：4 字节十进制数的 ASCII 码和 1 字节回车的 ASCII 码。程序如下：

```
stack   segment stack 'stack'
        dw 32 dup (0)
stack   ends
data    segment
IBUF    DB 5, 0, 5 DUP (0)
SW      DW 0
data    ends
code    segment
begin   proc far
        assume ss: stack, cs: code, ds: data
        push ds
        sub ax, ax
        push ax
        mov ax, data
        mov ds, ax
        MOV DX, OFFSET IBUF            ; 10号功能调用，键入4位十进制数
        MOV AH, 10
        INT 21H
        MOV AX, WORD PTR IBUF+4        ; 个位和十位送AX（个位在AH中）
        AND AH, 0FH                    ; 将ASCII码变为非压缩BCD数
        MOV CL, 4
        SHL AL , CL                    ; 将十位移至AL的高4位
        OR AL, AH                      ; 十位和个位拼合在AL中
        MOV BYTE PTR SW, AL            ; 存BCD数的十数和个位
        MOV AX, WORD PTR IBUF+2        ; 键入数的百数和千位送AX
        AND AH, 0FH                    ; 将ASCII码变为非压缩BCD数
        SHL AL , CL                    ; 将千位移至AL的高4位
        OR AL, AH                      ; 千位和百位拼合在AL中
        MOV BYTE PTR SW+1, AL          ; 存BCD数的千位和百位
```

```
        ret
begin   endp
code    ends
        end begin
```

【例 2.7】　“镜子”程序。

“镜子”程序的功能是接收并回显键盘输入的一串字符，然后在下一行再将该串字符显示出来。可见该功能主要由 10 号功能调用和 9 号功能调用来完成。根据 10 号功能调用的入口参数，在数据段定义了字节变量 IBUF。第 1 个单元是允许键入字符数 FFH，即最多可接收除回车外的 254 个任意字符和一个回车字符；第 2 单元是预留装载实际键入字符个数的；从第 3 单元开始是预留装载键入字符的。只要把 10 号功能调用键入的回车换为字符“$”，即可使用 9 号功能调用把自 IBUF+2 单元开始的字符送显示器显示，直至“$”结束 9 号功能调用。“镜子”程序如下：

```
stack   segment stack 'stack'
        dw 32 dup (0)
stack   ends
data    segment
OBUF    DB '>', 0DH, 0AH, '$'
IBUF    DB 0FFH, 0, 255 DUP (0)
data    ends
code    segment
begin   proc far
        assume ss: stack, cs: code, ds: data
        push ds
        sub ax, ax
        push ax
        mov ax, data
        mov ds, ax
        MOV DX, OFFSET OBUF          ; 显示提示符“>”并回车换行
        MOV AH, 9
        INT 21H
        MOV DX, OFFSET IBUF          ; 键入并显示字符串
        MOV AH, 10
        INT 21H
        MOV BL, IBUF+1               ; 将“$”送键入字符串后
        MOV BH, 0
        MOV IBUF [BX+2], '$'
        MOV DL, 0AH                  ; 换行
        MOV AH, 2
        INT 21H
```

```
                MOV DX, OFFSET IBUF+2       ;再显示键入的字符串
                MOV AH, 9
                INT 21H
                ret
        begin   endp
        code    ends
                end begin
```

“镜子”程序的执行过程是：

首先显示提示符>，并将光标移至下行的行首，等待键入字符。如键入 ABCD12345 等 9 个字符和 ENTER 键后，字节变量 IBUF 的前 12 个单元中的内容如图 2-9 所示。然后做 9 号功能调用前的准备工作：将'$'送字符串尾，即送到回车 0D 的存放单元；并将光标从上一行的行首移到下一行的行首。0D 存放单元的偏移地址等于 IBUF 的偏移地址、立即数 2 与键入字符个数 3 数之和。若将键入字符个数即 BUF+1 单元的内容送给 BX，则基址寻址 IBUF［BX+2］所表示的偏移地址就是'$'要存入的单元地址。最后即可以通过 9 号功能调用把键入时存入 IBUF+2 为首地址的字符串再显示出来。

IBUF	FF
IBUF+1	09
IBUF+2	41
	42
	43
	44
	31
	32
	33
	34
	35
	0D

图 2-9 “镜子”程序 10 号功能调用的数据区

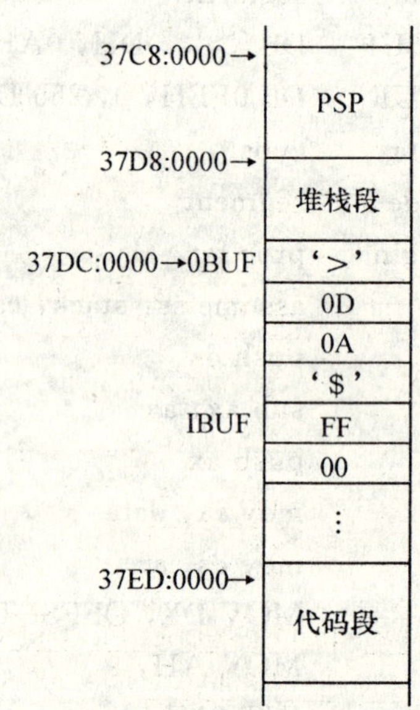

图 2-10 “镜子”程序的内存映像图

图 2-10 是“镜子”程序的内存映像图。“镜子”程序的数据段有 261 个字节，因为 261 不是 16 的整数倍，按定位方式的要求，数据段占有 272（=110H）字节，堆栈段应占有 64（=40H）字节，程序段前缀 PSP 占有 100H 字节。数据段在代码段之上，其偏移地址范围是 0000H～010FH，设代码段的首地址是 37ED0H（37EDH：0000H），则数据段的首地址为 37DCH：0000H。堆栈段位于数据段之上，其地址范围是 0000H～003FH，故堆栈段的首地址是 37D8H：0000H。同理 PSP 的首地址是 37C8H：0000H。

习题与思考题

1. 变量和标号都有哪些属性？它们的区别是什么？

2. 8086/8088 的指令有哪些寻址方式？它们的具体含义是什么？指令中如何表示它们？

3. 分别指出下列指令中源操作数和目的操作数的寻址方式：

(1) MOV AX，1000H　　(2) MOV AX，ES：1000H

(3) MOV [BX]，AL　　(4) MOV DI，[SI]

(5) ADD AX，[BX+4]　　(6) SUB AX，[BX+DI+5]

(7) MOV [DI+2]，AX　　(8) ADD AX，[BP+DI−7]

4. 指出下列指令是否合法：

(1) MOV AX，DL　　(2) MOV [BX]，5

(3) ADD AX，5　　(4) MOV DS，1000H

(5) PUSH CH　　(6) POP CS

(7) ADD ES，AX　　(8) MOV SS，CS

(9) DEC BX　　(10) INC [BX]

5. 表中程序段各指令执行后 AX 的值用十六进制数填入表中：

程序段	AX
MOV AX，0	
DEC AX	
ADD AX，7FFFH	
ADC AX，1	
NEG AX	
OR AX，3FDFH	
AND AX，0EBEDH	
XCHG AH，AL	
SAL AX，1	
RCL AX，1	

6. 用十六进制数填写下表。已知 DS=1000H，ES=2000H，SS=0FC0H，通用寄存器的值为 0。

指　令	存储器操作数的逻辑地址
SUB [BP]，AL	
MOV [BX]，BH	
MOV [DI]，DL	
MOV ES：[SI]，BL	
ADD 500H [BP]，AH	
SUB [SI－300H]，AL	
MOV 1000H [DI]，DL	
MOV [BX－8]，CL	
MOV ES：1000H [DI]，CH	
MOV [BP＋SI]，DH	
MOV [BX＋DI]，DL	

7. 试给出 8088 执行完下列指令后 OF、SF、ZF、CF 4 个可测试标志位的状态（要求用十六进制数给出 FLAG 的值，其余各位均填 0）：

(1) MOV AX，2345H
    ADD AX，3219H

(2) MOV BX，5439H
    ADD BX，456AH

(3) MOV CX，3579H
    SUB CX，4EC1H

(4) MOV DX，9D82H
    SUB DX，4B5FH

8. AX 中有一负数，欲求其绝对值，若该数为补码，则用指令________；若该数为原码，则用指令________。

9. 分别写出实现如下功能的程序段：

(1) 将 AX 中间 8 位(作高 8 位)，BX 低 4 位和 DX 高 4 位(作低 4 位)拼成一个新字。

(2) 将 CX 中间 8 位取反，其余位不变。

(3) 将数据段中以 BX 为偏移地址的连续 3 单元中的无符号数求和。

(4) 将数据段中以 BX 为偏移地址的连续 4 单元的内容颠倒过来。

(5) 将 BX 中的 4 位压缩 BCD 数用非压缩 BCD 数形式按序放在 AL、BL、CL 和 DL 中。

(6) 不用乘法指令实现 AL（无符号数）乘以 20。

10. 一数据段定义为：

```
DATA        SEGMENT
S1          DB 0, 1, 2, 3, 4, 5
S2          DB '12345'
COUNT EQU   $ -S1
NB          DB 3 DUP (2)
NW          DW 120, -256
P           DW -1
DATA        ENDS
```

(1) 画出该数据段中数据的存储形式。

(2) 在下表中填写各变量的偏移地址和各变量的值。

变量名	偏移地址	变量的值
S1		
S2		
NB		
NW		
P		

(3) 填写表中程序段各指令执行后，目的寄存器的值，并指出源操作数所使用的寻址方式：

程 序 段	目的寄存器的值	源操作数的寻址方式
MOV BX，OFFSET S1+3		
MOV SI，OFFSET S2		
MOV CL，COUNT		
MOV BP，NW+2		
MOV DX，WORD PTR NB		
MOV AL，[SI+3]		
MOV AH，[SI+BX+1]		
MOV CH，BYTE PTR NW+3		

(4) 改正下列程序段中不正确指令的错误：

a. MOV AX，S1

b. MOV BP，OFFSET S2
   MOV CL，[BP]

c. MOV SI，OFFSET NB
   MOV [SI]，'+'

d. MOV DL，NW+2

e. MOV DI，CH

f. MOV BX，OFFSET S1
   MOV DH，BX+3

g. INC COUNT

h. MOV NB，S2

i. MOV AX，[BX+S1]

j. ADD AX，[DX+NW]

11. 编写程序将双字变量 FIRST 中的无符号数乘以 4 后存入字节变量 SECOND 数据区中。

12. 编写程序将双字变量 FIRST 中的补码数除以 4 后存入字节变量 THIRD 数据区中。
13. 编写程序将双字变量 FIRST 中的补码数求补以后存入字节变量 FORTH 数据区中。
14. 阅读如下源程序，画出程序在 9 号功能调用之前数据段的内存映像图并指出此程序的功能。

```
stack   segment stack 'stack'
        dw 32 dup(0)
stack   ends
data    segment
BUF     DB 78H
OBUF1   DB 0AH，0DH,'(BUF)='
OBUF2   DW 2 DUP(0)
data    ends
code    segment
begin   proc far
        assume ss：stack，cs：code，ds：data
        push ds
        sub ax，ax
        push ax
        mov ax，data
        mov ds，ax
        MOV AL，BUF
        MOV AH，AL
        MOV CL，4
        SHR AH，CL
        ADD AH，30H
        AND AL，0FH
        ADD AL，30H
        XOR BX，BX
        XCHG AH，AL
        MOV OBUF2 [BX]，AX
        MOV OBUF2 [BX+2],'$H'
        MOV DX，OFFSET OBUF1
        MOV AH，9
        INT 21H
        ret
egin    endp
code    ends
        end begin
```

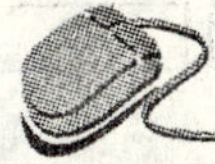

第 3 章　程序设计的基本技术

在汇编语言程序中，最常见的结构有顺序程序、分支程序、循环程序和子程序。这几种程序的设计方法是汇编程序设计的基础。本章将结合实例详细地介绍这些程序的设计技术以及第 2 章尚未讲述的指令。

3.1　顺序程序设计

顺序程序是最简单的程序，它的执行顺序和程序中指令的排列顺序完全一致。下面先介绍乘除法指令及 BCD 运算的调整指令。

3.1.1　乘除法指令

乘除法指令应该有无符号数乘除法指令和符号数乘除法指令之分。这是因为乘除法不同于加减法，无符号数的乘法和除法指令对符号数进行乘除运算不能得到正确的结果。如用无符号数的乘法运算做 FFH 乘以 FFH 结果为 FE01H。把它们看做无符号数为 255×255＝65025（FE01H＝65025），其结果是正确的；若把它们看做符号数（一般情况下，都将符号数看做补码数）为（－1）×（－1）＝－511（FE01H＝－511），显然是错误的。因此符号数必须用专用的乘除法指令。

1. 乘法指令 MUL 和符号整数乘法指令 IMUL（signed integer multiply）

指令格式：MUL source

　　　　　IMUL source

其中源操作数 source 可以是字节或字，可为寄存器或存储器操作数，不能为立即数。目的操作数是 AL 或 AX，视 source 的类型属性决定是 AL 还是 AX。在乘法指令之前必须将目的操作数送 AL（字节乘）或 AX（字乘）。

乘法指令所执行的操作是 AL 或 AX 乘以 source，乘积放回到 AX 或 DX 和 AX，如图 3-1 所示。

用乘法指令实现例 2.4 的程序段如下：

```
MOV CH，10
MOV CL，4
MOV SB，AL        ；暂存十位和个位
MOV AL，AH
```

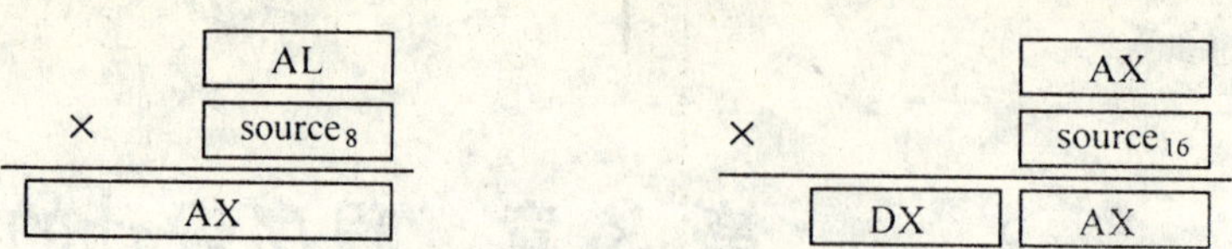

图 3-1　乘法指令的操作

```
MUL CH          ；百位×10
MOV AH，SB
SHR AH，CL      ；取十位
ADD AL，AH      ；加十位
MUL CH          ；（百位×10＋十位）×10
AND SB，0FH     ；取个位
ADD SB，AL      ；（百位×10＋十位）×10＋个位
```

乘法指令对除 CF 和 OF 以外的状态标志位无定义（注意：无定义和不影响不同，无定义是指指令执行后这些状态标志位的状态不确定，而不影响则是指该指令的执行不影响状态标志位，因而状态标志应保持原状态不变）。对于 MUL 指令，如果乘积的高一半为 0（即字节操作的 AH＝0 或字操作时 DX＝0），则 CF 和 OF 均为 0；否则 CF 和 OF 均为 1。对于 IMUL 指令，如果乘积的高一半是低一半的符号扩展，则 CF 和 OF 均为 0，否则 CF 和 OF 均为 1。

2. 除法指令 DIV 和符号整数除法指令 IDIV（singed integer divide）

指令格式：DIV source

　　　　　IDIV source

其中源操作数 source 可以是字节或字，可为寄存器或存储器操作数，不能为立即数。目的操作数是 AX 或 DX 和 AX。

除法指令所执行的操作是用指令中指定的源操作数 source 除 AX 中的 16 位二进制数或 DX 和 AX 中的 32 位二进制数，商放入 AL 或 AX，余数放入 AH 或 DX，如图 3-2 所示。被除数是 AX 还是 DX 和 AX，由源操作数是字节还是字确定。

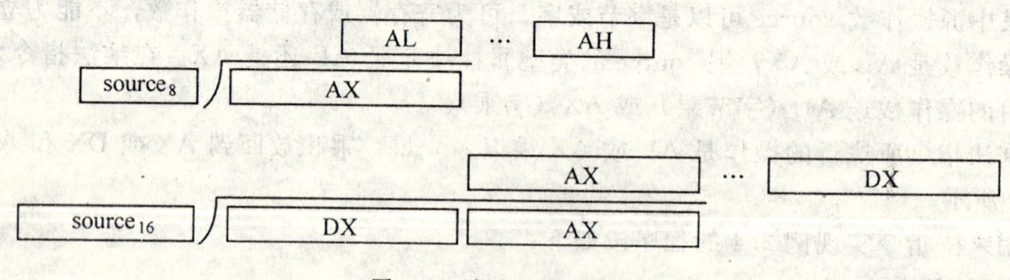

图 3-2　除法指令的操作

可用除法运算（除 10 取余）将二进制数转换为 BCD 数。如把 AL 中的 8 位无符号二进制数转换为 BCD 数放入 AX 中的程序段如下：

```
MOV CL, 10
MOV AH, 0              ; 8位二进制数扩展为16位二进制数
DIV CL
MOV CH, AH             ; 暂存BCD数个位
MOV AH, 0
DIV CL
MOV CL, 4
SHL AH, CL             ; BCD数十位移至高4位
OR CH, AH              ; BCD数十位与个位拼合
MOV AH, 0
MOV CL, 10
DIV CL                 ; AH中的余数为BCD数百位
MOV AL, CH             ; BCD数十位与个位送AL
```

将十六进制数FFH转换为BCD数255H的二进制除法运算如图3-3所示。

```
         00011001              00000010              00000000
    1010/11111111         1010/00011001         1010/00000010
         1010                      1010                  0000
         1011                       101                    10
         1010
          1111
          1010
           101
```

图3-3 将FFH转换为BCD数255H的二进制运算

除法指令对所有的状态标志位均无定义。

3. 扩展指令CBW（convert byte to word）和CWD（convert word to double word）

从除法指令的操作可知，要把一个8位二进制数除以一个8位二进制数，要有一个16位二进制数在AX中，只是把一个8位的被除数放入AL中是不行的，因为除法指令将把任何在AH中的数当做被除数的高8位。所以在做8位除以8位的除法之前先要把8位被除数扩展为16位，在做16位除以16位的除法之前要把16位被除数扩展为32位，才能保证除法指令的正确操作。这种扩展对于无符号数除法是很容易办到的，只需将AH或DX清0即可。对符号整数除法就不能用将被除数的高半部清0来实现，而要通过扩展符号位来把被除数扩展。例如把−2的8位形式1111 1110转换为16位形式1111 1111 1111 1110，即要把高半部全部置1（−2的符号位）；而把+3的8位形式0000 0011转换成16位形式0000 0000 0000 0011，却要把高半部全部置0（+3的符号位）。

指令格式：CBW

CWD

将字节扩展为字指令CBW所执行的操作是把AL的最高位扩展到AH的所有位。将字扩展为双字指令CWD把AX的最高位扩展到DX的所有位。在做8位除以8位和16位除以16位的除法之前，应先扩展AL或AX中的被除数。

例如，在数据段中，有一符号字数组变量ARRAY，第1个字是被除数，第2个字是除数，接着存放商和余数，其程序段是：

```
MOV SI，OFFSET ARRAY
MOV AX，[SI]
CWD
IDIV WORD PTR 2 [SI]
MOV 4 [SI]，AX
MOV 6 [SI]，DX
```

一般情况下，都将符号数看做补码数，扩展指令和符号整数除法仅对补码数适用。若特别指出该符号数为原码数，则其扩展和除法运算都要另编程序段实现。

3.1.2 BCD数调整指令

2.3节介绍的加减指令和本节介绍的乘除指令都是对二进制数进行操作。二进制数算术运算指令对BCD数进行运算，会得到一个非BCD数或不正确的BCD数。如：

0000 0011B+0000 1001B= 0000 1100B

0000 1001B+0000 0111B= 0001 0000B

第一个结果是非BCD数，第二个结果是不正确的BCD数。其原因是BCD数向高位的进位是逢10进1，而4位二进制数向高位进位是逢16进1，中间相差6。若再加上6，就可以得到正确的BCD数：

0000 1100B+0000 0110B= 0001 0010B

0001 0000B+0000 0110B= 0001 0110B

8086/8088对BCD数使用二进制数算术运算指令进行运算，然后执行一条能把结果转换成正确的BCD数的专用调整指令来处理BCD数的结果。

1. BCD数加法调整指令DAA（decimal adjust for add）和AAA（ASCII adjust for add）

指令格式：DAA

AAA

DAA 指令的意义是将AL中的数当做两个压缩BCD数相加之和来进行调整，得到两位压缩BCD数。具体操作是，若（AL & 0FH）>9或AF=1，则AL加上6；若（AL & 0F0H）>90H或CF=1，则AL加60H。如：

```
MOV AX，3456H
ADD AL，AH          ；AL=8AH
DAA                 ；AL=90H
```

AAA指令的意义是将AL中的数当做两个非压缩BCD数相加之和进行调整，得到正确的非压缩BCD数送AX。具体操作是，若（AL&0FH）>9或AF=1，则（AL+6）& 0FH送AL，AH加1；否则AL & 0FH送AL，AH不变。应特别注意，AAA指令执行

前 AH 的值。如：

```
MOV AX，0806H
ADD AL，AH              ；AX=080EH
MOV AH，0
AAA                     ；AX=0104H
```

又如，若要将两个 BCD 数的 ASCII 码相加，得到和的 ASCII 码，可以直接用 ASCII 码相加，加后再调整：

```
MOV AL，35H             ；“5”
ADD AL，39H             ；“9”，AL=6EH
MOV AH，0
AAA                     ；AX=0104H
OR AX，3030H            ；AX=3134H 即“14”
```

由调整指令所执行的具体操作可以看到，对结果进行调整时要用到进位标志和辅助进位标志，所以调整指令应紧跟在 BCD 数作为加数的加法指令之后。所谓“紧跟”是指在调整指令与加法指令之间不得有改变标志位的指令。

2. BCD 数减法调整指令 DAS（decimal adjust for subtract）和 AAS（ASCII adjust for subtract）

指令格式：DAS

　　　　　AAS

DAS 指令的功能是将 AL 中的数当做两个压缩 BCD 数相减之差来进行调整，得到正确的压缩 BCD 数。具体操作是：若（AL & 0FH）>9 或 AF=1，则 AL 减 6，（AL & 0F0H）>90H 或 CF=1，则 AL 减 60H。如：

```
MOV AX，5634H
SUB AL，AH              ；AL=DEH，有借位
DAS                     ；AL=78H，保持借位即 134-56
```

AAS 指令的功能是将 AL 中的数当做两个非压缩 BCD 数相减之差进行调整得到正确的非压缩 BCD 数。具体操作是：若（AL & 0FH）>9 或 AF=1，则（AL-6）& 0FH 送 AL，AH 减 1；否则 AL & 0FH 送 AL，AH 不变。应特别注意，AAS 指令执行前 AH 的值。如：

```
MOV AX，0806H
SUB AL，07H             ；AX=08FFH
AAS                     ；AX=0709H
```

3. 非压缩 BCD 数乘除法调整指令 AAM（ASCII adjust for multiply）和 AAD（ASCII adjust for divide）

压缩 BCD 数对乘除法的结果不能进行调整，故只有非压缩 BCD 数乘除法调整指令。

指令格式：AAM

　　　　　AAD

AAM 指令的功能是将 AL 中的小于 64H 的二进制数进行调整，在 AX 中得到正确的非压缩 BCD 数。具体操作是 AL/0AH 送 AH，AL MOD 0AH 送 AL。如：

```
MOV AL, 63H
AAM                 ; AX=0909H
```

AAD 指令的功能是将 AX 中的两位非压缩 BCD 数变换为二进制数。在做两位非压缩 BCD 数除以一位非压缩 BCD 数时，先将 AX 中的被除数调整为二进制数，然后用二进制除法指令 DIV 相除，保存 AH 中的余数后，再用 AAM 指令把商变回为非压缩的 BCD 数。如：

```
MOV AX, 0906H
MOV DL, 06H
AAD                 ; AX=0060H
DIV DL              ; AL=10H、AH=0
MOV DL, AH          ; 存余数
AAM                 ; AX=0106H
```

应注意的是，除法的调整不同于加法、减法和乘法，它们的调整是在相应运算操作之后进行，而除法的调整在除法操作之前进行。

调整指令都隐含着 AX 或 AL，都在 AX 或 AL 中进行。下面举几个使用调整指令的例子。

【例 3.1】 已知字变量 W1 和 W2 分别存放着两个压缩 BCD 数，编写求两数之和，并将其和送到 SUM 字节变量中的程序。

此例应注意以下两个问题：

(1) 定义字变量 W1 和 W2 的 4 位数应为 BCD 数，其后要加 H，只有这样定义装入内存中的数据才是 4 位 BCD 数。

(2) BCD 数的加减运算只能做字节运算，不能做字运算。这是因为加减指令把操作数都当做二进制数进行运算，运算之后再用调整指令进行调整，而调整指令只对 AL 作为目的操作数的加减运算进行调整。

程序如下：

```
stack   segment stack 'stack'
        dw 32 dup(0)
stack   ends
data    segment
W1      DW   8931H
W2      DW   5678H
SUM     DB 3 DUP(0)
data    ends
code    segment
begin   proc far
        assume  ss: stack, cs: code, ds: data
        push ds
```

```
          sub ax, ax
          push ax
          mov ax, data
          mov ds, ax
          MOV AL, BYTE PTR W1        ; AL=31H
          ADD AL, BYTE PTR W2        ; AL=A9H, CF=0, AF=0
          DAA                        ; AL=09H, CF=1
          MOV SUM, AL
          MOV AL, BYTE PTR W1+1      ; AL=89H
          ADC AL, BYTE PTR W2+1      ; AL=E0H, CF=0, AF=1
          DAA                        ; AL=46H, CF=1
          MOV SUM+1, AL
          MOV SUM+2, 0               ; 处理向万位的进位
          RCL SUM+2, 1               ; 也可用指令 ADC SUM+2, 0
          ret
begin     endp
code      ends
          end begin
```

【例 3.2】 已知字变量 W1 和 W2 分别存放着两个非压缩 BCD 数，编写求两数之和，并将其和送到 SUM 字节变量中的程序。

定义字变量 W1 和 W2 的数应为两位非压缩 BCD 数，其后要加 H。程序如下：

```
stack     segment stack 'stack'
          dw 32 dup(0)
stack     ends
data      segment
W1        DW   0809H
W2        DW   0607H
SUM       DB 3 DUP(0)
data      ends
code      segment
begin     proc   far
          assume   ss: stack, cs: code, ds: data
          push ds
          sub ax, ax
          push ax
          mov ax, data
          mov ds, ax
          MOV AL, BYTE PTR W1        ; AL=09H
          ADD AL, BYTE PTR W2        ; AL=10H, AF=1
```

```
        AAA                         ; AL=06H, AH=01H
        MOV SUM, AL
        MOV AL, BYTE PTR W1+1       ; AL=08H
        ADC AL, BYTE PTR W2+1       ; AL=0FH, AF=0
        MOV AH, 0
        AAA                         ; AL=05H, AH=01H
        MOV WORD PTR SUM+1, AX
        ret
begin   endp
code    ends
        end  begin
```

【例 3.3】 字变量 W 和字节变量 B 分别存放着两个非压缩 BCD 数，编写求两数之积，并将它存储到 JJ 字节变量中的程序。

定义字变量 W 的数应为两位非压缩 BCD 数，其后要加 H。

由于是 BCD 数的乘法，所以只能用 AL 做被乘数，因此要做两次乘法。先将第一次乘法的部分积 0603H 存入 JJ+1 和 JJ 两个单元（JJ+1 存高 8 位 06H，JJ 存低 8 位 03H)，然后将两次乘法的部分积相加。第二次乘法的部分积 0207H（在 AX 中）与第一次乘法部分积相加，是第二次乘法部分积的低 8 位与第一次乘法的部分积的高 8 位相加，相加的进位加入第二次部分积的高 8 位中。由于这个加法也是非压缩 BCD 数的加法，故加后也要调整。调整后若产生进位，该进位直接加入 AH。由于此时 AH 的内容正是第二次乘法部分积的高 8 位，所以加法调整指令正好调整到位。

```
stack   segment stack 'stack'
        dw 32 dup(0)
stack   ends
data    segment
W       DW 0307H
B       DB 9
JJ      DB 3 DUP(0)
data    ends
code    segment
begin   proc far
        assume ss: stack, cs: code, ds: data
        push ds
        sub ax, ax
        push ax
        mov ax, data
        mov ds, ax
        MOV AL, BYTE PTR W      ; AL=07H
        MUL B                   ; AX=003FH
```

```
            AAM                       ; AX=0603H
            MOV WORD PTR JJ, AX
            MOV AL, BYTE PTR W+1      ; AL=03H
            MUL B                     ; AX=001BH
            AAM                       ; AX=0207H
            ADD AL, JJ+1              ; 07H+06H=0DH, 即 AL=0DH
            AAA                       ; 调整后的进位，直接加入 AH! AX=0303H
            MOV WORD PTR JJ+1, AX
            ret
    begin   endp
    code    ends
            end begin
```

【例 3.4】　字变量 W 和字节变量 B 中分别存放着两个非压缩 BCD 数，编制程序求二者的商和余数，并分别存放到字变量 QUOT 和字节变量 REMA 中。

定义字变量 W 的数应为两位非压缩 BCD 数，其后要加 H。

由于是 BCD 数的除法，所以要先调整，因此先将 W 中的非压缩 BCD 数取到 AX 中，然后将 AX 中的非压缩 BCD 数调整为二进制数。二进制数的除法之后，又应用 AAM 指令将结果调整为非压缩 BCD 数。AAM 指令是将 AL 中的小于 100 的二进制数调整为非压缩 BCD 数，存入 AX 中，因此，调整前应将除法产生的余数存入 REMA 中。

```
    stack   segment stack 'stack'
            dw 32 dup(0)
    stack   ends
    data    segment
    W       DW 0909H
    B       DB 5
    REMA    DB 0
    QUOT    DW 0
    data    ends
    code    segment
    begin   proc far
            assume ss: stack, cs: code, ds: data
            push ds
            sub ax, ax
            push ax
            mov ax, data
            mov ds, ax
            MOV AX, W
            AAD                 ; 0909H→63H
            DIV B               ; 63H÷5=13H……4, AL=13H, AH=04H
```

```
            MOV REMA, AH
            AAM                 ; 13H→0109H
            MOV QUOT, AX
            ret
begin       endp
code        ends
            end begin
```

3.1.3 顺序程序设计举例

【例 3.5】 编程计算（W1－（W2×W3＋W4－5000））/W5→W6。式中 Wi（i=1～6）均为符号字变量。

```
stack       segment stack 'stack'
            dw 32 dup(0)
stack       ends
data        segment
W1          DW 15000
W2          DW 500
W3          DW 800
W4          DW 30000
W5          DW 4000
W6          DW 2 DUP(0)
data        ends
code        segment
start       proc far
            assume ss: stack, cs: code, ds: data
            push ds
            sub ax, ax
            push ax
            mov ax, data
            mov ds, ax
            MOV AX, W2
            IMUL W3
            MOV BX, AX
            MOV CX, DX
            MOV AX, W4
            CWD
            ADD BX, AX
            ADC CX, DX
```

```
        SUB BX，5000
        SBB CX，0
        MOV AX，W1
        CWD
        SUB AX，BX
        SBB DX，CX
        IDIV W5
        MOV W6，AX
        MOV W6+2，DX
        ret
start   endp
code    ends
        end start
```

【例 3.6】　从键盘上键入 0～9 中任一自然数 N，将其立方值送显示器显示。

求一个数的立方值可以用乘法运算实现，也可以用查表法实现。查表法运算速度比较快，是常用的计算方法。因只要送显示，故将 0～9 的立方值的 ASCII 码按顺序造一立方表。立方值最大值为 729，需三个单元存放其 ASCII 码，表的每项的单元数相同，再在每项之后加一个“$”，所以立方表的每项均占 4 个字节。根据这种存放规律可推知，表的偏移首地址与自然数 N 的 4 倍之和，正是 N 的立方值和 $ 的 ASCII 码的存放单元的偏移首地址。程序如下：

```
stack   segment stack 'stack'
        dw 32 dup(0)
stack   ends
data    segment
INPUT   DB 'PLEASE INPUT N (0-9): $'
LFB     DB '0 $   1 $   8 $  27 $  64 $ 125 $ 216 $ 343 $ 512 $ 729 $'
N       DB 0
data    ends
code    segment
start   proc far
        assume ss: stack, cs: code, ds: data
        push ds
        sub ax, ax
        push ax
        mov ax, data
        mov ds, ax
        MOV DX, OFFSET INPUT        ；显示提示信息
        MOV AH, 9
        INT 21H
```

```
        MOV AH，1                    ；键入并回显 N（1号功能调用）
        INT 21H
        MOV N，AL
        MOV AH，2                    ；换行（2号功能调用）
        MOV DL，0AH
        INT 21H
        MOV DL，N
        AND DL，0FH                  ；将'N'转换为 N
        MOV CL，2                    ；将 N 乘以 4
        SHL DL，CL
        MOV DH，0                    ；8位 4N 扩展为 16 位
        ADD DX，OFFSET LFB           ；4N+表的偏移地址
        MOV AH，9
        INT 21H
        ret
start   endp
code    ends
        end start
```

3.2 分支程序设计

顺序程序的特点是从程序的第一条指令开始，按顺序执行，直到最后一条指令。然而，许多实际问题并不能设计成顺序程序，需要根据不同的条件作出不同的处理。把不同的处理方法编制成各自的处理程序段，运行时由机器根据不同的条件自动作出选择判别，绕过某些指令，仅执行相应的处理程序段。按这种方式编制的程序，执行的顺序与指令存储的顺序失去了完全的一致性，称之为分支程序。分支程序是机器利用改变标志位的指令和转移指令来实现的。

转移指令有 JMP 和 Jcond 两类。前者是无条件转移，后者是条件转移。JMP 指令将控制转向其后的目的标号指定的地址。条件转移指令伴随着能改变可测试条件标志的指令之后，根据设置条件决定是否将控制转向其后的目的地址。

3.2.1 条件转移指令

指令格式：Jcond short－lable

该指令的功能是，若条件满足则 short－lable 的偏移地址送 IP，否则顺序执行。

条件转移指令是相对转移指令，都是两字节的指令。相对转移指令的转移范围，即从当前地址（执行该指令时的 IP 值）到目的标号地址的偏移量为－128～127（从条件转移指令的地址到目的标号的地址则为－126～129），故条件转移指令只能实现段内转移。

1. 简单的条件转移指令

简单的条件转移指令是仅根据一个可测试标志位实现转移的指令。简单的条件转移指令如表 3-1 所示。

表 3-1　简单的条件转移指令

指令助记符	功　能	标志设置
JE/JZ	相等/等于 0 转移	ZF=1
JNE/JNZ	不相等/不等于 0 转移	ZF=0
JC	有进（借）位转移	CF=1
JNC	无进（借）位转移	CF=0
JS	为负转移	SF=1
JNS	为正转移	SF=0
JO	溢出转移	OF=1
JNO	无溢出转移	OF=0
JP/JPE	偶转移	PF=1
JNP/JPO	奇转移	PF=0

2. 无符号数条件转移指令

条件转移指令常根据比较指令比较两个数的关系的结果来实现转移。两个数的关系除了相等与否外，还有两个数中哪一个比较大。但这就有一个有趣的问题，如 8 位二进制数 11111111 大于 00000000 吗？答案既可肯定又可否定。因为若视这两个二进制数为无符号数，11111111 当然大于 0000000；若视这两个二进制数为符号数（补码），11111111 为 −1，就比 0 小了。为此要使用两种术语来区分无符号数和符号数的这种关系。如果把数作为符号数来比较，就使用术语“小于”和“大于”；如果把数作为无符号数来比较，就使用术语“低于”和“高于”。因此 8 位二进制数 11111111 高于 00000000，小于 00000000，而 00000001 既高于又大于 00000000。所以 8086/8088 设置了符号数的条件转移指令和无符号数的条件转移指令。

无符号数条件转移指令有 4 条，如表 3-2 所示。

表 3-2　无符号数条件转移指令

指令助记符	功　能
JB/JNAE	低于/不高于等于转移
JNB/JAE	不低于/高于等于转移
JA/JNBE	高于/不低于等于转移
JNA/JBE	不高于/低于等于转移

已知 AL 中有一十六进制数的 ASCII 码，将它转换为十六进制数需判别该 ASCII 码是 0～9 的 ASCII 码还是 A～F 的 ASCII 码，可以用无符号数条件转移指令来判别，其程序段为：

```
        CMP AL,'A'
        JB NS7          ；AL 低于 A 的 ASCII 码去 NS7
        SUB AL，7
NS7：   SUB AL，30H
        ⋮
```

在该程序段中，也可以用简单的条件转移指令 JC 代替无符号数条件转移指令 JB。因为 AL 低于 A 的 ASCII 码，AL 与“A”比较（即相减）后有借位。

3. 符号数条件转移指令

符号数条件转移指令有 4 条，如表 3-3 所示。

表 3-3　　　符号数条件转移指令

指令助记符	功　能
JL/JNGE	小于/不大于等于转移
JNL/JGE	不小于/大于等于转移
JG/JNLE	大于/不小于等于转移
JNG/JLE	不大于/小于等于转移

3.2.2 无条件转移指令

条件转移指令的转移范围为－128～127，若超过这个范围，就要在这个范围的某处放一条无条件转移指令来实现转移。无条件转移指令没有范围限制。在分支程序中还要用无条件转移指令将各分支又重新汇集到一起。

无条件转移指令有直接转移和间接转移两类。

1. 无条件直接转移指令

格式：JMP target

功能：将控制转向目的标号 target，即 target 的偏移地址送 IP，target 的段首址送 CS（若 target 与该指令在同一段，则无此操作，只改变 IP）。

2. 无条件间接转移指令

格式：JMP dest

目的操作数可为寄存器和存储器。若为寄存器，则是将寄存器的内容送 IP。存储器操作数若为字变量，则是将字变量送 IP（仅能实现段内转移）；若为双字变量，则是将双字送 CS 和 IP（可实现段间转移）。如：

JMP W（W 为字变量）的操作是将 W 的内容送 IP；

JMP DUW（DUW 为双字变量）的操作是将 WORD PTR DUW 的内容送 IP，WORD PTR DUW+2 的内容送 CS。又如：

JMP WORD PTR [BX] 的操作是将 [BX+1] 和 [BX] 送 IP；

JMP DWORD PTR [BX] 的操作是将 [BX+1] 和 [BX] 送 IP，[BX+3] 和 [BX+2] 送 CS。

3.2.3 分支程序设计举例

分支的实现有多种方法，这里仅介绍两种基本方法，即利用比较转移指令实现分支和利用跳转表实现分支。

【例 3.7】 编制计算下面函数值的程序（X、Y 均为字节符号数）。

$$Z=\begin{cases}1, & X\geqslant 0,\ Y\geqslant 0\\ -1, & X<0,\ Y<0\\ 0, & X,\ Y\ 异号\end{cases}$$

根据题意，先判 X、Y 是否异号，异号 Z 赋 0 后结束；若不异号即同号，则只需再判其中任一数的符号即可得知 X 和 Y 是大于等于 0 还是小于 0。使用 XOR 指令判别 X、Y 是否异号，XOR 指令执行 X、Y 按位加，X 和 Y 的符号位按位加，若 X、Y 同号则按位加结果为 0 即 SF=0，若 X、Y 异号则按位加结果为 1 即 SF=1。为了减少分支，采用先赋值后判的方法。赋 0 和 1 是用 MOV 指令完成的，赋 −1 是用对 1 求补即用求补指令 NEG 完成的。

```
stack       segment stack 'stack'
            dw 32 dup(0)
stack       ends
data        segment
X           DB -5
Y           DB 20
Z           DB 0
data        ends
code        segment
start       proc far
            assume ss: stack, cs: code, ds: data
            push ds
            sub ax, ax
            push ax
            mov ax, data
            mov ds, ax
            MOV Z, 0
```

```
            MOV AL, X
            XOR AL, Y           ; 根据 X、Y 的符号置 S 标志，相同为 0
            JS BACK             ; 相异为 1，X、Y 相异结束
            MOV Z, 1            ; Z 赋 1
            CMP X, 0            ; 相同后，判断其中某数的符号
            JNS BACK            ; 大于等于 0，结束
            NEG Z               ; 小于 0，求补得－1
BACK:       ret
start       endp
code        ends
            end start
```

【例 3.8】 某工厂的产品共有 8 种加工处理程序 P0～P7，而某产品应根据不同情况，作不同的处理，其选择由键入的值 0～7 来决定。若键入 0～7 以外的键，则退出该产品的加工处理程序。

```
stack       segment stack 'stack'
            dw 32 dup(0)
stack       ends
data        segment
INPUT       DB 'INPUT(0～7): $ '
data        ends
code        segment
start       proc far
            assume ss: stack, cs: code, ds: data
            push ds
            sub ax, ax
            push ax
            mov ax, data
            mov ds, ax
AGAIN:      MOV DX, OFFSET INPUT
            MOV AH, 9
            INT 21H
            MOV AH, 1
            INT 21H
            CMP AL,'0'
            JE P0
            CMP AL,'1'
            JE P1
            ⋮
            CMP AL,'7'
```

```
            JE P7
            RET
P0:
            ⋮
            JMP AGAIN
            ⋮
P7:
            ⋮
            JMP AGAIN
start       endp
code        ends
            end start
```

该程序的编制方法是利用比较转移指令实现分支，每次比较转移实现二叉分支。这种方法编程条理清楚，容易实现。但各处理程序不能太长，且分支不能太多。因为分叉进入各处理程序所用的指令均是条件转移指令（此例为 JE Pi），条件转移指令所允许的转移范围为－128～127，若各处理程序较长或者分支再多一些，就会超过条件转移指令所允许的范围。为了解决这个问题，可以利用跳转表法来实现这种多叉分支。

跳转表法实现分支的具体做法是，在数据区中开辟一片连续存储单元作为跳转表，表中顺序存放各分支处理程序的跳转地址。跳转地址在跳转表中的位置，即它们在表中的偏移始地址等于跳转表首地址加上它们各自的序号与所占字节数的乘积。要进入某分支处理程序只需查找跳转表中相应的地址即可。用跳转表法编制的程序如下。

```
stack       segment stack 'stack'
            dw 32 dup(0)
stack       ends
data        segment
INPUT       DB 'INPUT(0-7):$'
PTAB        DW P0, P1, P2, P3, P4, P5, P6, P7
data        ends
code        segment
start       proc far
            assume ss: stack, cs: code, ds: data
            push ds
            sub ax, ax
            push ax
            mov ax, data
            mov ds, ax
```

```
AGAIN:    MOV DX, OFFSET INPUT
          MOV AH, 9
          INT 21H
          MOV AH, 1
          INT 21H
          CMP AL,'0'
          JB EXIT
          CMP AL,'7'
          JA EXIT
          AND AX, 0FH
          ADD AL, AL
          MOV BX, AX
          JMP PTAB [BX]
EXIT:     RET
P0:
          ⋮
          JMP AGAIN
          ⋮
P7:
          ⋮
          JMP AGAIN
start     endp
code      ends
          end start
```

3.3 循环程序设计

3.3.1 循环程序的基本结构

顺序程序和分支程序中的指令，最多只执行一次。在实际问题中重复地做某些事的情况是很多的，用计算机来做这些事就要重复地执行某些指令。重复地执行某些指令，最好用循环程序实现。

例如，例 2.4 可由下面的循环程序实现：

```
stack     segment stack 'stack'
          dw 32 dup(0)
stack     ends
data      segment
```

```
SB          DB 0
data        ends
code        segment
start       proc far
            assume ss：stack，cs：code，ds：data
            push ds
            sub ax，ax
            push ax
            mov ax，data
            mov ds，ax
            MOV CX，8                    ；循环准备
AGAIN：     SHR AX，1                    ；循环体
            RCR SB，1
            MOV DL，AL
            AND DL，88H
            SHR DL，1
            SHR DL，1
            SUB AL，DL
            SHR DL，1
            SUB AL，DL
            DEC CX                       ；循环的控制与修改
            JNZ AGAIN
            ret
start       endp
code        ends
            end start
```

从此例可以看出循环程序一般有 4 部分：

(1) 循环准备，亦称循环初始化，它为循环作必要的准备。这部分的主要工作是建立地址指针，置计数器，设置些必要的常数，将工作寄存器或工作单元清 0 等。

(2) 循环体，完成循环的基本操作，是循环程序的实质所在。

(3) 循环的修改，修改或恢复某些内容，为下一轮循环做好必要的准备。修改的内容一般包括计数器、寄存器和基址或变址寄存器。有的循环还要恢复某些计数器，寄存器和基址或变址寄存器。

(4) 循环的控制，修改计数器，判断控制循环的继续或终止。

任何循环程序一般都应有这 4 部分，但各部分的界限并不是很清楚的。有时为设计方便或为了节省存储空间或为了控制简单等原因，这 4 部分形成相互包含、相互交叉的情况，很难分出某条或某几条指令究竟属于哪一部分。循环的控制部分既可以像此例这样放在循环体的后面即“先执行，后判断”，也可以放在循环体的前面即“先判断，后执行”，如图 3-4 所示。

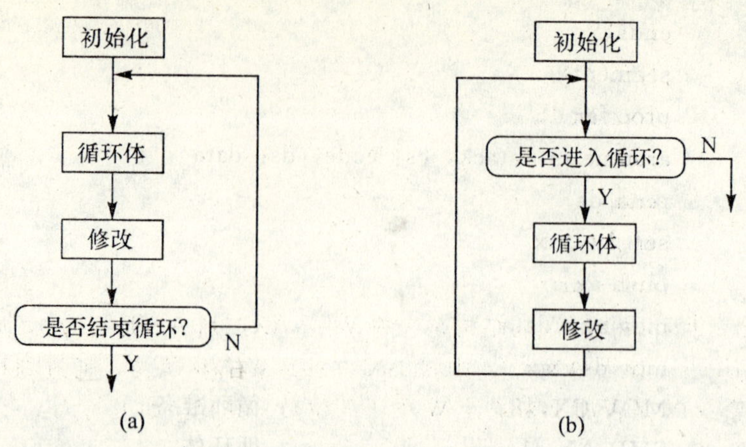

图 3-4　循环程序的基本结构

"先执行，后判断"这种结构的循环至少执行一次循环体，而"先判断，后执行"这种结构的循环，如果一开始就满足循环结束的条件，会一次也不执行循环体，即循环次数可以为 0。若能确保一个循环程序在任何情况下都不会出现循环次数为 0 的情况，采用以上任一种结构都可以；当不能确保时，用"先判断，后执行"这种结构好。

【例 3.9】　编程统计字变量 W 中有多少位 1，并将结果存入字节变量 N 中。

这个程序既可以采用"先执行，后判断"这种结构，又可以采用"先判断，后执行"的结构。采用"先执行，后判断"这种结构的程序如下：

```
stack    segment stack 'stack'
         dw   32 dup(0)
stack    ends
data     segment
W        DW   1999H
N        DB 0
data     ends
code     segment
start    proc far
         assume ss：stack，cs：code，ds：data
         push ds
         sub ax，ax
         push ax
         mov ax，data
         mov ds，ax
         MOV N，0
         MOV CX，16
LOP：    SHL W，1
```

```
          JNC NOINC
          INC N
NOINC：   DEC CX
          JNZ LOP
          ret
start     endp
code      ends
          end start
```

采用“先判断，后执行”的结构是先将 W 送 AX，判 AX 是否为 0，如果 AX=0，则不必做统计工作了；如果 AX≠0，则将 AX 左移或者右移 1 位，通过判移出位是 1 还是 0，决定字节变量 N 是否加 1 来统计 W 中 1 的位数。其程序如下：

```
stack     segment stack 'stack'
          dw  32 dup(0)
stack     ends
data      segment
W         DW  1999H
N         DB 0
data      ends
code      segment
start     proc far
          assume ss：stack，cs：code，ds：data
          push ds
          sub ax，ax
          push ax
          mov ax，data
          mov ds，ax
          MOV N，0
          MOV AX，W
LOP：     AND AX，AX
          JZ DONE
          SHL AX，1
          JNC LOP
          INC N
          JMP LOP
DONE：    ret
start     endp
code      ends
          end start
```

3.3.2 重复控制指令

循环程序必须要有指令来控制循环，重复控制指令在循环的首部或尾部确定是否进行循环。确定是否循环的方法通常是在计数寄存器 CX 中预置循环次数，重复控制修改 CX，再判断 CX。当 CX 不等于 0 时，循环至目的地址；否则顺序执行该重复控制指令的下一条指令。重复控制指令同条件转移指令一样，也是相对转移指令，重复控制指令的目的地址必须在本指令地址的－126～129 字节的范围之内。这些指令对串操作和数据块操作是很有用的。重复控制指令有下述 4 条。

1. LOOP 指令

指令格式：LOOP short－lable

指令的意义是将 CX 减 1，然后判断 CX 是否等于 0。若 CX≠0，则控制程序转移到 short－lable 所指的指令，否则顺序执行。

使用 LOOP 指令之前，必须把循环次数送入 CX 寄存器中，一条 LOOP short－lable 指令，相当于 DEC CX 和 JNZ short－lable 两条指令。使用 LOOP 指令实现“0”次循环必须使用图 3-4（b）的结构，且在循环准备时将 CX 置 1。若将 CX 置 0，则循环要进行 65536 次。其原因是执行 LOOP 指令时，CX 先减 1，后判断 CX 是否为 0。

2. LOOPZ / LOOPE 指令

指令格式：LOOPZ short－lable 或 LOOPE short－lable

指令意义是先将 CX 减 1，然后判断 CX 的内容和 ZF 标志的状态。若 CX≠0，且 ZF＝1 时，将程序转移到 short－lable 所指的指令，否则顺序执行。

3. LOOPNZ / LOOPNE 指令

指令格式：LOOPNZ short－lable 或 LOOPNE short－lable

指令意义是先将 CX 减 1，然后判断 CX 的内容和 ZF 标志的状态。若 CX≠0，且 ZF＝0 时，将程序转移到 short－lable 所指的指令，否则顺序执行。

4. JCXZ 指令

指令格式：JCXZ short－lable

指令意义是若 CX＝0，则将程序转移到 short－lable 所指的指令，否则顺序执行。

3.3.3 单重循环程序设计举例

1. 计数控制的循环程序

此类循环程序的特点是循环次数已知，故可用某个寄存器或存储单元作为计数器，用计数器的值来控制循环的结束。

【例 3.10】　计算 Z=X+Y 其中 X 和 Y 是双字变量。

双字变量占 4 个字节，故其和可能占 5 个字节，字节相加的程序如下：

```
stack     segment stack 'stack'
          dw 32 dup (0)
stack     ends
data      segment
X         DD 752028FFH
Y         DD 9405ABCDH
Z         DB 5 DUP(0)
data      ends
code      segment
start     proc far
          assume ss：stack，cs：code，ds：data
          push ds
          sub ax，ax
          push ax
          mov ax，data
          mov ds，ax
          MOV CX，4
          MOV SI，0
          AND AX，AX                    ；清 CF，即 CF 为 0
AGAIN：   MOV AL，BYTE PTR X [SI]
          ADC AL，BYTE PTR Y [SI]
          MOV Z [SI]，AL
          INC SI
          LOOP AGAIN
          MOV Z [SI]，0
          RCL Z [SI]，1
          ret
start     endp
code      ends
          end start
```

【例 3.11】　将字节变量 SB 中的 8 位二进制数送显示器显示。

先将字节变量中的 1 位二进制数移入 AH 中，再将移入的二进制数变为 ASCII 码。为了避免通过 CF 来传递二进制数，先将 SB 中的 8 位二进制数送入 AL 中，再左移 AX，将 1 位二进制数直接移入 AH 中。其程序如下：

```
stack     segment stack 'stack'
          dw 32 dup(0)
stack     ends
```

```
data      segment
SB        DB 9AH
OBUF      DB 9 DUP(0)
data      ends
code      segment
start     proc far
          assume ss：stack，cs：code，ds：data
          push ds
          sub ax，ax
          push ax
          mov ax，data
          mov ds，ax
          MOV CX，8
          MOV BX，0
          MOV AL，SB
AGAIN：   MOV AH，0
          SHL AX，1
          ADD AH，30H
          MOV OBUF [BX]，AH
          INC BX
          LOOP AGAIN
          MOV 0BUF [BX]，'$'
          MOV DX，OFFSET OBUF       ；将输出数据区的偏移首地址送 DX
          MOV AH，9
          INT 21H
          ret
start     endp
code      ends
          end start
```

【例 3.12】 编写将键入的十进制数（－32768～32767）转换为二进制数的程序。

将 i 位十进制整数转换为二进制数的方法有多种，其中之一是使用算法$((0\times10+a_{i-1})\times10+\cdots)\times10+a_0$。例如，将 548 转换为二进制数，计算机执行的二进制运算算式如图 3-5 所示。

```
    5×10            (5×10)+4       (5×10+4)×10      (5×10+4)×10+8
  00000101          00110010        00110110          1000011100
×     1010        +      100      ×     1010        +       1000
  --------        --------        ----------        ------------
       101          00110110          110110          1000100100
+      101                        +   110110
  --------                        ----------
  00110010                        1000011100
```

图 3-5 将 548 转换为二进制数的二进制运算

图 3-5 中的计算机运算的结果是：10 0010 0100B=224H，即 548=224H。

非计算机计算即将十进制数转换为十六进制数的计算如下：

548=512+32+4=200H+20H+04H=224H

用该方法将键入的十进制数转换为二进制数比较适宜，因为键入的十进制数是一个单元一位按高位到低位的顺序存放在数据存储区中的，且十进制数的位数也是已知的。在转换之前，先判别该数是正数还是负数。为简化设计，正数则按习惯不键入+号。若是负数，则十进制数的位数要比键入的字符数少一位；另外在转换完后，还要将转换的结果进行求补。

数据段中定义两个变量：IBUF 和 BINARY。IBUF 共计定义 9 个单元用来存放键入的十进制字符串，因为键入的字符串连同负号最多 6 个字符，加 1 个回车，共计 7 个。另外，根据 10 号功能调用的入口参数的要求，还要在第 1 单元装入允许键入的字符数，并预留第 2 单元给 10 号功能调用存放实际键入的字符数。字变量 BINARY 用来存放转换的结果。其程序如下：

```
stack       segment stack 'stack'
            dw 32 dup(0)
stack       ends
data        segment
IBUF        DB 7, 0, 7 DUP(0)
BINARY      DW 0
data        ends
code        segment
start       proc far
            assume ss: stack, cs: code, ds: data
            push ds
            sub ax, ax
            push ax
            mov ax, data
            mov ds, ax
            MOV DX, OFFSET IBUF          ; 键入十进制数（10 号功能调用）
            MOV AH, 10
            INT 21H
            MOV CL, IBUF+1               ; 十进制数(含"—"号)的位数送 CX
            MOV CH, 0
            MOV SI, OFFSET IBUF+2        ; 指向键入的第一个字符
            CMP BYTE PTR [SI],'—'       ; 判是否为负数
            PUSHF                        ; 保护零标志，供转换之后再判别
            JNE SININC                   ; 正数跳转，去 SININC
            INC SI                       ; 越过"—"号指向数字
            DEC CX                       ; 实际字符数少 1（"—"号）
```

```
SININC:     MOV AX,0                  ;开始将十进制数转换为二进制数
AGAIN:      MOV DX,10                 ;((0×10+a4)×10+…)×10+a0
            MUL DX
            AND BYTE PTR [SI],0FH     ;将十进制数的ASCII码转换为BCD数
            ADD AL,[SI]
            ADC AH,0
            INC SI
            LOOP AGAIN
            POPF                      ;恢复判断是否为负数时的零标志ZF
            JNZ NNEG                  ;非0即为正数,则不求补
            NEG AX                    ;负数对其绝对值求补
NNEG:       MOV BINARY,AX             ;存放结果
            ret
start       endp
code        ends
            end start
```

【例 3.13】 从键盘上输入两个加数 N1 和 N2(1～8 位十进制数),求和并送显示器显示。

该程序分为 3 部分:输入两个加数 N1 和 N2、相加并将结果以 ASCII 码形式存入输出数据区 OBUF、输出结果。输入两个加数部分和输出结果部分有 3 个数据区:N1、N2 和 OBUF。用 BX 做数位较多加数的指针,用 SI 做数位较少加数的指针,用 DI 做存放和数的 ASCII 码的输出数据区 OBUF 的指针。相加并将结果以 ASCII 码形式存入输出数据区部分是本程序的主要部分。N1 和 N2 两个加数的数位不一定相等,哪个的数位多也未作规定。因此,应先按较少数位的位数进行两数的相加运算,然后进行数位较多加数的剩余位与进位的相加,最后再处理两数相加后的进位。例如 99567+768,先做 567+768 3 位的相加运算,再做 99 与进位的相加,最后再处理进位。程序框图如图 3-6 所示。

其程序如下:

```
stack       segment stack 'stack'
            dw 32 dup(0)
stack       ends
data        segment
OBF1        DB 'PLEASE INPUT N1: $'
OBF2        DB 'PLEASE INPUT N2: $'
N1          DB 9,0,9 DUP(0)
N2          DB 9,0,9 DUP(0)
OBUF        DB 10 DUP(0)
data        ends
code        segment
start       proc far
```

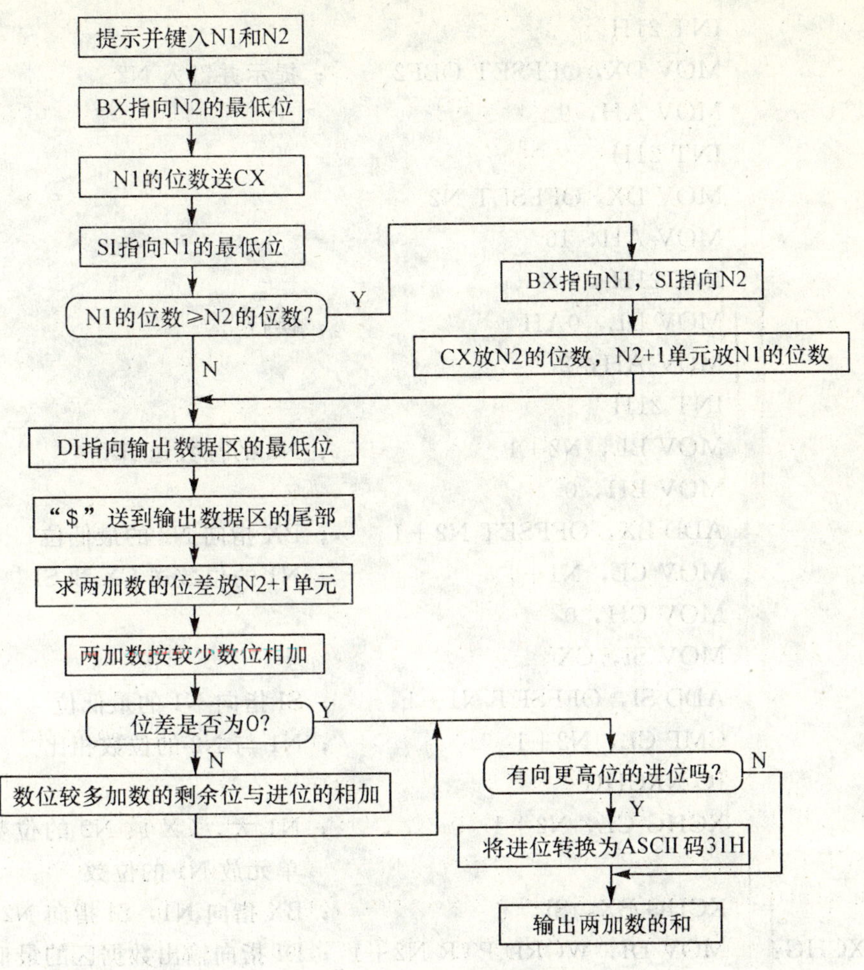

图 3-6　例 3.13 的程序框图

```
        assume ss: stack, cs: code, ds: data
        push ds
        sub ax, ax
        push ax
        mov ax, data
        mov ds, ax
        MOV DX, OFFSET OBF1        ; 提示并键入 N1
        MOV AH, 9
        INT 21H
        MOV DX, OFFSET N1
        MOV AH, 10
        INT 21H
        MOV DL, 0AH                ; 换行
```

```
          MOV AH，2
          INT 21H
          MOV DX，OFFSET OBF2        ；提示并键入 N2
          MOV AH，9
          INT 21H
          MOV DX，OFFSET N2
          MOV AH，10
          INT 21H
          MOV DL，0AH                ；换行
          MOV AH，2
          INT 21H
          MOV BL，N2+1               ；N2 的位数送 BX
          MOV BH，0
          ADD BX，OFFSET N2+1        ；BX 指向 N2 的最低位
          MOV CL，N1+1               ；N1 的位数送 CX 和 SI
          MOV CH，0
          MOV SI，CX
          ADD SI，OFFSET N1+1        ；SI 指向 N1 的最低位
          CMP CL，N2+1               ；N1 与 N2 的位数相比
          JC NXCHG
          XCHG CL，N2+1              ；N1 大，CX 放 N2 的位数，N2+1
                                     单元放 N1 的位数
          XCHG BX，SI                ；BX 指向 N1，SI 指向 N2
NXCHG：   MOV DI，WORD PTR N2+1      ；DI 指向输出数据区的最低位
          AND DI，00FFH
          ADD DI，OFFSET OBUF
          MOV BYTE PTR [DI+1],'$'    ；'$'送到输出数据区的尾部
          SUB N2+1，CL               ；求两加数的位差放 N2+1 单元
          MOV AL，0                  ；清 AL（进位）
AGAIN：   ADD AL，[BX]               ；将某加数的 1 位与低位的进位相加
          ADD AL，[SI]               ；加另一加数的 1 位
          MOV AH，0                  ；清 AH，以便 AAA 指令放进位
          AAA
          ADD AL，30H                ；一位和数转换为 ASCII 码
          MOV [DI]，AL               ；存入输出数据区
          MOV AL，AH                 ；向高位的进位放 AL 中
          DEC BX                     ；调整指针 BX、SI 和 DI
          DEC SI
          DEC DI
```

```
            LOOP AGAIN          ；按较少数位的两数相加完否?
            MOV CL，N2+1        ；两加数的位差送 CL
            AND CL，CL          ；判位差是否为 0
            JZ DONE
AGAIN1:     MOV AH，0           ；数位较多加数的剩余位与进位的相加
            ADD AL，[BX]
            AAA
            ADD AL，30H
            MOV [DI]，AL
            MOV AL，AH
            DEC BX
            DEC DI
            LOOP AGAIN1
DONE:       AND AL，AL          ；判是否有向更高位的进位
            JNZ DONE1
            INC DI              ；无向更高位的进位，调整指针
            JMP DONE2
DONE1:      ADD AL，30H         ；有则将进位转换为 ASCII 码 31H
            MOV [DI]，AL
DONE2:      MOV DX，DI          ；将输出数据的偏移首地址送 DX
            MOV AH，9
            INT 21H
            ret
start       endp
code        ends
            end start
```

2. 条件控制的循环程序

【例 3.14】　将存储器中的 16 位无符号二进制数转换成十进制数，送显示器显示出来。

将二进制数转换为十进制数的方法也有多种。可以采用除 10 取余法将二进制转换为十进制数，每除一次得到一位十进制数，最先得到最低位，最后得到最高位。由于仅由显示器显示，所以得到一位十进制数后即将它转换为它的 ASCII 码存入输出数据区中。输出数据区的尾部存入“$”供 9 号功能调用作结束符用。本例虽是 16 位二进制数，但不能用 16 位除以 8 位的除法，而要用 32 位除以 16 位的除法，这是因为 16 位二进制数除以 10 所得的商仅在 AL 中，AL 有可能装不下所得商！如 32768/10＝3276……8，即商为 3276，余数为 8，AL 装不下商 3276（0CCCH）。32768/10＝3276……8 的二进制运算为：8000H/0AH＝0CCCH……08H（0CCCH＝800H＋400H＋80H＋40H＋0CH＝2048＋1024＋128＋64＋12＝3276）。16 位无符号二进制数的最大值为 5 位

即十进制数 65535，再加上 9 号功能调用的结束符“＄”，输出数据区 OBUF 最多只需 6 个单元。其程序如下：

```
        stack      segment stack 'stack'
                   dw 32 dup(0)
        stack      ends
        data       segment
        BINARY     DW 55H
        OBUF       DB 6 DUP(0)
        data       ends
        code       segment
        start      proc far
                   assume ss：stack，cs：code，ds：data
                   push ds
                   sub ax，ax
                   push ax
                   mov ax，data
                   mov ds，ax
                   MOV BX，OFFSET OBUF+5
                   MOV BYTE PTR  [BX],'$'
                   MOV AX，BINARY
                   MOV CX，10                ；做 32 位除以 16 位的除法，故将 10 送 CX
      AGAIN：      MOV DX，0                 ；无符号数扩展将 16 位扩展为 32 位
                   DIV CX
                   ADD DL，30H               ；将 DL 中的一位十进制数转换为 ASCII 码
                   DEC BX                    ；调整指针
                   MOV [BX]，DL
                   OR AX，AX                 ；根据商是否为 0，设置 ZF
                   JNZ AGAIN                 ；判商是否为 0，不为 0 继续除以 10
                   MOV DX，BX                ；将输出数据区的偏移首地址送 DX
                   MOV AH，9
                   INT 21H
                   ret
      start        endp
      code         ends
                   end start
```

3.3.4 多重循环程序设计举例

多重循环指的是循环体内仍然是循环程序，也就是循环的嵌套。称具有嵌套的循环程

序为多重循环程序。

【例 3.15】　编制将字节变量 BUF 存储区中存放的 n 个无符号数排序的程序。

排序问题可以采用逐一比较法或两两比较法。

逐一比较法的具体做法是：将第 1 个单元中的数与其后 n－1 个单元中的数逐个比较，每次比较之后总是把较大的数放在一个寄存器中，经过 n－1 次比较之后得到 n 个数中的最大数，存入第 1 个单元。接着将第 2 个单元中的数与其后的 n－2 个单元中的数逐个比较，经过 n－2 次比较得到 n－1 个数的最大数（亦即 n 个数中的第 2 大数）存入第 2 个单元。如此重复下去，当最后两个单元中的数比较之后，从大到小的顺序就排好了。其程序如下：

```
stack      segment stack 'stack'
           dw 32 dup(0)
stack      ends
data       segment
BUF        DB 20，19，…，250
COUNT      EQU $－BUF
data       ends
code       segment
start      proc far
           assume ss：stack，cs：code，ds：data
           push ds
           sub ax，ax
           push ax
           mov ax，data
           mov ds，ax
           MOV SI，OFFSET BUF
           MOV DX，COUNT－1              ；设置外循环计数器
OUTSID：   MOV CX，DX                    ；设置内循环计数器
           PUSH SI
           MOV AL，[SI]
INSIDE：   INC SI
           CMP AL，[SI]
           JNC NEXCHG
           XCHG  [SI]，AL
NEXCHG：   LOOP INSIDE
           POP SI
           MOV  [SI]，AL
           INC SI
           DEC DX
           JNZ OUTSID
```

```
        ret
start   endp
code    ends
        end start
```

两两比较法的具体做法是：首先将第1个单元中的数与第2个单元中的数进行比较，若前者大于后者，两数不交换；反之则交换。然后将第2单元中的数与第3单元中的数进行比较，按同样原则决定是否交换。以此类推，最后将第n－1单元中的数与第n单元中的数比较，也按同样的原则决定是否交换。如此经过n－1次循环，n个数中的最小数到了第n单元。再经过n－2次上述同样的比较与交换的循环，n个数中的第2小数到了第n－1单元。这样不断地循环下去，最多经过n－1次这样的循环，就可以将这n个数按从大到小的顺序排好。在内循环中两两比较的次数，第1次为n－1，第2次为n－2……一般情况下，无须经过n－1次外循环，就可以将这n个单元中的数据按顺序排好。为了去掉不必要的外循环，可以设置一个标记，在每次内循环开始时，将该标记置为“1”。若在内循环中发生过交换，则修改该标记为2。内循环结束以后，检查该标记，若不为“1”，表示内循环发生过交换，数的顺序未排好，继续进行外循环；若为“1”，则表示数已按顺序排好，就结束外循环。需要注意的是，用标记控制外循环的最后一次外循环中，是没有交换发生的。即使第n－1次外循环才将数的顺序排好，也还需要再进行一次外循环。其程序如下：

```
stack     segment stack 'stack'
          dw 32 dup(0)
stack     ends
data      segment
BUF       DB 20，19，…，250
COUNT     EQU $－BUF
data      ends
code      segment
start     proc far
          assume ss：stack，cs：code，ds：data
          push ds
          sub ax，ax
          push ax
          mov ax，data
          mov ds，ax
          MOV DX，COUNT－1            ；循环次数
          MOV AH，1                   ；未交换标记
OUTSID    MOV SI，OFFSET BUF
          MOV CX，DX                  ；设置内循环计数器
INSIDE：  MOV AL，[SI]
          INC SI
```

```
            CMP AL，[SI]
            JNC NXCHG
            XCHG AL，[SI]
            MOV  [SI－1]，AL
            MOV AH，2                  ；置交换标记
NXCHG：     LOOP INSIDE
            DEC DX                     ；修改内循环次数
            DEC AH
            JNZ OUTSID                 ；判进行过交换吗？是则继续循环
            ret
start       endp
code        ends
            end start
```

3.4　串处理程序设计

循环程序的设计几乎都是利用基址或变址寄存器建立地址指针，设置循环计数器，执行完循环体后修改地址指针和计数器，判断循环是否结束。8086/8088 宏汇编为了方便这类循环程序设计，设计了字符串操作指令以及重复前缀。它们的方便之处体现在，只要按要求设计好初始值，执行正确的串操作指令及重复前缀，就可以完成规定的操作，而不要考虑地址指针如何修改，循环次数如何控制等问题。而这两个问题也正是循环程序成功或失败的关键之所在，从而简化了程序设计。

串操作指令有一个共同的规定：源串的偏移地址指针用 SI，在无段更换前缀的情况下，段地址取自 DS 段寄存器；目的串的偏移地址指针用 DI，段地址总是取自 ES 段寄存器；源串和目的串的偏移地址指针的移动方向由方向标志 DF 确定：DF＝0，SI 和 DI 增量，DF＝1，SI 和 DI 减量。

3.4.1　方向标志置位和清除指令

1. 方向标志置位指令

指令格式：STD

指令的操作是将 DF 置“1”。

2. 方向标志清除指令

指令格式：CLD

指令的操作是将 DF 置“0”，即清除 DF。

3.4.2 串操作指令

串操作指令有5条指令，它们是串传送指令MOVS、从源串中取数指令LODS、往目的串中存数指令STOS、串比较指令CMPS和串搜索指令SCAS。

1. 串传送指令

指令格式：(1) MOVS dest－string，source－string
(2) MOVSB
(3) MOVSW

指令的意义是把DS所指向的数据段中（形式（1）的指令无段更换前缀的情况下）SI为偏移地址的源串中的一个字节或一个字（形式（1）的指令由串的属性确定），传送到ES所指向的数据段中DI为偏移地址的目的串；并且相应地修改SI和DI，以指向串中的下一个字节或字。SI和DI的修改方向和修改值由方向标志DF和串的属性决定：

DF＝0，SI和DI增量，字节串增1，字串增2；
DF＝1，SI和DI减量，字节串减1，字串减2。

2. 从源串中取数指令

指令格式：(1) LODS source－string
(2) LODSB
(3) LODSW

指令的意义是将DS数据段中SI为偏移地址的源串中的一个字节或一个字取出送AL或AX，同时修改SI指向下一个字节或字。

3. 往目的串中存数指令

指令格式：(1) STOS dest－string
(2) STOSB
(3) STOSW

指令的意义是将AL或AX中的内容存放到ES数据段中DI为偏移地址的目的串中，同时修改DI指向下一个字节或字。

4. 串比较指令

指令格式：(1) CMPS dest－string，source－string
(2) CMPSB
(3) CMPSW

指令的意义是用DS：SI指向的源串中的一个字节或字减去ES：DI指向的目的串中的一个字节或字，减的结果既不送入源串也不送入目的串，仅根据减操作设置标置位；同时修改SI和DI指向下一个字节或字。

5. 串搜索（扫描）指令

指令格式：(1) SCAS dest－string

(2) SCASB

(3) SCASW

指令的意义是用 AL 或 AX 减去 ES：DI 指向的目的串中的一个字节或字，减的结果，既不送累加器也不送目的串中，减操作仅影响标志位；同时修改 DI 指向下一操作数。

3.4.3 重复前缀

重复前缀有 3 个：重复 REP、相等/为 0 重复 REPE/REPZ 以及不相等/不为 0 重复 REPNE/REPNZ。

重复前缀只允许用在串操作指令之前，与串操作指令仅能用空格隔开。它的作用是使紧跟其后的串操作指令重复执行，重复执行的次数由 CX 的值决定。它与重复控制指令不同的是先判 CX 是否等于 0，然后确定是否重复，等于 0 不再重复，不等于 0 继续重复。每重复一次，CX 减 1。若 CX 的初值为 0，则串操作指令一次也不执行。

1. REP

REP 作为串传送指令和往目的串中存数指令的前缀，使传送操作无条件地重复执行，直到 CX＝0 为止。

2. REPE/REPZ

REPE/REPZ 作为串比较指令和串搜索指令的前缀，使比较或搜索操作重复执行，直到 CX＝0 或 ZF＝0 为止。

3. REPNE/REPNZ

REPNE/REPNZ 作为串比较指令和串搜索指令的前缀，使比较或搜索操作重复执行，直到 CX＝0 或 ZF＝1 为止。

3.4.4 串操作程序设计举例

串操作程序设计应注意以下 3 点：

(1) 源串一般用 DS：SI 间址，目的串一定用 ES：DI 间址。对于不很长的串操作，简单而又不易出错的方法是把源串和目的串都定义在同一个数据段中，且使 DS 和 ES 均指向该数据段。

(2) 一定要先设置方向标志 DF，规定串操作的方向。

(3) 若使用重复前缀，则应将串长度送 CX 寄存器。

【例 3.16】 用串操作指令和不用串操作指令两种方式编写将 source－string 传送到 dest－string 的程序。

用串操作指令编写的程序为：

```
stack      segment stack 'stack'
           dw 32 dup(0)
stack      ends
data       segment
SSTRING    DB '*FGDHFJGU#@…'
COUNT      EQU $-SSTRING
data       ends
DATAE      SEGMENT
DSTRING    DB COUNT DUP(0)
DATAE      ENDS
code       segment
start      proc far
           assume ss: stack, cs: code, ds: data, ES: DATAE
           push ds
           sub ax, ax
           push ax
           mov ax, data
           mov ds, ax
           MOV AX, DATAE
           MOV ES, AX
           MOV SI, OFFSET SSTRING
           MOV DI, OFFSET DSTRING
           MOV CX, COUNT
           CLD
           REP MOVSB
           ret
start      endp
code       ends
           end start
```

不用串操作指令编写的程序为：

```
stack      segment stack 'stack'
           dw 32 dup(0)
stack      ends
data       segment
SSTRING    DB '*FGDHFJGU#@…'
COUNT      EQU $-STRING
data       ends
DATAE      SEGMENT
```

```
DSTRING   DB COUNT DUP(0)
DATAE     ENDS
code      segment
start     proc far
          assume ss：stack，cs：code，ds：data，ES：DATAE
          push ds
          sub ax，ax
          push ax
          mov ax，data
          mov ds，ax
          MOV AX，DATAE
          MOV ES，AX
          MOV SI，OFFSET SSTRING
          MOV DI，OFFSET DSTRING
          MOV CX，COUNT
AGAIN：   MOV AL，[SI]
          MOV ES：[DI]，AL
          INC SI
          INC DI
          LOOP AGAIN
          ret
start     endp
code      ends
          end start
```

通过此例可以看出，串操作指令的功能完全可以用其他指令代替，带重复前缀的串操作也可以用循环程序来实现，只是使用串操作指令编程要方便一些、程序简短一些。串传送指令还可以实现存储单元之间的直接传送，而MOV指令要用寄存器作为桥梁才能实现存储单元之间的传送。

【例3.17】 编制程序将一串字节符号数中的正、负数分别送到变量PLUS和MINUS的数据存储区中去，同时记录0的个数（少于65536个）。

程序框图如图3-7所示。

程序如下：

```
stack     segment stack 'stack'
          dw 32 dup (0)
stack     ends
data      segment
STRING    DB 1，－1，5，10，0，－25，80，…
COUNT     EQU $－STRING
PLUS      DB COUNT DUP(0)
```

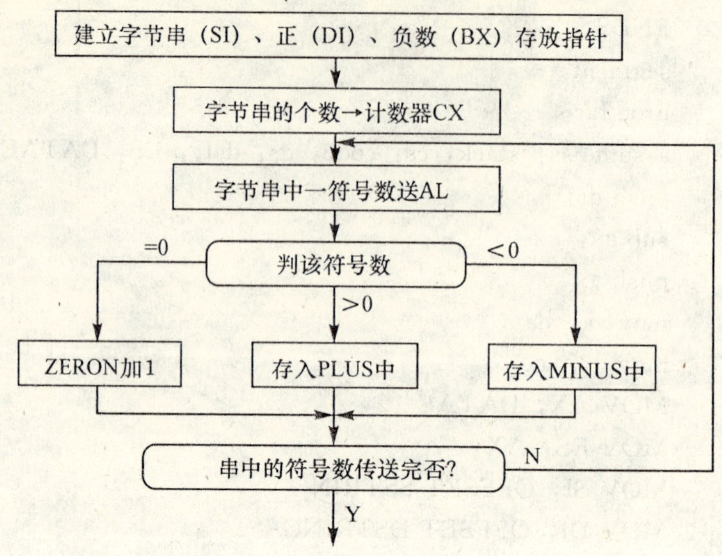

图 3-7　例 3.17 的程序框图

```
MINUS       DB COUNT DUP(0)
ZERON       DW 0
data        ends
code        segment
start       proc far
            assume ss：stack，cs：code，ds：data
            push ds
            sub ax，ax
            push ax
            mov ax，data
            mov ds，ax
            MOV ES，AX
            MOV   SI，OFFSET STRING ；SI 指向源串即字节串
            MOV DI，OFFSET PLUS   ；DI 指向正数存放单元的偏移地址
            MOV BX，OFFSET  MINUS  ；BX 指向负数存放单元的偏移地
                                     址
            MOV CX，COUNT
            CLD
AGAIN：     LODSB                  ；字节串中一符号数送 AL
            AND AL，AL             ；判符号
            JZ ZERO                ；为 0 去 ZERO
            JS MINU                ；为负去 MINU
            STOSB                  ；为正存入 PLUS
```

```
            LOOP AGAIN
            RET
  ZERO:     INC ZERON
            LOOP AGAIN
            RET
  MINU:     MOV [BX], AL                ; 为负存入 MINUS
            INC BX
            LOOP AGAIN
            ret
  start     endp
  code      ends
            end start
```

不用串操作编写的程序段如下：

```
            XOR SI, SI              ; SI 指向字节串的第一个字符
            XOR DI, DI              ; DI 指向正数存放单元的第一个单元
            XOR BX, BX              ; BX 指向负数存放单元的第一个单元
            MOV CX, COUNT
  AGAIN:    MOV AL, STRING [SI]     ; 字节串中一符号数送 AL
            INC SI
            AND AL, AL              ; 判符号数
            JZ ZERO                 ; 为 0 去 ZERO
            JS MINU                 ; 为负去 MINU
            MOV PLUS [DI], AL       ; 为正存入 PLUS
            INC DI
            LOOP AGAIN
            RET
  ZERO:     INC ZERON
            LOOP AGAIN
            RET
  MINU:     MOV MINUS [BX], AL      ; 为负存入 MINUS
            INC BX
            LOOP AGAIN
              ⋮
```

【例 3.18】　编制判断两个串长相等的字符串 STRING1 和 STRING2 是否相同的程序。若不同，将不同处的偏移地址送 DIFF 字变量，否则将－1 送 DIFF。

用串操作编写的程序如下：

```
  stack     segment stack 'stack'
            dw 32 dup(0)
  stack     ends
```

```
data        segment
STRING1     DB 'SDFASDGDHHFJH…'
COUNT       EQU $-TRING1
STRING2     DB 'WRFERGHRHTYJU…'
DIFF        DW 0
data        ends
code        segment
start       proc far
            assume ss: stack, cs: code, ds: data
            push ds
            sub ax, ax
            push ax
            mov ax, data
            mov ds, ax
            MOV ES, AX
            MOV SI, OFFSET STRING1
            MOV DI, OFFSET STRING2
            MOV CX, COUNT
            CLD
            REPE CMPS STRING1, STRING2
            MOV DIFF, -1
            JE SAME
            DEC SI
            MOV DIFF, SI
SAME:       ret
start       endp
code        ends
            end start
```

不用串操作编写的程序段如下：

```
            MOV BX, 0
            MOV CX, COUNT
AGAIN:      MOV AL, STRING1 [BX]
            CMP AL, STRING2 [BX]
            JNE DIF
            INC BX
            LOOP AGAIN
            MOV DIFF, -1
            RET
DIF:        ADD BX, OFFSET STRING1
```

```
MOV DIFF，BX
⋮
```

3.5　子程序设计

子程序设计是程序设计中最主要的方法与技术之一。本节主要介绍子程序的概念、主程序与子程序之间的连接及参数传递方式，子程序设计的基本方法和调用方法。

3.5.1　子程序的概念

循环程序设计技术解决了同一程序中连续多次有规律重复执行某个或某些程序段的问题。但对于无规律的重复就不能用循环程序实现。更多的情况是在不同的程序中或在同一个程序的不同位置常常要用到功能完全相同的程序段，如数制之间的转换、代码转换、初等函数计算等。对于这样的程序段，为避免编制程序的重复劳动，节省存储空间，往往把它独立出来，附加少量额外的指令，将其编制成可供反复调用的公用的独立程序段，并通过适当的方法把它与其他程序段连接起来。这种程序设计的方法称之为子程序设计，被独立出来的程序段称为子程序。调用子程序的程序称为主程序或调用程序。主程序与子程序是相对的。如程序 X 调用程序 Y，程序 Y 又调用程序 Z，那么程序 Y 对于程序 X 来说是子程序，而对于程序 Z 来说，则是主程序。称进入子程序的操作为子程序调用。每次调用后，就进入子程序运行，运行结束后回到主程序的调用处继续执行。称子程序返回到主程序的操作为子程序的返回。上述的 X、Y、Z 3 个程序之间的调用和返回关系如图 3-8 所示。

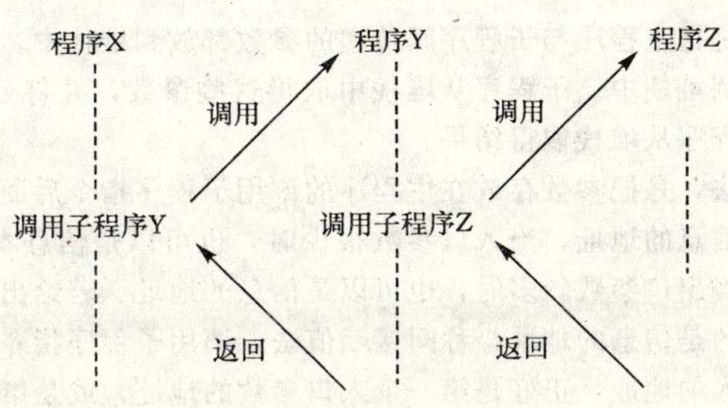

图 3-8　子程序的调用和返回

子程序设计是使程序模块化的一种重要手段。当设计一个比较复杂的程序时，根据程序要实现的若干主要功能及各功能要调用的公用部分，将程序划分为若干个相对独立的模块。确定各模块调用关系和参数传递方式，为各模块分配不同的名字（入口地址），然后把每个模块都编制成子程序，最后将这些模块根据调用关系连成一个整体。这样既便于分工合作，又可避免重复劳动，节省存储空间，提高程序设计的效率和质量，使程序整洁、清晰、易读、便于修改和扩充。

设计包含子程序的程序时，应解决的问题如下。

1. 主程序与子程序之间的转返

子程序的调用和返回实质上就是程序控制的转移，原则上用一般的转移指令即可完成，可事实上并不那么简单。对于主程序，在什么时刻，应从什么位置进入哪个子程序，事先是很清楚的，因此主程序调用子程序是可以预先安排的。但对于子程序，每次执行完应返回到哪个调用程序以及调用程序的什么位置，子程序是无法预先安排的。因为子程序不能预先知道哪个主程序什么时候在什么位置调用它，因此也无法知道执行完后返回到哪个主程序的什么位置。该位置与主程序的调用位置有关。所以主程序与子程序间的转返是子程序设计必须解决的一个问题，这个问题是通过调用指令和返回指令解决的。

2. 主程序与子程序间的参数传递

主程序与子程序相互传递的信息称为参数。主程序提供给子程序以便加工处理的信息称为入口参数，经子程序加工处理后回送给主程序的信息称为出口参数。每个子程序的功能虽然是确定的，但每次调用它所完成的具体工作和传递的结果一般是不同的，即主程序与子程序间传递的参数对每一次来说一般是不一样的。为了实现主程序与子程序间参数的传递，就要约定一种主程序和子程序双方都能接受的参数传递方法。传递的参数可以是信息本身，还可以是信息的地址，其基本方法有如下 3 种：

(1) 寄存器法，就是主程序与子程序间传递的参数都在约定的寄存器中。当所需传递的参数较少时，一般用这种方法。在调用子程序前主程序将入口参数送到约定寄存器中，子程序直接从这些寄存器中取得这些参数进行运算处理。经加工处理后得到的结果，即出口参数也放在约定的寄存器中，返回主程序后，主程序就从该寄存器中得到结果。

(2) 堆栈法，是把主程序与子程序间传递的参数都放到堆栈中。在调用子程序前，入口参数由主程序送到堆栈中。子程序从堆栈中取得这些参数，并将处理结果送到堆栈中。返回主程序后，主程序从堆栈取得结果。

(3) 参数赋值法，是把参数存放在主程序的调用子程序指令后面的一串单元中。对于入口参数，一般是信息的地址，当入口参数很少时，也可以是信息本身。对于出口参数，一般是信息本身，当出口参数较多时，也可以是信息的地址。若给出的是信息本身，称直接赋值法；若给出的是信息的地址，称间接赋值法。调用子程序指令执行后用于返转的专用存储器中自动存入的地址，正好是第一个入口参数的地址，或是第一个入口参数地址的地址，子程序引用很方便。如果有 N 个参数，那么紧接第 N 个参数后面的那条指令的地址就是返回地址。

还有一些传递参数的方法，如约定存储单元法。到底采用什么方法传递参数要根据具体情况而定。有时是几种方法混合使用。

以上所述是指主程序和子程序之间有参数传递的情况。也有的主程序和子程序之间无参数传递，子程序只是按规定完成某种功能操作，此时，自然不考虑参数的传递问题。

3. 主程序和子程序公用寄存器的问题

子程序不可避免地要使用一些寄存器，因此子程序执行后，某些寄存器的内容会发生变化，如果主程序在这些寄存器中已经存放了有用的信息，则从子程序返回主程序后，主程序的运行势必因原存信息被破坏而出错。解决这个问题的方法是在使用这些不能被破坏的寄存器之前，将其内容保存起来，使用之后再将其还原。前者称为保护现场，后者称为恢复现场。

保护现场与恢复现场的操作可以在主程序中完成，也可以在子程序中完成。一般情况下是在子程序中完成，其方法是在子程序的开始，将子程序要用到的寄存器的内容都保存起来，在子程序返回主程序之前再恢复这些寄存器的内容。保存和恢复操作可以通过进栈指令和出栈指令实现。如某子程序要用 AX、BX、CX、DX4 个寄存器，则该子程序的保护现场和恢复现场的具体程序段如下：

```
PUSH AX
PUSH BX
PUSH CX
PUSH DX
 ⋮
POP DX
POP CX
POP BX
POP AX
```

凡子程序用到的不是携带入口参数的寄存器，包括段寄存器（CS 除外），一般都应保护。携带入口参数的寄存器，若问题无特殊要求，则不必保护。携带出口参数的寄存器，一般不能保护。

由上述设计包含子程序的程序时应解决的问题可知，子程序一般有如下结构：第一保护现场；第二取入口参数进行加工处理，并将处理结果送出口参数约定的寄存器或存储单元保存；第三恢复现场；第四返回主程序。

3.5.2 子程序的调用指令与返回指令

为了方便地实现子程序的调用与返回，8086/8088 专门设计了子程序的调用指令和返回指令。主程序通过调用指令对子程序进行调用，子程序执行完毕用返回指令返回到主程序的调用处。

调用指令有直接调用和间接调用两类，通常都使用直接调用。当子程序的调用因条件不同而有所选择，且只允许使用一条调用指令时，才使用间接调用。

1. 直接调用指令

指令格式：CALL target

直接调用指令的功能是将返回地址进栈保存后将程序控制转移到子程序。

8086/8088 允许子程序与调用它的主程序在同一代码段，此时 target 一般属于 NEAR 类型，这种调用方式称为段内调用；也允许子程序与调用它的主程序在不同的代码段，此时 target 一般属于 FAR 类型，这种调用方式称为段间调用。

段内调用指令执行后 CS 内容不改变，只改变 IP 的内容，而段间调用指令执行后，CS 和 IP 的内容都要变。因此它们将返回地址进栈保存的操作有差别，段内调用只需要将 IP 进栈保存；而段内调用却要将 CS 和 IP 都进栈保存。

段内调用的具体操作是：

[SP−2] ←IP_L，[SP−1] ←IP_H

SP←SP−2

IP←OFFSET target

段间调用的具体操作是：

[SP−2] ←CS_L，[SP−1] ←CS_H

[SP−4] ←IP_L，[SP−3] ←IP_H

SP←SP−4

CS←SEG target

IP←OFFSET target

2. 间接调用指令

指令格式：CALL dest

间接调用指令的功能是将返回地址保存后将目的操作数的内容送 IP 或 CS 和 IP，实现程序转移到子程序。

间接调用也有段内和段间两类调用。间接段内调用指令的目的操作数可为寄存器和存储器。所执行的操作是将 IP 进栈保存后，将寄存器或字存储变量的内容送 IP，即：

[SP−2] ←IP_L，[SP−1] ←IP_H

SP←SP−2

IP←REG16/MEM16

间接段间调用指令的目的操作数为存储器。所执行的操作是 CS 和 IP 进栈保存后，将双字存储变量的内容送 CS 和 IP，即：

[SP−2] ←CS_L，[SP−1] ←CS_H

[SP−4] ←IP_L，[SP−3] ←IP_H

SP←SP−4

CS←MEM32+2

IP←MEM32

3. 返回指令

指令格式：RET [N] (N 为正偶数，可缺省)

指令的功能是将程序控制返回到主程序。段内返回（即近返回 RET，机器指令为 C3H）和段间返回（即远返回 RETF，机器指令为 CBH）的具体操作有差别，段内返回的操作是：

IP_L← [SP]，IP_H← [SP+1]

SP←SP+2；

段间返回的操作是：

IP_L← [SP]，IP_H← [SP+1]

CS_L← [SP+2]，CS_H← [SP+3]

SP←SP+4

带有正偶数 N 的返回指令的操作 SP 还要多加 N，加 N 的目的是废除栈中 N/2 个无用字。用堆栈法传递参数的子程序常用带有正偶数的返回指令返回主程序。

3.5.3　子程序及其调用程序设计举例

下面用几个实例说明如何设计包含子程序的程序。在设计包含子程序的程序之前应先明确两个问题：一是子程序所处的位置，子程序与调用它的主程序是同一个模块，还是分属两个模块；在同一模块时还要明确是在同一代码段，还是在不同的代码段。二是子程序与主程序的参数传递问题（用寄存器法传递参数）。

先看两个常用的数制转换子程序的编制方法。

【例 3.19】　编制将键盘输入的十进制数（1～65535）转换为 16 位二进制数的子程序。

入口参数：DS：SI←待转换的十进制数的 ASCII 码的首地址

CX←十进制数的位数

出口参数：AX←转换结果，即 16 位二进制数

方法 1　调用子程序的主程序与子程序在同一模块同一代码段，子程序过程应定义为 NEAR 过程，与主程序过程并列放在同一代码段中。子程序过程如下：

```
ABCDCB      PROC
            MOV AX, 0
ABCDC1:     PUSH CX
            MOV CX, 10                    ; Xi×10+Xi-1
            MUL CX
            AND BYTE PTR [SI], 0FH
            ADD AL, [SI]
            ADC AH, 0
            INC SI
            POP CX
            LOOP ABCDC1
            RET
ABCDCB      ENDP
```

方法 2　子程序与主程序在同一模块但不在同一代码段，子程序应定义为 FAR 过程。子程序代码段如下：

```
SUBCODE     SEGMENT
```

```
                ASSUME CS：SUBCODE
ABCDCB          PROC FAR
                MOV AX，0
ABCDC1：        PUSH CX
                MOV CX，10                  ；Xi×10+Xi-1
                MUL CX
                AND BYTE PTR [SI]，0FH
                ADD AL，[SI]
                ADC AH，0
                INC SI
                POP CX
                LOOP ABCDC1
                RET
ABCDCB          ENDP
SUBCODE         ENDS
```

方法 3 子程序与主程序各自独立成模块。由于主程序和子程序不在同一模块，所以要用到模块通信伪指令 PUBLIC 和 EXTRN。

说明公共符号伪指令 PUBLIC 的格式　PUBLIC 符号 [，符号，…]

其功能是用来说明其后的符号是公共符号，可以被其他模块调用。该伪指令用于子模块。

说明外部符号伪指令 EXTRN 的格式　EXTRN 符号：类型 [，符号：类型，…]

其功能是用来说明其后的符号是外部符号及该符号的类型。这些外部符号必须在它定义的模块中被说明是公共符号，符号的类型必须与它们原定义时的类型一致。该伪指令用于主模块。

子模块和主模块如下：

```
PUBLIC          ABCDCB
CODE            SEGMENT
                ASSUME CS：CODE
ABCDCB          PROC FAR
                MOV AX，0
ABCDC1：        PUSH CX
                MOV CX，10                  ；Xi×10+Xi-1
                MUL CX
                AND BYTE PTR [SI]，0FH
                ADD AL，[SI]
                ADC AH，0
                INC SI
                POP CX
                LOOP ABCDC1
```

```
                RET
ABCDCB          ENDP
CODE            ENDS
                END
EXTRN           ABCDCB：FAR
stack           segment stack 'stack'
                 ⋮
code            segment
begin           proc far
                 ⋮
                CALL ABCDCB
                 ⋮
begin           endp
code            ends
                end begin
```

【例3.20】　编制将16位二进制补码数转换为可供显示器显示的十进制数的ASCII码的子程序。

入口参数：AX←待转换的二进制数。

　　　　　ES：DI←转换后的十进制数的ASCII码的存放首地址

```
BCABCD  PROC
        PUSH AX
        PUSH BX
        PUSH CX
        PUSH DX
        PUSH DI
        OR AX，AX                        ；判数的符号
        JNS PLUS
        MOV BYTE PTR ES：[DI],'-'        ；为负，送负号至输出数据区，
        INC DI                           ；并求该负数的绝对值
        NEG AX
PLUS：  MOV CX，0                        ；将AX中的二进制数转换
        MOV BX，10                       ；为十进制数
LOP1：  MOV DX，0
        DIV BX
        PUSH DX                          ；余数进栈
        INC CX                           ；十进制数位数加1
        OR AX，AX                        ；商不为0继续除以10
        JNZ LOP1
LOP2：  POP AX                           ；将十进制数转换为ASCII码
```

```
        ADD AL，30H
        MOV ES:[DI]，AL
        INC DI
        LOOP LOP2
        MOV AL,'$'
        MOV ES:[DI]，AL
        POP DI
        POP DX
        POP CX
        POP BX
        POP AX
        RET
BCABCD  ENDP
```

【例 3.21】 调用例 3.19 和例 3.20 的子程序编制十进制数运算的加（或减、或乘、或除）法程序。要求显示“>”后键入算式“加数 1＋加数 2”，经过运算再显示“＝结果”。设两个加数和结果的范围均为－32768～32767。为使编程简单，正数输入和输出时均不带“＋”号，负数前带“－”号，即使运算符“＋”与符号“－”相连也不将负号与数字置于括号内。

该程序首先要接收从键盘输入的加法算式存入字节数据区 BUF 中。BUF＋1 存放着算式的字符数，从 BUF＋2 开始存放算式中各字符的 ASCII 码。然后要将两个加数各自转换成二进制数相加。最后将和转换为 ASCII BCD 数显示输出。ASCII BCD 数与二进制数间的转换调用例 3.19 和例 3.20 的子程序 ABCDCB 和 BCABCD 完成。因为本程序可将数据放在一个数据段内，所以转换后的十进制数的 ASCII 码存放首地址改由 DS：DI 来传递。主程序的大部分指令是在求取两个加数各自的位数及偏移首地址，以便调用 ABCDCB 子程序。求取的方法是这样的：从 BUF＋2 开始至“＋”号是第一加数，往后至 0DH 是第二加数；BUF＋1 中的字符数去掉第一个加数和运算符即是第二个加数的位数。对于每个加数均将其绝对值转换为二进制数。若是负数则将转换后绝对值求补，得其补码。程序如下：

```
stack   segment stack 'stack'
        dw 32 dup(0)
stack   ends
data    segment
IBUF    DB 14，0，14 DUP(0)
OBUF    DB '='，7 DUP(0)
data    ends
code    segment
        assume cs：code，ss：stack，ds：data
begin   proc far
        push ds
```

```
        sub ax, ax
        push ax
        mov ax, data
        mov ds, ax
        MOV DL,'>'                    ; 显示提示符“>”
        MOV AH, 2
        INT 21H
        MOV DX, OFFSET IBUF           ; 键入算式
        MOV AH, 10
        INT 21H
        MOV DL, 0AH                   ; 换行
        MOV AH, 2
        INT 21H
        MOV SI, OFFSET IBUF+2         ; SI指向键入算式的首址
        CMP BYTE PTR [SI],'-'         ; 判断第一加数的符号，并进栈保存
        PUSHF
        JNE NS1
        INC SI                        ; 为负，指针指向第一加数的数字位
        DEC IBUF+1                    ; 实际字符数减1（符号）
NS1:    MOV CX, 0
        PUSH SI                       ; 第一加数首址进栈
CONT:   CMP BYTE PTR [SI],'+'         ; 求得第一加数的位数
        JE DONE
        INC SI
        INC CX
        JMP CONT
DONE:   POP SI
        PUSH CX
        CALL ABCDCB                   ; 将第一加数的绝对值转换为二进制
        POP CX                        ; 数
        POPF                          ; 恢复第一加数的符号所置的Z标志
        JNZ NNEG
        NEG AX                        ; 为负则求补
NNEG1:  MOV BX, AX                    ; 暂存加数1
        INC SI                        ; 跳过运算符指向第二加数
        DEC IBUF+1                    ; 实际字符数减1（运算符）
        CMP BYTE PTR [SI],'-'
        PUSHF
        JNE NS2
```

```
        INC SI
        DEC IBUF+1
NS2：   MOV AL，IBUF+1           ；求取第二加数的位数，并送 CX
        MOV AH，0
        SUB AX，CX
        XCHG AX，CX
        CALL ABCDCB
        POPF
        JNZ NNEG2
        NEG AX
NNEG2： ADD AX，BX               ；两数相加
        MOV DI，OFFSET OBUF+1    ；建立结果的 ASCII BCD 数存放地址指针
        CALL BCABCD
        MOV DX，OFFSET OBUF
        MOV AH，9
        INT 21H
        RET
BEGIN   ENDP
ABCDCB  PROC
        MOV AX，0
ABCDC1：PUSH CX
        MOV CX，10
        MUL CX
        AND BYTE PTR [SI]，0FH
        ADD AL，[SI]
        ADC AH，0
        INC SI
        POP CX
        LOOP ABCDC1
        RET
ABCDCB  ENDP
BCABCD  PROC
        OR AX，AX
        JNS PLUS
        MOV BYTE PTR [DI]，'—'
        INC DI
        NEG AX
PLUS：  MOV CX，0
        MOV BX，10
```

```
LOP1:       MOV DX, 0
            DIV BX
            PUSH DX
            INC CX
            OR AX, AX
            JNZ LOP1
LOP2:       POP AX
            ADD AL, 30H
            MOV [DI], AL
            INC DI
            LOOP LOP2
            MOV BYTE PTR [DI],'$'
            RET
BCABCD      ENDP
code        ends
            end begin
```

3.6　80286、80386、80486 和 Pentium 程序设计

我们已经对 8086/8088 的指令和程序设计作了详尽的阐述。1.6 节已经从程序设计的角度，介绍了 80286、80386、80486 和 Pentium 微处理器的结构特点、工作方式和程序设计中涉及的寄存器。这些知识是学习 80286、80386、80486 和 Pentium 程序设计的基础。80x86 和 Pentium 系列微处理器具有很好的兼容性。用 8086/8088 的指令编写的程序，不作任何修改就可以在其后继微处理器 80x86 和 Pentium 上运行。同样，用 80286 的指令编写的程序，不作任何修改也可以在其后继微处理器 80386、80486 和 Pentium 上运行。80286、80386、80486 和 Pentium 微处理器结合各自的特点，在支持其前微处理器指令的情况下，扩展了一些指令的功能，还增加了一些新的指令。因此本节仅介绍 80286、80386、80486 和 Pentium 微处理器新增加的一些指令以及在 8086/8088 基础上扩充了新功能的一些指令。

随着新型微处理器的出现，宏汇编 MASM 的版本也不断地改进。宏汇编 MASM5.0 支持 80286 和 80386 微处理器的指令和相应的协处理器指令；宏汇编 MASM5.0 以上的版本 MASM5.1 MASM6.11 等就支持 80486 和 Pentium 微处理器的指令。此外，它们还新增加了一些伪指令。

本节将介绍这些新增加的指令和伪指令以及如何使用它们进行程序设计。将寻址范围扩展为 32 位的常用指令不再介绍。例如，2.3.2 节介绍的 3 个 32 位无符号数 12345678H、8765ABCDH 和 2468FEDCH 相加的程序段，用 32 位的指令编写的程序段如下：

```
MOV EAX, 12345678H
ADD EAX, 8765ABCDH
```

ADD EAX，2468FEDCH

3.6.1 80286、80386、80486和Pentium微处理器的指令

1. 数据传送类指令

(1) 字节交换 (Byte Swap) 指令 (80486/Pentium)。指令格式：

BSWAP reg

指令的意义是把32位通用寄存器的第1字节与第4字节交换，第2字节与第3字节交换。如：

BSWAP EAX

指令，若执行前EAX=12345678H，指令执行后EAX=78563412H。

使用字节交换指令来做第二章习题与思考题9 (4)（将数据段中以BX为偏移地址的连续4单元的内容颠倒过来），编写的程序段如下：

```
MOV EAX，[BX]
BSWAP EAX
MOV [BX]，EAX
```

(2) 符号位扩展传送 (Move with Sign-Extend) 和零 (Zero) 扩展传送指令 (80386/80486/Pentium)

①符号位扩展传送指令。指令格式：

MOVS reg，source

指令的意义是对源操作数中的8位或16位符号数的符号位进行扩展，形成16位或32位符号数。源操作数可以是寄存器和存储器。如：

MOVS EAX，BX

指令，若执行前BX=8765H，指令执行后EAX=FFFF8765H。

②将字转换为双字 (Convert Word to Extended Double) 指令。指令格式：

CWDE

指令的意义是将AX中的16位补码数扩展为32位补码数存放在EAX中。它与符号位扩展传送指令功能相当，指令CWDE就等于指令

MOVS EAX，AX

③将双字转换为四字 (Convert Double to Quad) 指令。指令格式：

CDQ

指令的意义是将EAX中的32位符号数（补码）扩展为64位符号数（补码）存放在EDX和EAX中。

④零扩展传送指令。指令格式：

MOVZ reg，source

指令的意义是对源操作数中的8位或16位无符号数进行扩展，形成16位或32位无符号数。源操作数可以是寄存器和存储器。如：

MOVZ EAX，BX

指令，若执行前 BX=8765H，指令执行后 EAX=00008765H。

(3) 进栈指令。指令格式：

PUSH/PUSHW/PUSHD source

源操作数可以是立即数、通用寄存器、段寄存器和存储器。对于立即数和类型不明确的存储器操作数，要使用字或双字进栈指令 PUSHW/PUSHD。

(4) 全部通用寄存器进栈和出栈指令。指令格式：

①PUSHA/PUSHAD

②POPA/POPAD

(5) 标志寄存器进栈和出栈指令（80386/80486/Pentium）。指令格式：

①PUSHFD

②POPFD

指令的意义是对 32 位的标志寄存器进行栈操作。

(6) 中断返回指令（80386/80486/Pentium）。指令格式：

IRETD

80386/80486/Pentium 微处理器工作在 32 位段模式时，中断服务程序中应该使用 IRETD 指令实现返回。

(7) 传送段地址指针指令（80386/80486/Pentium）。指令格式：

LFS reg，mem/ LGS reg，mem/ LSS reg，mem

指令的意义同 LDS/LES。

(8) 取 CPU 标识（Identification）指令（Pentium）。指令格式：

CPUID

指令的意义是获取微机中 Pentium 微处理器的标识和相关信息。

(9) 读时间标识计数器（Read from Time Stemp Counter）指令（Pentium）。指令格式：

RSDTSC

指令的意义是把 Pentium 微处理器中 64 位时间标识计数器 TSC 中的时间值传送给 EDX 和 EAX。

(10) 读/写方式专用寄存器（Read/Write from/to Model－Spacial Register）指令(Pentium)。指令格式：

RDMSR/WRMSR

RDMSR 指令的意义是把由 ECX 指定的 Pentium 微处理器中的 64 位方式专用寄存器的值传送给 EDX 和 EAX。WRMSR 指令的意义是 EDX 和 EAX 中的值传送给由 ECX 指定的 Pentium 微处理器中的方式专用寄存器。

(11) 从系统管理方式返回（Resume from System Management Mode）指令（Pentium）。指令格式：

RSM

指令的意义是将在进入系统管理方式时存储的处理器的状态恢复，返回到进入系统管理方式之前的工作方式。

2. 算术运算类指令

(1) 符号整数乘法(Signed Multiply)指令

符号整数乘法指令有单操作数、双操作数和三操作数3类。指令格式:

①IMUL source

②IMUL dest，source

③IMUL dest，source，imm

单操作数乘法指令的意义是用源操作数乘以AL、AX或EAX，乘积存入AX、DX与AX或EDX与EAX。源操作数可以是字节、字或双字，与其对应的目的操作数是AL、AX或EAX。源操作数只能是寄存器和存储器。

双操作数乘法指令的意义是用源操作数乘以目的操作数，乘积存入目的操作数。目的操作数只能是16位和32位的寄存器，源操作数可以是寄存器和存储器，但其类型要与目的操作数一致。若目的操作数是16位的寄存器，则源操作数还可以是立即数。

三操作数乘法指令的意义是用源操作数乘以立即数，乘积存入目的操作数。目的操作数只能是16位和32位的寄存器，源操作数可以是寄存器和存储器，但其类型要与目的操作数一致。

(2) 相加并交换(Add and Exchange)指令(80486/Pentium)。指令格式:

XADD dest，reg

指令的意义是将寄存器和目的操作数相加，在将结果存入目的操作数的同时又将目的操作数传送给寄存器。目的操作数可以是寄存器和存储器，但其类型要与寄存器一致。

(3) 比较并交换(Compare and Exchange)指令(80486/Pentium)。指令格式:

CMPXCHG dest，Acc

指令的意义是将累加器(AL/AX/EAX)和目的操作数相比较，若相等，则将累加器传送给目的操作数；否则将目的操作数传送给累加器。目的操作数可以是寄存器和存储器，但其类型要与累加器一致。

(4) 8字节比较并交换(Compare and Exchange 8 Byte)指令(Pentium)。指令格式:

CMPXCHG8B ECX：EBX，mem

指令的意义是将8字节的存储器操作数与EDX：EAX相比较，若不相等，则将存储器中的64位二进制数传送给EDX：EAX。

3. 位操作类指令

(1) 逻辑左/右移、算术左/右移、循环左/右移和带进位循环左/右移指令。指令格式:

SHL/SHR dest，imm

SAL/SAR dest，imm

ROL/ROR dest，imm

RCL/RCR dest，imm

指令的意义是将目的操作数向左或右移动，移动位数由立即数指定。目的操作数可以是寄存器和存储器，目的操作数的类型可以是字节、字和双字；源操作数是一个不大于

31 的立即数，若移动位数大于 31，微处理器将自动调整为 32 的模运算的余数。如：

```
SHL EAX，8                ；将 EAX 向左移动 8 位，EAX 的低 8 位均为 0
ROR AL，4                 ；将 AL 的高 4 位与低 4 位交换
```

（2）双精度（Double Precision）逻辑左/右移位指令（80386/80486/Pentium）。指令格式：

```
SHLD/SHRD dest，source，imm/CL
```

指令的意义是将目的操作数和源操作数一同向左或右移动，源操作数移入目的操作数，而源操作数本身不变，移动位数由立即数或 CL 指定，目的操作数的最后移出的一位保留在进位位 CF 中，如图 3-9 所示。目的操作数可以是寄存器和存储器，目的操作数的类型可以是字和双字；源操作数只能是与目的操作数的类型一致的寄存器；移动位数不大于 31。如程序段：

```
MOV AX，1234H
MOV BX，5678H
SHLD AX，BX，11
```

执行后，AX=A2B3H，BX=5678H，CF=1。

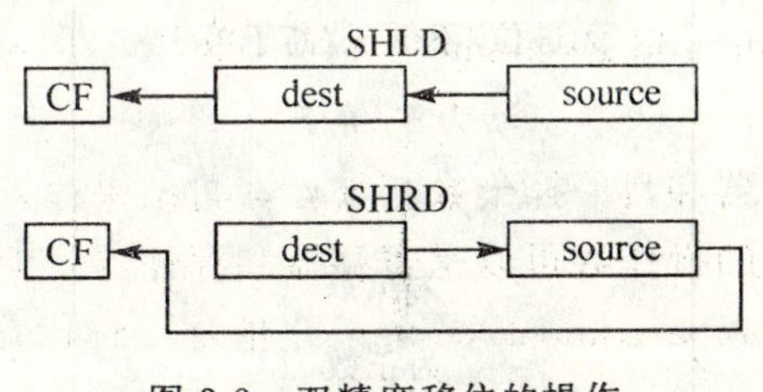

图 3-9　双精度移位的操作

（3）位搜索（扫描 Bit Scan）指令（80386/80486/Pentium）。指令格式：

```
BSF/BSR dest，source
```

指令的意义是按由低向高（BSF）或按由高向低（BSR）对源操作数进行搜索，将遇到的第 1 个 1 的位置值送到目的操作数中，且将零标志位 ZF 置 0。若源操作数为 0，则将零标志位 ZF 置 1。目的操作数只能是寄存器；源操作数可以是寄存器和存储器，源操作数的类型可以是与目的操作数的类型一致的字和双字。

（4）位测试（Bit Tests）指令（80386/80486/Pentium）。指令格式：

```
BT/BTC/BTR/BTS dest，source
```

BT 指令的意义是将目的操作数中由源操作数指定的位传送给进位标志位 CF，然后使用 JC/JNC 指令对该位进行测试。目的操作数可以是寄存器和存储器，目的操作数的类型可以是字和双字；源操作数可以是立即数和寄存器，源操作数的取值是 0～15（目的操作数的类型是字）或 0～31（目的操作数的类型是双字）。如：

```
        BT EAX，15                 ；测试 EAX 的 D15 位
        JNC NEXT                   ；EAX 的 D15 位=0，转移至 NEXT
        ⋮
NEXT：  ⋮
```

BTC、BTR和BTS指令除了将目的操作数中由源操作数指定的位传送给进位标志位CF外，还将该位求反、置0或置1。

4. 条件设置、条件转移和重复控制指令

(1) 条件设置（Set Conditionally）指令（80386/80486/Pentium）。指令格式：

SETcond dest

指令的意义是根据指令中指定的条件，对目的操作数进行设置：若条件成立，则目的操作数置为1，否则置为0。目的操作数可以是寄存器和存储器，其类型仅为字节。条件是由一个或两个标志位决定的。条件设置指令如表3-4所列。

表3-4 条件设置指令

指令助记符	条件说明	条件设置
SETO	溢出	OF=1
SETNO	无溢出	OF=0
SETC/SETB/SETNAE	有进位/低于/不高于等于	CF=1
SETNC/SETNB/SETAE	无进位/不低于/高于等于	CF=0
SETZ/SETE	为零/等于	ZF=1
SETNZ/SETNE	不为零/不等于	ZF=0
SETS	为负数	SF=1
SETNS	为正数	SF=0
SETP/SETPE	为偶校验	PF=1
SETNP/SETPO	为奇校验	PF=0
SETA/SETNBE	高于/不低于等于	CF=ZF=0
SETNA/SETBE	不高于/低于等于	CF=1或ZF=1
SETG/SETNLE	大于/不小于等于	ZF=0且SF=OF
SETGE/SETNL	大于等于/不小于	ZF=1或SF=OF
SETL/SETNGE	小于/不大于等于	ZF=0且SF≠OF
SETLE/SETNG	小于等于/不大于	ZF=1且SF≠OF

(2) 条件转移指令。指令格式：

Jcond lable

指令的意义与8086的指令相同，仅跳转范围不同：8086/80286的跳转范围为−128～127；80386/80486/Pentium的跳转范围为−32768～32767，除非特别指明是短跳转。

短跳转指令的格式 Jcond SHORT lable

(3) ECX=0转移指令（80386/80486/Pentium）。指令格式：

JECXZ short-lable

指令的意义与 8086 的 JCXZ 指令相同，跳转范围也为－128～127。

(4) LOOP 类重复控制指令（80386/80486/Pentium）。

指令格式和意义与 8086 的指令相同。当工作在 16 位模式时，用 CX 控制循环次数；当工作在 32 位模式时，用 ECX 控制循环次数。

5. 串操作类指令（80386/80486/Pentium）

(1) 双字的串传送、串装载、串存储、串比较和串搜索指令。指令格式：

MOVSD/LODSD/STOSD/CMPSD/SCASD

指令的意义与字节串、字串指令相同。即对源串和目的串地址的设置、操作方向的指定、重复次数的设置以及重复前缀的使用都与字节串、字串指令相同，惟一不同的是其单位串操作的字节数是 4。因此 SI、DI 的自动调整是＋4 或－4；串装载、串存储指令中使用的累加器是 32 位的 EAX。

(2) 字符串输入（Input from Port to String）指令。指令格式：

①INS dest－string，DX/EDX

②INSB

③INSW

④INSD

指令的意义是从端口输入字符串并把它存入由 ES：DI 或 ES：EDI 指定的目的串数据区中。端口地址由 DX 或 EDX 指定。每当完成一次字符串的输入，DI 或 EDI 将按字符串的字节数（1/2/4）进行自动调整。

(3) 字符串输出（Output String to Port）指令。指令格式：

①OUTS DX/EDX，source－string

②OUTSB

③OUTSW

④OUTSD

指令的意义是把由 DS：SI 或 DS：ESI 指定的源串数据区中的字符串数据从端口输出。端口地址由 DX 或 EDX 指定。每当完成一次字符串的输出，SI 或 ESI 将按字符串的字节数（1/2/4）进行自动调整。

6. 高级语言类指令

(1) 检查数组下标（Check Array Bounds）指令。指令格式：

BOUND dest，source

指令的意义是检查由目的操作数中的数组下标是否超越数组的界限。目的操作数是 16 位或 32 位的寄存器，其中存放的是一个待检查的数组下标；源操作数是 32 位或 64 位的存储器，其中依次存放了该数组下标的下限值和上限值（即数组的起始和结束地址）。若待查的数组下标小于下限或大于上限，则产生 INT 5 中断。如：

```
ARYLIMIT   DD 0，99              ；定义数组的最小下标 0 和最大下标 99
ARRAY      DW 100 DUP(0)
               ⋮
```

```
MOV BX, 25
BOUND BX, ARYLIMIT; 检查BX中的下标值是否在规定的界限内
```

(2) 建立堆栈和释放堆栈指令。在高级语言中，每个子程序或函数都有自己的局部变量。只有执行这些局部变量所在的子程序或函数时，它们才有意义。为保存这些局部变量，当执行这些子程序或函数时，应为其局部变量建立相应的堆栈区；而在退出该子程序或函数时，必须释放这个堆栈区。为此 80x86 增加了建立堆栈和释放堆栈两条指令。

指令格式　ENTER source1，source2
　　　　　LEAVE

ENTER 指令的意义是为其局部变量建立一个堆栈区。两个操作数都是立即数，它们分别表示所要建立的堆栈的字节数和子程序的嵌套层数（0～31）。

LEAVE 指令的意义是释放前面 ENTER 指令建立的堆栈区。

如：

```
TASK    PROC
        ENTER 6, 0        ; 建立6个字节的堆栈区，嵌套层数为0
        ⋮
        LEAVE             ; 释放建立的堆栈区
        RET
TASK    ENDP
```

7. 特权类指令

(1) 装入访问权限（Load Access Rights）指令。指令格式：

LAR reg16，reg16/mem16

指令的意义是把由源操作数中的选择符指示的描述符的访问权字段装入目的操作数指定的16位寄存器的高字节中，低字节置为0。

(2) 装入段界限（Load Segment Limit）指令。指令格式：

LSL dest，source

指令的意义是把由源操作数中的选择符指示的描述符的段界限装入目的操作数指定的寄存器中。目的操作数只能是16位或32位的寄存器；源操作数可以是16位或32位的寄存器或存储器。

(3) 装入全局描述符表指令。指令格式：

LGDT mem48

指令的意义是将存储器操作数指示的6个字节装入全局描述符表寄存器。

(4) 存储全局描述符表指令。指令格式：

SGDT mem48

指令的意义是将全局描述符表寄存器的值存入存储器操作数指示的6个字节中。

(5) 装入中断描述符表指令。指令格式：

LIDT mem48

指令的意义是将存储器操作数指示的6个字节装入中断描述符表寄存器。

(6) 存储中断描述符表指令。指令格式：

SIDT mem48

指令的意义是将中断描述符表寄存器的值存入存储器操作数指示的6个字节中。

(7) 装入局部描述符表指令。指令格式：

LLDT reg16/mem16

指令的意义是将16位寄存器或存储器操作数指示的2个字节装入局部描述符表寄存器。

(8) 存储局部描述符表指令。指令格式：

SLDT reg16/mem16

指令的意义是将局部描述符表寄存器的值存入16位寄存器或存储器操作数指示的2个字节中。

(9) 装入任务寄存器指令。指令格式：

LTR reg16/mem16

指令的意义是将16位寄存器或存储器操作数指示的2个字节装入任务寄存器中。

(10) 存储任务寄存器指令。指令格式：

STR reg16/mem16

指令的意义是将任务寄存器中的值存入16位寄存器或存储器操作数指示的2个字节中。

(11) 装入机器状态字指令。指令格式：

LMSW reg16/mem16

指令的意义是将16位寄存器或存储器操作数指示的2个字节装入机器状态字寄存器MSW或控制寄存器CR0中。

(12) 存储机器状态字指令。指令格式：

SMSW reg16/mem16

指令的意义是将机器状态字寄存器MSW存入16位寄存器或存储器操作数指示的2个字节中。

(13) 可读/写性验证（Verify Read or Write）指令。指令格式：

VERR/VERW reg16/mem16

指令的意义是验证在当前特权级是否可对操作数中的段选择符所指定的段进行读/写操作。若验证该段是可读/写的，则ZF=1；否则ZF=0。

(14) 调整请求特权级别（Adjust Requested Privilege Level）指令。指令格式：

ARPL dest，source

指令的意义是实现对目的操作数指定的段选择符的请求特权级RPL进行调整，使其与源操作数的RPL相匹配。目的操作数可以是16位的存储器和寄存器；源操作数只能是16位的寄存器。

(15) 清除任务切换标志（Clear Task－Switched Flag）指令。指令格式：

CLTS

指令的意义是清除机器状态字寄存器MSW或控制寄存器CR0中的任务切换标志位。

(16) 与专用寄存器间传送数据（Move to/from Special Registers）指令（80386/80486/Pentium）。指令格式：

MOV dest，source

指令的意义是专用寄存器与32位的通用寄存器间传送数据。专用寄存器包括控制寄存器CR0～CR3，调试寄存器DR0～DR3、DR6、DR7以及测试寄存器TR6、TR7。

(17) 使TLB（Translation Lookaside Buffer）项无效指令（80486/Pentium）。指令格式：

INVLPG mem

指令的意义是，若存储器操作数的段地址和偏移地址包含在TLB的一个项中，则清除TLB中的这个项。

(18) 写回内存后再使Cache中的数据无效（Write Back and Invalidate Data Cache）指令（80486/Pentium）。指令格式：

WBINVD

指令的意义是将Cache中的数据写回内存后，再使Cache中的数据无效。

(19) 使高速缓存无效指令（80486/Pentium）。指令格式：

INVD

指令的意义是清除Cache中的数据，而不改变对应内存中的数据。

3.6.2 MASM5.0以上版本的伪指令

80286、80386、80486和Pentium微处理器新增加的指令，只有在说明了相应的微处理器指令有效的情况下，才能在程序中使用。所以在源程序中，必须告诉汇编程序该程序在什么微处理器上运行，这一工作由方式选择伪指令来完成。

1. 方式选择伪指令

方式选择伪指令一般位于源程序的开始处，以确定微处理器的工作方式和当前指令集，它告诉汇编程序当前的源程序是针对哪种CPU而执行的。各种方式选择伪指令的格式和意义如下：

(1) .8086：它告诉汇编程序只接受8086/8088和协处理器8087的指令。这是默认方式，可以缺省。

(2) .286（或.286C）：它告诉汇编程序除可接受8086/8088的指令外，还可接受80286新增加的非保护方式下的特权指令以及协处理器80287的指令。若还要使用保护方式下的特权指令，则可用伪指令.286P。

(3) .386（或.386C）：它告诉汇编程序除可以接受8086/8088的指令外，还可接受80286和80386新增加的非保护方式下的特权指令以及协处理器80387的指令。若还要使用保护方式下的特权指令，则可用伪指令.386P。

(4) .486（或.486C）：它告诉汇编程序除可以接受8086/8088的指令外，还可接受80286、80386和80486新增加的非保护方式下的特权指令以及协处理器80387的指令。若还要使用保护方式下的特权指令，则可用伪指令.486P。

(5) .586（或.586C）：它告诉汇编程序除可以接受8086/8088的指令外，还可接受80286、80386、80486和Pentium新增加的非保护方式下的特权指令以及协处理器80387

的指令。若还要使用保护方式下的特权指令，则可用伪指令 .586P。

2. 完整段定义伪指令

完整段定义的格式如下：

段名　SEGMENT［定位方式］［组合方式］［字长选择］［‘类别名’］
　　　⋮
段名　ENDS

与 8086/8088 段定义格式比较，主要区别是增加了字长选择项。字长有两种选择：

(1) USE16：16 位段模式，偏移地址是 16 位，段内最大寻址空间为 64 KB。

(2) USE32：32 位段模式，偏移地址是 32 位，段内最大寻址空间高达 4 GB。

80286 只有 16 位段模式。80386、80486 和 Pentium 有 16 位和 32 位两种段模式。在 16 位段模式方式，虽然 80386、80486 和 Pentium 同 8086 一样，寻址空间仍为 64 KB，但在源程序开始处使用了伪指令 .386、.486、.586 的情况下，指令中可以使用它们的 32 位寄存器。如果字长选择项缺省，则在使用伪指令 .386、.486、.586（或 .386P、.486P、.586P）时默认为 32 位段模式，否则按 16 位段模式处理。

3.6.3　存储器操作数中的地址表达式

在 16 位段模式中，当允许使用 80386、80486 和 Pentium 指令的条件下，32 位的通用寄存器也可以在地址表达式中使用。在使用中应注意以下几点：

(1) 在 8086 处理器模式，只能使用基址寄存器 BX、BP 和变址寄存器 SI、DI。只有在允许使用 80386、80486 和 Pentium 微处理器指令时，32 位通用寄存器才可用作基址寄存器或变址寄存器。其中，ESP 只能用作基址寄存器。当用 EBP 和 ESP 作为基址寄存器使用时，默认为 SS 段；用其他通用寄存器作为基址寄存器使用时，默认为 DS 段。所有变址寄存器都默认为 DS 段。

(2) 在用 32 位寄存器间接寻址时，地址表达式的有效地址 EA 包括 4 部分，这 4 部分的组合情况如下：

基址寄存器＋变址寄存器×比例因子＋位移量

其中比例因子可以是 1、2、4、8，用来表示数组元素的不同类型。字节型数组的比例因子 1 可以缺省，比例因子 2 表示字型数组，比例因子 4 表示双字型数组，比例因子 8 表示四字型数组。

①若地址表达式中只有一个通用寄存器，则不管它是否带有比例因子，都认为它是基址寄存器。

②若地址表达式中有两个不带比例因子的通用寄存器，则第一个寄存器为基址寄存器，第二个为变址寄存器。

③若地址表达式中有两个通用寄存器，则不带比例因子的寄存器为基址寄存器，带比例因子的寄存器为变址寄存器。

(3) 在一条指令中，可以同时使用 16 位和 32 位寄存器，如指令：

MOV EAX，［BX］

是合法的，它表示将16位寄存器BX所指向的4个连续单元中的32位二进制数送入EAX中。但是，在一个地址表达式中不能同时使用16位和32位的通用寄存器。

3.6.4 80x86和Pentium汇编源程序设计举例

本节仅以80286、80386、80486和Pentium微处理器的常用指令为例，简要说明80x86汇编源程序的结构及其设计方法。

【例3.22】 32位无符号数除以16。

```
            .486                            ；可使用486指令
stack       segment stack USE16 'stack'     ；16位段模式
            dw 32 dup(0)
stack       ends
data        segment USE16
NUM         DD 12345678H
RESULT      DD 0
data        ends
code        segment USE16
begin       proc far
            assume ss：stack，cs：code，ds：data
            push ds
            sub ax，ax
            push ax
            mov ax，data
            mov ds，ax
            MOV EAX，NUM
            SHR EAX，4                  ；把EAX中的32位数右移4位即除以16
            MOV RESULT，EAX
            ret
egin        endp
code        ends
            end begin
```

【例3.23】 对多个双字（32位）符号数求和，结果不超出4字（64位）符号数。

```
            .486                            ；可使用486指令
stack       segment stack USE16 'stack'     ；16位段模式
            dw 32 dup(0)
stack       ends
data        segment USE16
NUM         DD 11111111H，22222222H，…
COUNT       EQU   ($-4)/4
```

```
RESULT    DQ 0
data      ends
code      segment USE16
begin     proc far
          assume ss：stack，cs：code，ds：data
          push ds
          sub ax，ax
          push ax
          mov ax，data
          mov ds，ax
          MOV CX，COUNT
          MOV BX，0
AGAIN：   MOV EAX，NUM [BX]
          CDQ
          ADD DWORD PTR RESULT，EAX
          ADC DWORD PTR RESULT+4，EDX
          ADD BX，4                     ；调整地址指针
          LOOP AGAIN
          ret
egin      endp
code      ends
          end begin
```

若用 EBX 变址，则有如下的程序段：

```
          MOV CX，COUNT
          MOV EBX，0
AGAIN：   MOV EAX，NUM [EBX*4]
          CDQ
          ADD DWORD PTR RESULT，EAX
          ADC DWORD PTR RESULT+4，EDX
          INC EBX                       ；调整地址指针
          LOOP AGAIN
```

【例 3.24】 两个 32 位无符号数相乘，以十六进制数的形式显示其结果。

```
          .486                          ；可使用 486 指令
stack     segment stack USE16 'stack'   ；16 位段模式
          dw 32 dup(0)
stack     ends
data      segment USE16
NUM       DD 12345678H，9ABCDEF0H
RESULT    DQ 0
```

```
OBUF      DB 16 DUP(0),'H $'
data      ends
code      segment USE16
begin     proc far
          assume ss: stack, cs: code, ds: data
          push ds
          sub ax, ax
          push ax
          mov ax, data
          mov ds, ax
          MOV EAX, NUM
          MUL NUM+4                    ; EAX * NUM+4, 结果送 EDX 和 EAX
          MOV RESULT, EAX
          MOV RESULT+4, EDX
          MOV DI, OFFSET OBUF
          MOV SI, OFFSET RESULT+15
          MOV CX, 8                    ; 将 8 字节拆转为 ASCII 字符
AGAIN:    MOV AL, [SI]
          SHR AL, 4
          CALL HCASC
          INC DI
          MOV AL, [SI]
          AND AL, 0FH
          CALL HCASC
          INC DI
          DEC SI
          LOOP AGAIN
          MOV WORD PTR [DI],'$ H'
          MOV BX, OFFSET OBUF-1; 去掉前面的 0
CONT:     INC BX
          CMP BYTE PTR [BX],'0'
          JE CONT
          MOV DX, BX
          MOV AH, 9
          INT 21H
          ret
egin      endp
HCASC     PROC                         ; 将 AL 的十六进制数转换为 ASCII 码
          ADD AL, 30H
```

```
         CMP AL，39H
         JNA NA7
         ADD AL，7
NA7:     MOV [DI]，AL
         RET
HCASC    ENDP
code     ends
         end begin
```

习题与思考题

1. 编写程序段实现下列运算（式中 W 为字变量，B 为字节变量，不考虑溢出，除法余数不再参与运算）。

(1) W1＋W2＋28－W3→W4　　(2)（B1×B2）/（B3＋6）→B4…B5

(3)（W1－W2）/10→W3…W4　　(4)（（B1＋B2－B3）/B4×B5）2→W

2. 编写程序段实现下列 BCD 数运算（式中字节变量 B 和 AB 分别为压缩 BCD 数和非压缩 BCD 数，字变量 W 为压缩 BCD 数）。

(1) B1＋B2－（B3－B4）→B5　　(2) W1＋W2→W3

(3) AB1×AB2/AB3→AB4　　(4) AB1×10＋AB2→B

3. 写出执行下列程序段的中间结果和结果：

```
(1) MOV AX，0809H
    MUL AH            ；AX=________
    AAM               ；AX=________
(2) MOV AX，0809H
    MOV DL，5
    AAD               ；AX=________
    DIV DL            ；AX=________
    MOV DL，AH
    AAM               ；AX=________，DL=________
(3) MOV AX，0809H
    ADD AL，AH
    MOV AH，0         ；AX=________
    AAA               ；AX=________
(4) MOV AX，0809H
    MOV DL，10
    XCHG AH，DL
    MUL AH            ；AX=________
    AAM               ；AX=________
    ADD AL，DL        ；AX=________
```

(5)
```
MOV AL, 98H
MOV AH, AL
MOV CL, 4
SHR AH, CL
AND AL, 0FH
AAD                ; AL=______H。
```
(6)
```
    MOV CL, 248
    XOR AX, AX
    MOV CH, 8
AG: SHL CL, 1
    ADC AL, AL
    DAA
    ADC AH, AH
    DEC CH
    JNZ AG
```
结果：AX=__________H。

4. 编写程序，将字节变量 BVAR 中的压缩 BCD 数转换为二进制数，并存入原变量中。
5. 编写程序，求字变量 W1 和 W2 中的非压缩 BCD 数之差（W1－W2，W1≥W2），将差存到字节变量 B3 中。
6. 编写求两个 4 位非压缩 BCD 数之和，将和送显示器显示的程序。
7. 编写求两个 4 位压缩 BCD 数之和，将和送显示器显示的程序。
8. 编写程序，将字节变量 BVAR 中的无符号二进制数（0～FFH）转换为 BCD 数，在屏幕上显示结果。
9. 用查表法求任一键入自然数 N（0≤N≤40）的立方值送显示器显示，并将其存入一字变量中。
10. 已知字变量 WA 中存放有 4 位十六进制数 a_3，a_2，a_1，a_0，现要求将 a_i（i 由键盘键入）存入字节变量 BA 的低 4 位，试编写该程序。
11. 设有字无符号数 X、Y，试编制求 Z=｜X－Y｜的程序。
12. 有一原码形式的双字符号数，试编制求其补码的程序。
13. 设平面上一点 P 的直角坐标为（X，Y），X，Y 为字符号数，试编制若 P 落在第 i 象限内，则令 $k=i$；若 P 落在坐标轴上，则令 $k=0$ 的程序。
14. 用某仪器对生产过程进行控制，该仪器检测的数据分为 16 类，根据数据类号进行 4 类处理，类号与处理程序号的对应关系是：类号/4＝处理程序号，试编制该程序。
15. 编写程序将符号字数组 ARRAYW 中的正负数分别送入正数数组 PLUS 和负数数组 MINUS，同时把“0”元素的个数送入字变量 ZERON。
16. 下列各数称为 Fibonacci 数，0，1，1，2，3，5，8，13…这些数之间的关系是：从第 3 项起，每项都是它前面两项之和。若用 a_i 表示第 i 项，则有 $a_1=0$，$a_2=1$，$a_i=a_{i-1}+a_{i-2}$，…。试编写显示第 24 项 Fibonacci 数（两字节）的程序。
17. 从键盘输入一字符串（字符数>1），然后在下一行以相反的次序显示出来（采用 9 号

和 10 号系统功能调用)。

18. 编写求键入算式“加数 1+加数 2”的和并送显示的程序(加数及其和均为 4 位 BCD 数)。
19. 编写程序将某字节存储区中的 10 个未压缩的 BCD 数以相反的顺序送到另一个字节存储区中,并将这两个存储区中的数字串分两行显示出来。
20. 编写 ASCII 码的查询程序。要求该程序运行后显示提示信息:“The ASCII code of”,待查询者键入欲查字符后再显示“is”和该字符的 ASCII 码,换行后又输出提示信息“The ASCII code of”待查,如此不断循环,直至查询者键入回车符输出“is 0DH”后结束该程序的运行。
21. 编写将符号字数组中的数据排序的程序。
22. 编写将 26 个英文字母字符“ABCD……Z”存到字节变量中去的程序。
23. 已知 BUF1 中有 N1 个按从小到大的顺序排列互不相等的字符号数,BUF2 中有 N2 个从小到大的顺序排列互不相等的字符号数。试编写程序将 BUF1 和 BUF2 中的数合并到 BUF3 中,使在 BUF3 中存放的数互不相等且按从小到大的顺序排列。
24. 在字节字符串 STR 中搜索子串“AM”出现的次数存入字变量 W。试编写其程序。
25. 设有一稀疏数组 a_i ($i=1, 2, \cdots, 1000$) 存放在字变量 BUFA 的存储区中,现要求将数组加以压缩,使其中的非 0 元素仍按序存放在 BUFA 存储区中,而 0 元素不再出现。试编写实现上述功能的程序。
26. 编制计算 N 个 ($N<50$) 偶数之和 ($2+4+6+\cdots$) 的子程序和接收键入 N 及将 N 个偶数之和送显示的主程序。要求用以下 3 种方法编写:(1) 主程序和子程序在同一代码段;(2) 在同一模块但不在同一代码段;(3) 各自独立成模块。

第4章 总 线

4.1 总线概述

总线是一种数据通道，由系统中各部件所共享，或者说，是在部件与部件之间，设备与设备之间传送信息的一组公用信号线，是将发送设备发出的信息准确地传送给某个接收设备的信号通路。总线的特点在于其公用性，即它可同时挂接多个部件或设备。总线上的任何一个部件发出的信息，计算机系统内所有连接到总线上的部件都可以接收得到。但在进行信息传输时，每一次只能有一个发送部件可以利用总线给一个接收部件发送信息。

总线把微型计算机各主要部件连接起来，并使它们组成一个可扩充的计算机系统，因此总线在微型计算机的组成与发展过程中起着重要的作用。总线不但和 CPU、存储器一样关系到计算机的总体性能，而且也关系到计算机硬件的扩充能力，特别是扩充和增加各类外部设备的能力。因此，总线也随着 CPU 的不断升级和存储器性能的不断提高在不断地发展与更新。

4.1.1 总线分类

在计算机系统内拥有多种总线，它们在计算机系统内的各个层次上，为各部件之间的通信提供通路。虽然总线有多种，但任何总线均包括有数据总线、地址总线和控制总线。按在 PC 机系统的不同层次和位置，总线可分为如下几类。

1. 内部总线

内部总线是处于微处理器芯片内部的总线，是用来连接片内运算器、寄存器等各功能部件的信息通路。内部总线的对外引线就是 CPU 总线。

2. 局部总线

局部总线是在印刷电路板上连接主板上各个主要部件的公共通路。PC 机主板上都有并排的多个插槽，这就是局部总线扩展槽。要添加某个外设来扩展系统功能时，只要在其中的任何一个扩展槽内插上符合该总线标准的适配器（或称接口卡），再连接此适配器相应的外设便可。通过局部总线的扩展槽可以连接各种接口卡，例如，显卡、声卡、网卡等。因此，局部总线是 PC 机系统设计人员和应用人员最关心的一类总线。局部总线的类

型很多，而且不断翻新。PC机问世以来，最先推出的局部总线是ISA总线。随着微型计算机技术的迅猛发展，特别是高速硬盘，高分辨率彩显和高速网卡的出现，ISA总线显得远不能满足使用要求。曾先后推出过EISA总线、MCA总线、VESA总线，只有1992年推出的外部设备互连PCI（Peripheral Component Interconnect）局部总线得到了几乎所有计算机厂商的支持，成为目前使用最为广泛的总线。之所以称其为局部总线，是因为在高性能超级计算机系统中，还有更高层的总线作为系统总线。系统总线是多处理器系统即高性能超级计算机系统中连接各CPU插件板的信息通道，用来支持多个CPU的并行处理。在PC机中，一般不用系统总线。

3. 外部总线

外部总线又称为通信总线，它用于微型机系统与系统之间、微型机系统与外部设备，如打印机、磁盘设备或微型机系统和仪器仪表之间的通信通道。这种总线数据的传送方式可以是并行（如打印机）或串行，数据传输率低。对不同的设备所用总线标准也不同，常见的有串行总线RS-232-C（见8.3.1节），专用于与硬盘连接的IDE（Integrated Drive Electronics）总线和SCSI（Small Computer System Interface）总线，用于与并行打印机连接的Centronics总线（见6.3.5节）以及最新的通用串行总线USB（Universal Serial Bus）。

USB是由DEC、IBM、Intel、Microsoft以及NEC等公司共同制定的串行接口总线标准。USB的连接方式简单，只使用一根4芯电缆（电源线2根，信号线2根作为一个差动信号）串行传输数据，不需要另加接口卡，便可把不同的接口统一起来。它支持热插入（Hot Plug In）和即插即用（Plug & Play），最高传送速度可达12Mb/s，既可用于低速的外围设备，如键盘、鼠标等，也可用于中速装置，如打印机、数码照相机、调制解调器、扫描仪等。USB的诸多特点，受到了世界许多大公司的重视，大有取代现有的各种串行接口和并行接口之势。

4.1.2 总线操作

Pentium微处理机系统中的各种操作，本质上都是通过总线进行的信息交换，统称为总线操作。在同一时刻，总线上只能允许一对主控设备（master）和从属设备（slave）进行信息交换。一对主控设备和从属设备之间一次完整的信息交换，通常称为一个数据传送周期或一个总线操作周期。当有多个主控设备都要使用总线进行信息传送时，由它们向总线仲裁机构提出使用总线的请求，经总线仲裁机构仲裁确定，把下一个总线操作周期的总线使用权分配给其中哪一个主控设备。取得总线使用权的主控设备，通过地址总线发出本次要访问的从属设备的地址及有关命令，通过译码选中参与本次传送操作的从属设备，并开始数据交换。本次总线操作周期完成后主控设备和从属设备的有关信息均从总线上撤除，主控设备让出总线，以便其他主控设备能继续使用。只要包含DMA控制器和多处理机的系统，就要有总线仲裁机构来受理请求和分配总线控制权。而对于只有一个主控设备的单处理机系统，不存在总线请求、分配和撤除问题，总线控制权始终归它所有，随时都可进行数据传送。

4.2　8086/8088 的 CPU 总线与时序

4.2.1　8086/8088 的 CPU 引线

8086 是 16 位微处理器，它对外的数据线是 16 条；8088 是准 16 位微处理器，它对外的数据线是 8 条。8086/8088 的地址线是 20 条。8086/8088 均为 40 条引线、双列直插式封装。8088 的 40 条引线排列如图 4-1 所示。为了能在有限的 40 条引线范围内进行工作，CPU 内部设置了若干个多路开关，使某些引线具有多种功能，这些多功能引线的功能转换分两种情况：一种是分时复用，在总线周期的不同时钟周期内引线的功能不同；另一种是按组态来定义引线的功能，在构成系统时 8086/8088 有最小和最大两种组态，在不同组态时有些引线的名称及功能不同（最小组态时的名称如图 4-1 括号中所示）。所有的微处理器都有以下几类引线用来输出或接收各种信号：地址线、数据线、控制线和状态线、电源和定时线。8086/8088 的 40 条引线包括以上 4 种信号。

最大组态（最小组态）

引线	引脚	引脚	引线
GND	1	40	V_{CC}
A_{14}	2	39	A_{15}
A_{13}	3	38	A_{16}/S_3
A_{12}	4	37	A_{17}/S_4
A_{11}	5	36	A_{18}/S_5
A_{10}	6	35	A_{19}/S_6
A_9	7	34	(SSO)
A_8	8	33	MN/$\overline{MX}$
AD_7	9	32	$\overline{RD}$
AD_6	10	31	$\overline{RQ}/\overline{GT_0}$(HOLD)
AD_5	11	30	$\overline{RQ}/\overline{GT_1}$(HLDA)
AD_4	12	29	$\overline{LOCK}$($\overline{WR}$)
AD_3	13	28	S_2(IO/$\overline{M}$)
AD_2	14	27	S_1(DT/$\overline{R}$)
AD_1	15	26	S_0($\overline{DEN}$)
AD_0	16	25	QS_0(ALE)
NMI	17	24	QS_1($\overline{INTA}$)
INTR	18	23	$\overline{TEST}$
CLK	19	22	READY
GND	20	21	RESET

图 4-1　8088 CPU 引线的排列

8088 CPU 引线信号如下：

1. 地址和数据线

① AD_7～AD_0 地址/数据线。

这些低 8 位地址/数据线是多路开关的输出。由于 8088 只有 40 条引线，而它的数据线是 8 条，地址线是 20 条，因此引线的数量不能满足要求，于是在 8088 内部采用一些多路开关，把低 8 位地址线和 8 位数据线分时使用这些引线。通常当 CPU 访问存储器或外设时，先要送出所访问单元或外设端口的地址，然后才是读写所需的数据，地址和数据在时间上是可区分的。只要在外部电路中用一个地址锁存器，把在这些引线上先出现的地址锁存下来就可以了。

② A_{15}～A_8地址线。

这8条地址线是在8088内部锁存的，在访问存储器或外设时输出8位地址。

8086的地址/数据线是AD_{15}～AD_0。

③ A_{19}～A_{16}/S_6～S_3地址/状态线。

这4条地址/状态线用于输出存储器的最高4位地址A_{19}～A_{16}，也分时用于S_6～S_3状态输出。故这些引线也是多路开关的输出，访问存储器时这些线上输出最高4位地址，这4位地址也需锁存器锁存。访问外设时，这4位地址线不用。在存储器的读/写和I/O操作时这些线又用来输出状态信息：S_6始终为低；S_5为标志寄存器的中断允许标志的状态位；S_4和S_3用以指示是哪一个段寄存器正在被使用，其编码和使用的段寄存器如下：00为ES，01为SS，10为CS，11为DS。

2. 控制和状态线

8088的控制和状态线可以分成两种类型，一类是与8088的组态有关的信号线，另一类是与8088的组态无关的信号线。用8088微处理器构成系统时，根据系统所连接的存储器和外设的规模，可以有两种不同的组态。当用8088微处理器构成一个较小的系统时，即所连的存储器容量不大，I/O端口也不多，则系统地址总线可以由A_{19}～A_{16}和AD_7～AD_0通过地址锁存器再输出，A_{15}～A_8可以锁存或驱动，也可以直接输出。数据总线可以直接用AD_7～AD_0，也可以通过总线驱动器增大数据总线的驱动能力。控制总线就直接用8088的控制线。这种组态就称为8088的最小组态。若要构成的系统较大，要求有较强的驱动能力，除了地址线和数据线都要锁存和驱动外，还要通过一个总线控制器来产生各种控制信号。这时8088的组态就是最大组态。8088处于何种组态由引线MN/$\overline{MX}$来规定，若把MN/$\overline{MX}$引线接电源（+5V），则8088处于最小组态；若把它接地，则8088处于最大组态。

（1）最小组态下的控制信号线。

① IO/$\overline{M}$ 输入输出/存储器选择信号。

这条引线用以区分是访问存储器还是访问I/O端口。若此线输出低电平，则为访问存储器；若此线输出高电平，则为访问I/O端口。

② $\overline{WR}$写信号。

此信号是8088在执行存储器或I/O端口的写操作时输出的一个选通信号。

③ $\overline{INTA}$（Interrupt Acknowledge）中断响应信号。

此信号是8088响应中断请求信号引线INTR来的外部中断时输出的中断响应信号，它可以用作中断向量类型码的读选通信号。

④ ALE（Address Latch Enable）地址锁存允许信号。

此信号是8088输出的一个选通脉冲，把在AD_7～AD_0和A_{19}/S_6～A_{16}/S_3上出现的地址锁存到地址锁存器中。

⑤ DT/$\overline{R}$（Data Transmit/Receiver）数据发送/接收信号。

此信号为高电平，则 8088 发送数据；此信号为低电平，则 8088 接收数据。在最小组态的系统中，为了增加数据总线的驱动能力，将 $AD_7 \sim AD_0$ 通过双向驱动器加以驱动，这时就需要用该信号来确定双向驱动器的数据传送方向。

⑥ $\overline{DEN}$（Data Enable）数据允许信号。

在使用双向驱动器以增强数据总线驱动能力的最小组态系统中，该信号用作双向驱动器的输出允许信号。

⑦ SSO（System Status Output）系统状态输出信号。

该信号与 $IO/\overline{M}$、$DT/\overline{R}$ 两信号一起，反映 8088 所执行的操作。8086 的该引出线是 BHE。

⑧ HOLD、HLDA 保持请求和保持响应信号。

这两个信号用于直接存储器存取（DMA）操作。当系统其他总线设备要求占用总线时，就向 8088 发出 HOLD 信号，请求接管 3 总线。8088 收到该信号后，就发出 HLDA 信号，同时使所有的 3 态总线处于高阻或浮空状态。此时由发出 HOLD 信号的总线设备控制总线，系统进行 DMA 传送。当 DMA 传送完后，接管总线的总线设备撤除 HOLD 信号。8088 也撤除 HLDA 信号，退出保持状态，又控制 3 总线，接着执行原来的操作。

（2）最大组态下的控制信号线。

① S_2、S_1、S_0 3 个状态信号。

8088 在最大组态下没有 $\overline{WR}$、$\overline{DEN}$、$IO/\overline{M}$、$DT/\overline{R}$ 等对存储器和 I/O 端口进行读/写操作的直接控制信号输出。这些读写操作信号，由总线控制器 8288 根据 8088 提供的这 3 个状态信号译码后输出。3 个状态信号与 CPU 所执行的操作如表 4-1 所列。

表 4-1　　状态信号与对应的操作

S_2	S_1	S_0	操　作
0	0	0	中断响应
0	0	1	读 I/O 端口
0	1	0	写 I/O 端口
0	1	1	暂停（HALT）
1	0	0	取指
1	0	1	读存储器
1	1	0	写存储器
1	1	1	无操作

② $\overline{RQ}/\overline{GT_0}$、$\overline{RQ}/\overline{RT_1}$（request/grant）请求/允许信号。

这两个信号是最大组态下的 DMA 请求/允许信号。这两个信号是双向的，即向 CPU 的总线请求与 CPU 的总线允许信号均由请求/允许信号线传送。若 $\overline{RQ}/\overline{GT_0}$ 和 $\overline{RQ}/\overline{RT_1}$ 同时有总线请求，则 $\overline{RQ}/\overline{GT_0}$ 的请求首先被允许，即 $\overline{RQ}/\overline{GT_0}$ 的优先权高于 $\overline{RQ}/\overline{RT_1}$。这两条引线的内部有一个上拉电阻，若不用 DMA，可以不用连接它们。

③ $\overline{LOCK}$锁定信号。

该信号由前缀指令“LOCK”使其有效，且在下一条指令完成之前保持有效。当其有效时，别的总线设备不能取得对系统3总线的控制权。该信号被送到总线仲裁电路，使在此信号有效期间的指令执行过程中不发生总线控制权的转让，保证这条指令连续地被执行完。

④ QS_0、QS_1（Queue Status）队列状态信号。

这两个信号用于提供8088指令队列状态。指令队列是一个4字节的空间，它用来存放等待执行指令的代码。

(3) 与组态无关的引线。

① $\overline{RD}$读信号。

该信号是CPU发出的读选通信号。该信号有效，表示正在进行存储器或I/O端口的读操作。IBM PC XT中未使用此信号。

② READY准备就绪信号。

该信号是CPU寻址的存储器或I/O设备送来的响应信号。8088所寻址的存储器或I/O设备若没有准备就绪就将该信号置为低电平，8088就等待，直至它们准备就绪恢复该信号，8088就完成同它们的数据传送。

③ $\overline{TEST}$测试信号。

该信号是由WAIT指令测试的信号。若为低电平，执行WAIT指令后面的指令；若为高电平，CPU就处于空闲等待状态，重复执行WAIT指令。

④ INTR（Interrupt）中断请求信号。

该信号是外设发来的可屏蔽中断请求信号。CPU在每一条指令结束前均要采样该引线，以决定是否中断现行程序的执行，进入中断服务程序。该信号可以用标志寄存器中的中断允许标志位来屏蔽。

⑤ NMI（Non-Mask Interrupt）非屏蔽中断请求信号。

该信号是一个边沿触发信号。这条线上的中断请求信号是不能屏蔽的，只要这条线上有由低到高的变化，就在现行指令结束之后中断现行程序的执行，进入非屏蔽中断服务程序。

⑥ RESET复位信号。

该信号由低变高时，8088立即结束现行操作；当其返回为低时，8088将发生以下情况：标志寄存器置成0000H，其结果为禁止可屏蔽中断和单步中断；DS、SS、ES和IP复位为0000H；CS置成FFFFH，8088将从存储单元FFFF0H开始取指执行。

3. 电源和定时线

① CLK时钟信号。

该信号一般由时钟发生器8284输出，它提供8088的定时操作。8088的标准时钟频率为5MHz。

② V_{CC}电源线。

要求加5V±10%的电压。

③ GND地线。

8086/8088有两条地线，这两条地线都要接地。

4.2.2 8088的CPU系统和CPU总线

从8088 CPU引线可以知道，8088构成系统时需要附加地址锁存器、时钟发生器、数据总线驱动器、总线控制器等电路。因此，在介绍8088的CPU系统之前，将上述电路分别作简要的介绍。

1. 地址锁存器

8088在访问存储器或I/O设备时，首先将存储单元或I/O端口的地址发送到地址线上，随后才将要传送的数据送到数据线上。由于8088的低8位地址和数据共享着AD_7～AD_0这8条引线，所以8088无法在传送数据的同时又发送地址。若不将8088先送出的低8位地址锁存，它必然会丢失，从而造成8088不能对欲访问的存储单元或I/O端口传送数据的后果。A_{19}/S_6～A_{16}/S_3这4条引线也同样存在着状态信号冲掉最高4位地址的情况。因此，用8088组建系统时，必须用地址锁存器。

用于地址锁存器的三态锁存器有8282和74LS373。74LS373的引线排列和功能如图4-2所示。当地址锁存允许信号ALE被送到74LS 373的选通端G上时，74LS373就能锁存送到它的数据输入端上的数据。被锁存的数据并不立即从数据输出端输出，当把一个低电平信号送给输出允许端$\overline{OE}$上时，74LS373就把锁存的数据从数据输出端输出。

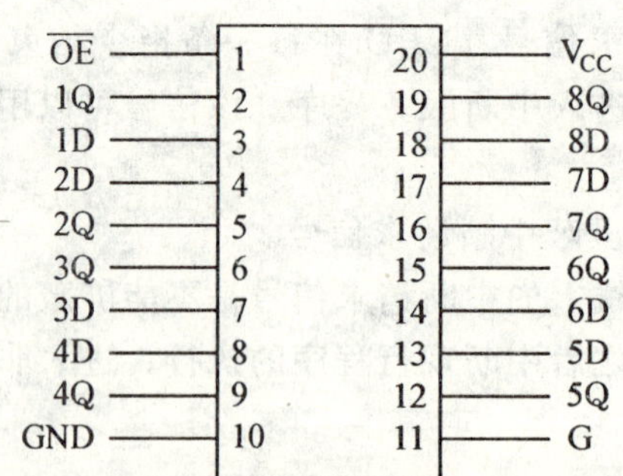

1D~8D	数据输入
1Q~8Q	数据输出
$\overline{OE}$	输出允许
G	选通

图4-2 74LS373的引线排列和功能

2. 双向总线驱动器

8088发送和接收数据的负载能力是有限的。为了增强8088的负载能力，尤其是组建较大系统，如IBM PC XT系统，在8088和系统数据总线间有必要使用双向总线驱动器。

用于双向总线驱动器的芯片有8286和74LS245，74LS245的引线排列和功能如图4-3所示。74LS245有两组数据输入/输出引线，可以交换这两组引线的任务，以使数据按任一方向通过74LS245。74LS245也有两条控制引线：一条是输出允许引线$\overline{G}$，它控制驱动器何时传送数据，当其输入低电平时数据端A和B接通；另一条是传送方向引线DIR，它控制数据按哪个方向传送，当DIR输入高电平时，数据从A传向B；当DIR输入低电平时，数据从B传向A。

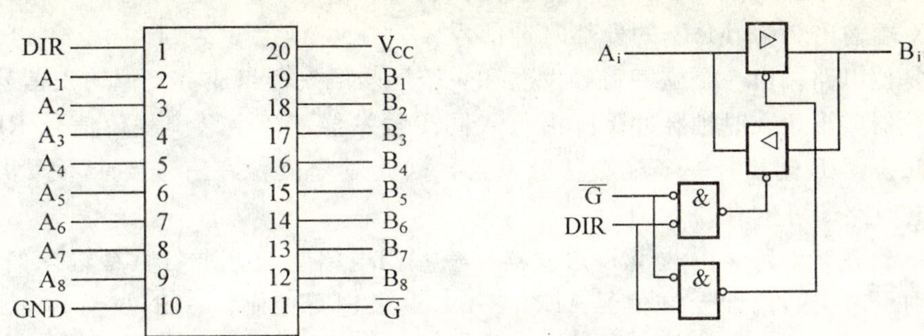

图 4-3 74LS245 的引线排列和功能

3. 时钟发生器 8284A

8088 内部没有时钟发生电路。8284A 就是供 8086 系列使用的单片时钟发生器，它由时钟电路、复位电路、准备就绪电路 3 部分组成，其内部电路的框图如图 4-4 所示。

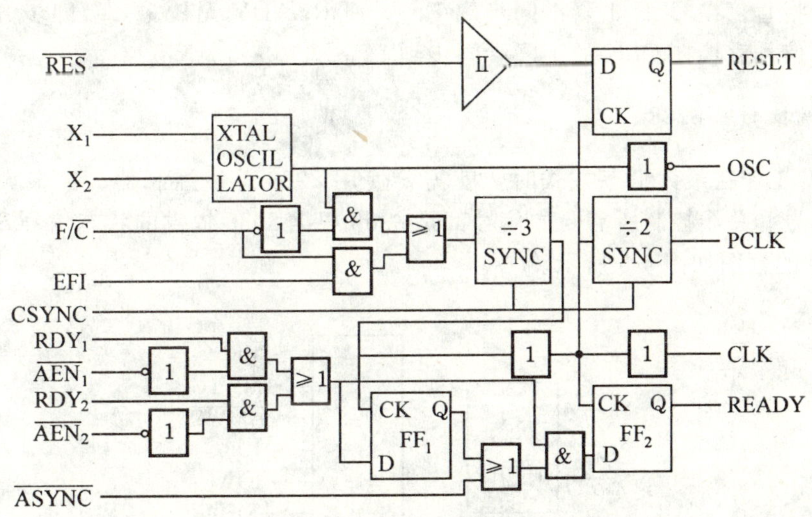

图 4-4 8284A 的框图

(1) 时钟发生电路。8284A 内部有一个晶体振荡器，只需在晶体连接端 X_1、X_2 两端外接石英晶体即可。也可由外振源输入端 EFI 输入一个 TTL 电平的振荡信号为时钟源。由外振源/晶体端 F/$\overline{C}$ 来控制上述的两种选择。振荡信号经 3 分频后由 CLK 输出一个占空比为 1/3 的 MOS 时钟信号。CLK 信号再经二分频为供外部设备使用的外部时钟 PCLK，这是一个占空比为 1/2 的 TTL 电平信号。时钟同步输入端 CSYNC 是为多个 8284A 的时钟同步而设置的。在多个 8284A 同时工作时，如果要求同相位的时钟信号，则把这些 8284A 的 EFI 端接到同一个外振源，并用 CSYNC 信号来控制它们同步工作。当 CSYNC 为高电平时，8284A 的分频计数器复位；CSYNC 为低电平时，计数器才开始工作。使用晶体时，CSYNC 应接地。8284A 还把晶振频率从 OSC 端输出。

PC XT 微机只使用一片 8284A，外接 14.31818 MHz 的晶体（这是 IBM 彩色图形卡上必须使用的频率)，OSC 端输出 14.32 的振荡信号，CLK 端输出 4.77 MHz 的时钟信号，PCLK 端输出 2.38 MHz 的外部时钟信号。

(2) 复位电路。由一个施密特触发器和一个同步触发器组成。复位输入信号$\overline{RES}$经过施密特触发器整形，在时钟脉冲下降沿打入同步触发器，产生系统复位信号 RESET。由于在同步触发器 D 端接有一个施密特触发器，因此对复位输入信号要求不严格，由简单的 RC 放电回路即可生成。

(3) 准备就绪电路。由两个 D 触发器和一些门电路组成。准备就绪输入信号 RDY1、RDY2 分别由对应的地址允许信号$\overline{AEN_1}$、$\overline{AEN_2}$来进行控制。$\overline{AEN}$虽然称为地址允许，但是它在 8284A 的内部是经反相后和 RDY 一起作为与门的输入端，因此，$\overline{AEN}$和 RDY 都是准备就绪信号输入端，只不过一个是低有效，一个是高有效。两组输入可仅使用一组，不用组的 RDY 接地，$\overline{AEN}$接 V_{CC}。当准备就绪输入信号已和时钟同步时，可只使用一级同步方式，$\overline{ASYNC}$接高电平；否则应选用二级同步方式，$\overline{ASYNC}$接低电平。二级同步方式是在准备就绪输入信号有效后，首先在 CLK 的上升沿同步到触发器 1 (FF_1)，然后在 CLK 下降沿同步到 FF_2，使准备就绪信号 READY 有效（高电平）。准备就绪输入信号无效时，将直接在 CLK 下降沿同步到 FF_2，使 READY 无效。一级同步方式则是将准备就绪输入信号直接在 CLK 的下降沿同步到 FF_2。

4. 总线控制器 8288

当 8088 工作在最大组态方式时，就需要使用 8288 总线控制器。在最大组态的系统中，命令信号和总线控制所需要的信号都是 8288 根据 8088 提供的状态信号 S_0、S_1、S_2输出的。8288 的框图如图 4-5 所示。

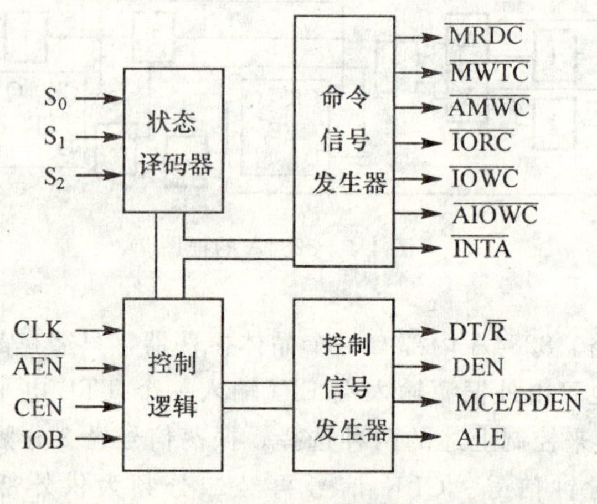

图 4-5　8288 的框图

(1) 状态译码和控制逻辑。

8288 总线控制器对 8088 的状态信号 S_0、S_1、S_2进行译码产生内部所需要的信号，命令信号发生器和控制信号发生器再利用这些信号产生命令信号和总线控制信号。

8288 有系统总线方式和 I/O 总线方式两种工作方式，由 IOB 引线进行选择，IOB 接地时，8288工作于系统总线方式；IOB接高电平时，8288工作于I/O总线方式。只把8288用于控制I/O设备时，才工作于I/O总线方式；通常情况下工作于系统总线方式，用作对存储器和I/O设备两方面的控制。8288的工作和输出信号受地址允许信号$\overline{AEN}$和命令控制信号CEN的控制。只有在输入的$\overline{AEN}$信号有效（低电平）并延迟115ns后，8288才能输出命令信号和总线控制信号。当$\overline{AEN}$输入为无效时，8288的命令输出立即进入高阻态。当$\overline{AEN}$有效时，CEN也有效（高电平）8288处于正常工作状态；而CEN无效时，迫使8288的所有命令输出和$\overline{AEN}$控制信号输出处于无效电平。IOB和CEN是供多处理机系统使用的，在单处理机系统中IOB和$\overline{AEN}$一般接地，CEN接高电平。

时钟输入信号CLK从时钟发生器8284A来，与8088CPU的时钟频率相同，作为8288的基本时钟。

（2）命令信号。

8288要根据8088的S_0、S_1、S_2向存储器或I/O设备输出各种命令，进行读或写操作。这些命令都是低电平有效，它们是：

① $\overline{MRDC}$：存储器读命令。此命令通知被选中的存储单元，把数据发送到数据总线上。

② $\overline{MWTC}$：存储器写命令。此命令把在数据总线上的数据，写入被选中的存储单元。

③ $\overline{IORC}$：I/O读命令。此命令通知被选中的I/O端口，把数据发送到数据总线上。

④ $\overline{IOWC}$：I/O写命令。此命令把在数据总线上的数据，写入被选中的I/O端口。

⑤ $\overline{AMWC}$：存储器超前写命令。此命令同$\overline{MWTC}$，超前$\overline{MWTC}$ 1个时钟脉冲。

⑥ $\overline{AIOWC}$：I/O超前写命令。此命令同$\overline{IOWC}$，超前$\overline{IOWC}$ 1个时钟脉冲。

⑦ $\overline{INTA}$：中断响应命令。

（3）总线控制信号。

8288输出的总线控制信号有地址锁存允许信号ALE、数据允许信号$\overline{DEN}$、数据发送接收信号DT/$\overline{R}$和设备级联允许/外部数据允许信号MCE/$\overline{PDEN}$。

在使用8288的CPU系统中，由8288发出的ALE、$\overline{DEN}$和DT/$\overline{R}$信号分别代替8088的这3个信号。MCE/$\overline{PDEN}$是双义的输出信号：当8288工作在系统总线方式时，它是MCE，用于控制级联的中断控制器8259；当8288工作在I/O总线方式时，它是$\overline{PDEN}$，用于多总线结构中。在IBM PC XT中8288工作在系统总线方式，但是又只有一片8259，即没有8259的级联，因此该信号未使用。

5. 最小组态下的8088 CPU系统

典型的最小组态下的8088 CPU系统如图4-6所示。

8088的地址线A_{19}～A_{16}，A_7～A_0为分时复用线，故必须把这12位地址用地址锁存器74LS373或8282锁存起来。A_{15}～A_8这8位地址不用锁存，也可以锁存。

数据线可以用双向驱动器，也可以不用，视系统所连部件的多少而定。若使用双向驱动器74LS245则74LS245的A_8～A_1与AD_7～AD_0相连，B_8～B_1用于CPU总线的数据线。$\overline{OE}$与8088的$\overline{DEN}$相连，传送方向DIR与8088的DT/$\overline{R}$相连。这样，当8088输出数据时，数据从A至B；而输入时，数据从B至A。8088的控制线不需经驱动可以直接用作系统控制总线。IO/$\overline{M}$和$\overline{RD}$、$\overline{WR}$ 3个信号需经过如图4-7所示的组合才能得到存储器读信号$\overline{MEMR}$，存储器写信号$\overline{MEMW}$、I/O读信号$\overline{IOR}$和I/O写信号$\overline{IOW}$。

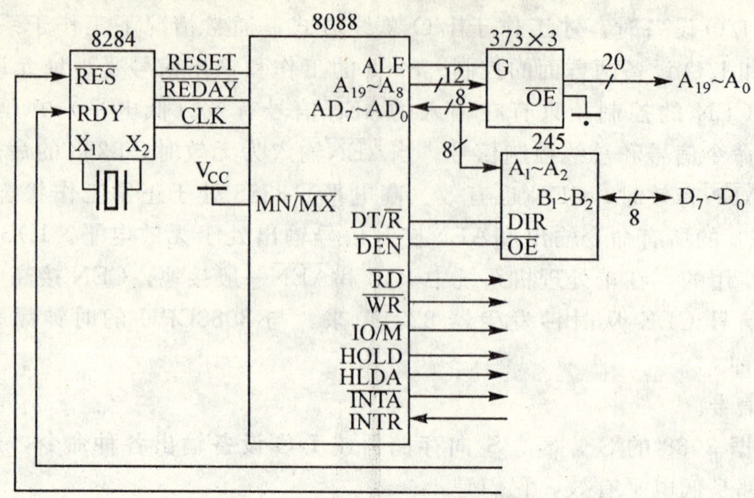

图 4-6 最小组态下的 8088 CPU 系统

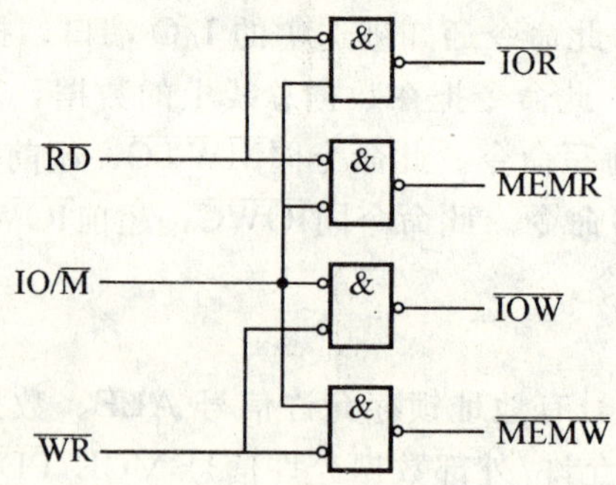

图 4-7 IO/$\overline{M}$ 和$\overline{IOR}$、$\overline{IOW}$的逻辑组合

6. 最大组态下的 8088 CPU 系统

IBM PC XT 机的 8088 工作在最大组态下，它的 CPU 系统除去协处理器 8087 后就是典型的最大组态下的 8088 CPU 系统（本书不讨论 8087，以后均为除去 8087 的 CPU 系统）。PC XT 的 CPU 系统如图 4-8 所示。它所使用的外围电路有：地址锁存器 74LS373、数据总线驱动器 74LS245、总线控制器 8288、时钟发生器 8284A 和中断控制器 8259（8259 见第 7 章）。

8288 的 IOB 引线接地，8288 工作在系统总线方式。8288 的$\overline{AEN}$接至系统总线仲裁逻辑的 AEN BRD，CEN 接至系统总线仲裁逻辑的$\overline{AEN}$（AEN BRD 的反相信号），74LS373 的$\overline{OE}$也接至$\overline{AEN}$。当总线设备进行 DMA 操作时，总线仲裁逻辑将 AEN BRD 置为高电平，于是 74LS373 的$\overline{OE}$和 8288 的$\overline{AEN}$、CEN 均无效。无效的$\overline{OE}$信号使地址锁存器的输出为高阻浮空态，无效的$\overline{AEN}$和 CEN 使 8288 的所有命令输出均为高阻浮空态，从而使数据总线驱动器 74LS245 的输入与输出，即 A 与 B 间不通。这样使得 8088 和系统总线脱开，由执行 DMA 操作的总线设备享用系统总线。通常情况下，总线仲裁逻辑使 AEN BRD 为低电平，由 8088 CPU 系统控制总线，8088 及其总线控制逻辑正常工作。

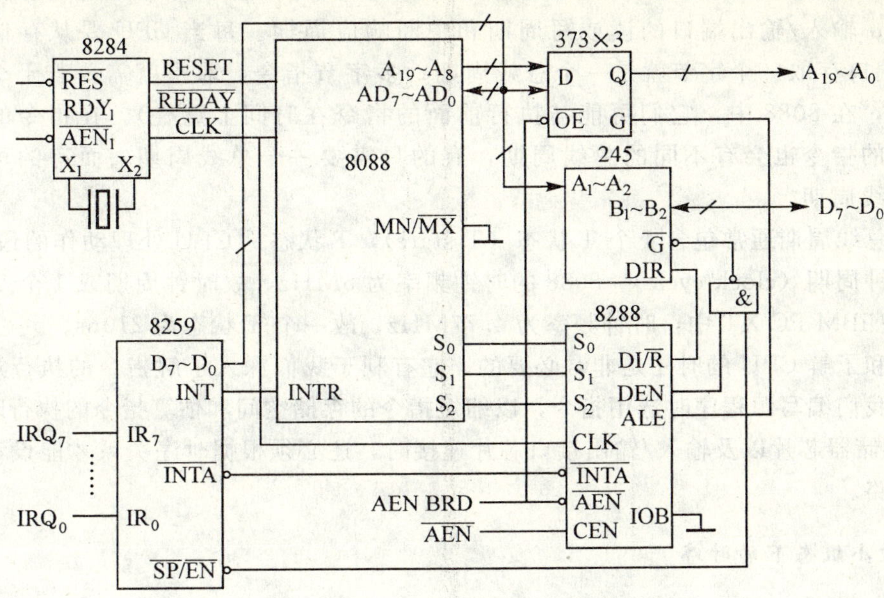

图 4-8 最大组态下的 8088 CPU 系统

中断控制器 8259 用来管理系统的中断。外部的硬件中断通过 8259 的 INT 引线向 8088 申请中断。仅当 8088 响应中断时，有效的 8259 $\overline{SP}/\overline{EN}$信号使 8088 的数据总线与系统的数据总线脱开，8259 把中断向量类型码送到 8088 的数据总线上供 8088 读取。

4.2.3 8088 的时序

1. 指令周期、总线周期和 T 状态

我们知道，计算机是在程序的控制下工作的。我们先把程序放到存储器的某个区域，再命令机器运行，CPU 就发出读指令的命令，从指定的地址（由 CS 和 IP 给定）读出指令，它被送到指令寄存器中，再经过指令译码器分析指令，发出一系列控制信号，以执行指令规定的全部操作，控制各种信息在机器（或系统）各部件之间传送。简单地说，每条指令的执行由取指令（fetch）、译码（decode）和执行（execute）构成。对于 8088 CPU 来说，每条指令的执行有取指、译码、执行这样的阶段，但由于 CPU 内有总线接口部分 BIU 和执行部分 EU，所以在执行一条指令的同时（在 EU 中操作），BIU 就可以取下一条指令，它们在时间上是重叠的。上述的这些操作都是在时钟脉冲 CLK 的统一控制下一步一步进行的。它们都需要一定的时间（当然有些操作在时间上是重叠的）。

执行一条指令所需要的时间称为指令周期（instruction cycle）。但是，8088 中不同指令的指令周期是不等长的，因为，首先指令就是不等长的，最短的指令只需要 1 个字节，大部分指令是 2 个字节，最长的指令可能要 6 个字节。指令的最短执行时间是两个时钟周期，一般的加、减、比较、逻辑操作是几十个时钟周期，最长的为 16 位数乘除法指令约要 200 个时钟周期。

我们把指令周期划分为一个个总线周期（bus cycle）。基本的总线周期有存储器读或写周期、输入/输出端口的读或写周期和中断响应周期。每当 CPU 要从存储器或输入/输出端口存取一个字节就是一个总线周期；多字节指令，取指就需要若干个总线周期（当然，在 8088 中，它们可能与执行前面的指令在时间上重叠）。在指令的执行阶段，不同的指令也会有不同的总线周期，有的只需要一个总线周期，而有的可能需要若干个总线周期。

每个总线周期通常包含 4 个 T 状态（T state），T 状态是 CPU 处理动作的最小单位，它就是时钟周期（clock cycle）。8088 的时钟频率为 5MHz，故时钟周期或 1 个 T 状态为 200ns。在 IBM PC XT 中，时钟频率为 4.77MHz，故一个 T 状态为 210ns。

学习和了解 CPU 的时序是非常必要的。它有利于我们深入了解指令的执行过程，从而有助于我们编写源程序时选用指令，以缩短指令的存储空间和估算指令的执行时间。当 CPU 与存储器芯片以及输入/输出接口芯片连接时，还必须根据时序关系才能设计出正确的连接电路。

2. 最小组态下的时序

(1) 存储器读周期。

存储器读周期由 4 个 T 状态组成，如图 4-9 所示。

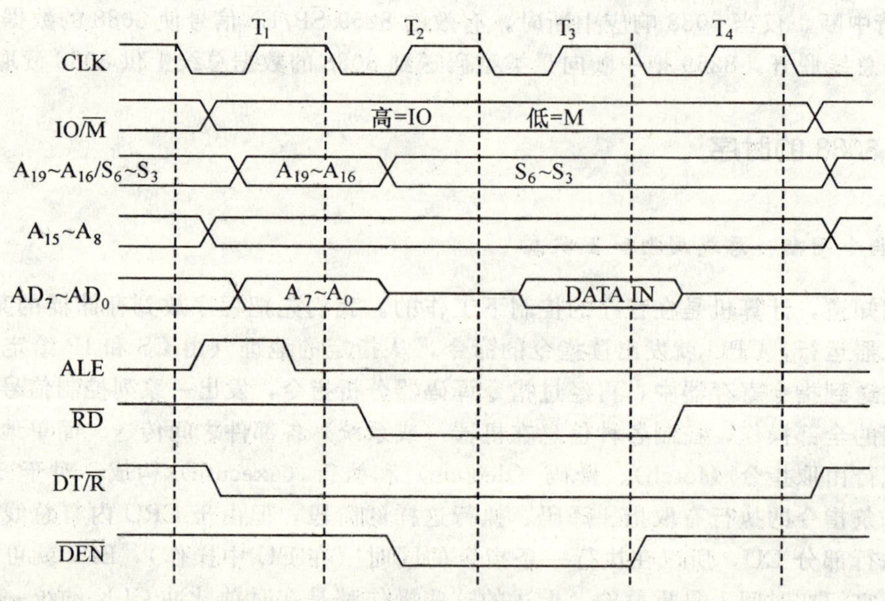

图 4-9　存储器读周期和输入周期时序

要从存储器的指定区域读出数据，首先需要由 $IO/\overline{M}$ 信号来确定是与存储器通信还是与外设通信。这个信号在 T1 状态开始后就变为有效，若与存储器通信则它为低，而若与外设通信则它为高。

其次，要从指定单元读数据，则必须给出此单元的地址。8088 有 20 条地址线 A_{19}～

A_0，但由于封装引线的限制，这些引线的用途不是单一的，而是由多路开关，按时间的先后，分成不同的用途。但从 T_1 状态开始，在这些线上出现的信号都是地址，地址信号由地址锁存允许信号 ALE 在 T_1 状态锁存到地址锁存器中。在 T_2 状态 A_{19}～A_{16} 线上的信号变为状态信号 S_6～S_3。而在 T_2 状态 A_7～A_0 变为三态，为以后读入数据作好准备。

再次，要读入数据就必须给出读命令，因此 $\overline{RD}$ 信号从 T_2 状态起变为有效（此时 $\overline{WR}$ 信号为无效），用以控制数据传送的方向。于是所访问的存储器，已由地址信号经过译码，找到了指定的单元，由 $\overline{RD}$ 信号把指定单元的内容读出在引线 AD_7～AD_0 上。若在系统中应用数据发送接收芯片 8286 或 74LS245，则必须有控制信号 DT/$\overline{R}$ 和 $\overline{DEN}$。由于是读，故 DT/$\overline{R}$ 应为低电平 $\overline{DEN}$ 信号也在 T_2 状态有效，它作为 8286 或 74LS245 的选通信号。CPU 在 T_3 状态的下降沿采样数据线，获取数据。

(2) 存储器写周期。

存储器写周期也由 4 个 T 状态组成，如图 4-10 所示。

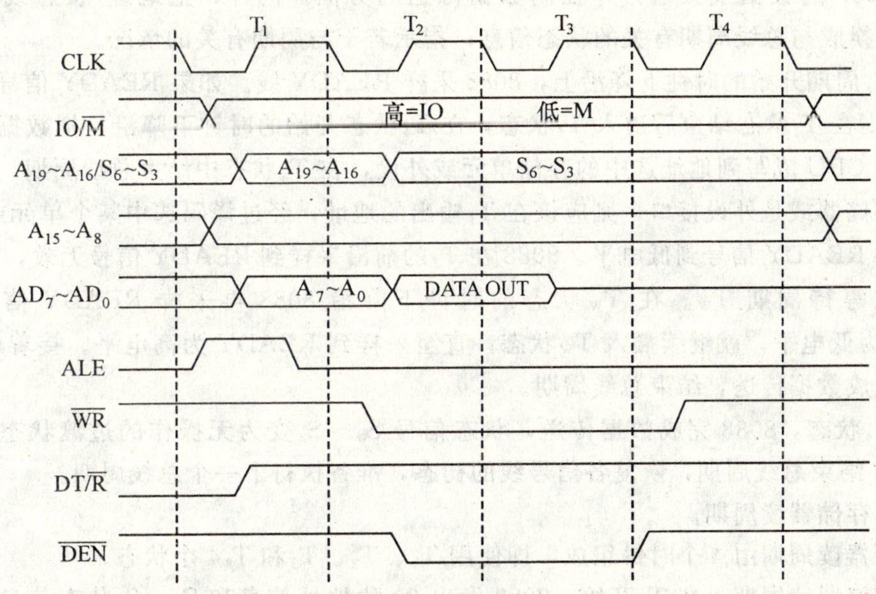

图 4-10 存储器写周期和输出周期的时序

它与存储器读周期类似，首先也要有 IO/$\overline{M}$ 信号来表示进行存储器操作。其次也要有写入单元的地址，以及 ALE 信号。不同的是要写入存储器的数据，在 T_2 的状态，也即当 12 位地址线 A_{19}～A_{16}，A_7～A_0 已由 ALE 锁存后，CPU 就把要写入的 8 位数据放至 AD_7～AD_0 上。要写入，当然要由信号 $\overline{WR}$ 来代替 $\overline{RD}$ 信号，它也在 T_2 状态有效。因为要实现写入，故 DT/$\overline{R}$ 信号应为高电平。

8088 在 T_4 状态后就使控制信号变为无效，所以实际上 8088 是认为在 T_4 状态对存储器的写入过程已经完成。若有的存储器和外设来不及在指定的时间内完成写的操作，这时候也可以利用 READY 信号，使 CPU 插入 T_W 状态，以保证时间配合。具有 T_W 的写入时序与读时序类似，不再赘述。

（3）输入/输出周期。

8088 从外设输入数据或把数据输出给外设的时序，与存储器读周期或写周期的时序几乎完全相同，只是 $IO/\overline{M}$ 信号为高，见图 4-9 或图 4-10，所以就不再赘述。

3. 最大组态下的时序

在最大组态下 8088 的基本总线周期仍是由 4 个 T 状态组成。在 T_1 状态时，8088 发出 20 位地址信号，同时送出状态信号 S_0、S_1、S_2 给总线控制器。总线控制器对 S_0～S_2 进行译码，产生相应的命令控制信号。首先在 T_1 期间送出地址锁存允许信号 ALE，将 CPU 输出的地址信息锁存至地址锁存器中，再输出到系统地址总线上。

在 T_2 状态，8088 开始执行数据传送操作。此时，8088 内部的多路转换开关进行切换，将地址/数据线 AD_0～AD_7 上的地址撤销，切换成数据线，为读写数据做准备。发出数据允许信号 $\overline{DEN}$ 和数据发送/接收控制信号 $DT/\overline{R}$，允许数据收发器工作，使系统数据总线与 8088 的数据线接通，并控制数据传送的方向。同样，把地址/状态线 A_{16}/S_3～A_{19}/S_6 切换成与总线周期有关的状态信息，指示若干与周期有关的情况。

在 T_3 周期开始的时钟下降沿上，8088 采样 READY 线。如果 READY 信号有效（高电平），则在 T_3 状态结束后进入 T_4 状态，在 T_4 状态开始的时钟下降沿，把数据总线上的数据读入 CPU 或写到地址选中的存储单元或外设，在 T_4 状态中结束总线周期。如果访问的慢速存储器或是外设接口，则应该在 T_1 输出的地址，经过译码选中某个单元或设备后，立即驱动 READY 信号到低电平。8088 在 T_3 的前沿采样到 READY 信号无效，就在 T_3 状态后插入等待周期 T_W。在 T_W 状态的时钟下降沿 8088 再采样 READY 信号，只要 READY 为低电平，就继续插入 T_W 状态，直至采样到 READY 为高电平。接着就进入 T_4 状态，完成数据传送，结束总线周期。

在 T_4 状态，8088 完成数据传送，状态信号 S_0～S_2 变为无操作的过渡状态。在此期间，8088 结束总线周期，恢复各信号线的初态，准备执行下一个总线周期。

（1）存储器读周期。

存储器读周期由 4 个时钟组成，即使用 T_1、T_2、T_3 和 T_4 4 个状态。

对存储器读周期，在 T_1 开始，8088 发出 20 位地址信息和 S_0～S_2 状态信息。总线控制器 8288 对 S_0～S_2 进行译码，发出 ALE 信号将地址锁存；同时判断为读操作，$DT/\overline{R}$ 信号输出为低电平。在 T_2 期间，8088 将 AD_0～AD_7 切换为数据线，8288 发出读存储器命令 $\overline{MRDC}$，此命令使地址选中的存储单元把数据送上数据总线；然后信号 $\overline{DEN}$ 有效，接通数据收发器，允许数据输入到 8088。在 T_3 开始时，8088 采样 RAEDY 线。由于在 IBM PC XT 中所用的存储器不需要插入等待状态，故 READY 为高电平。在 T_3 结束 T_4 开始时，8088 读取数据总线上的数据，到此读操作结束。在 T_4 之前的时钟周期的时钟信号的上升沿，8088 就发出过渡的状态信息（S_0～S_2 为 111），使各信号在 T_4 期间恢复初态，准备执行下一个总线周期。存储器读周期的时序如图 4-11 所示。

（2）存储器写周期。

存储器写周期由 4 个时钟组成，即使用 T_1、T_2、T_3 和 T_4 4 个状态。

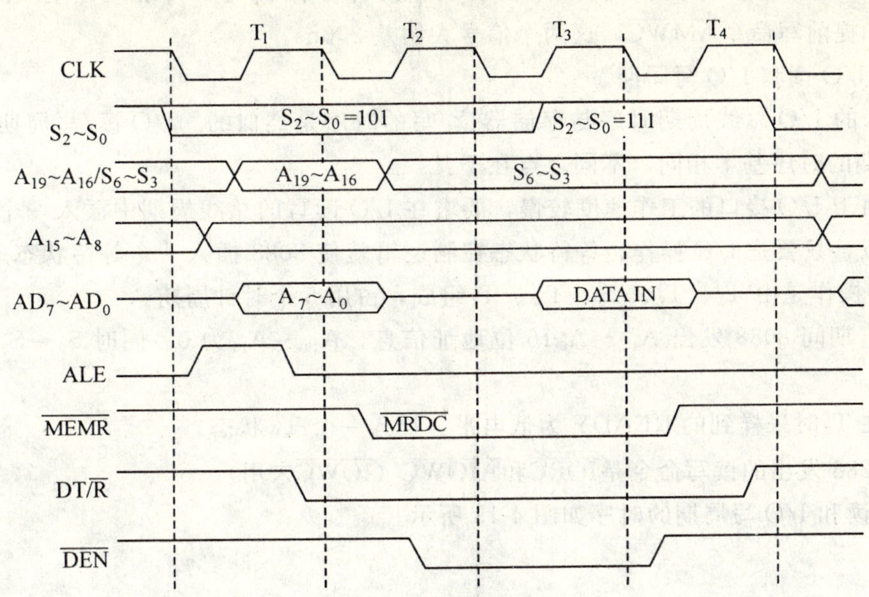

图 4-11 在最大组态时存储器读周期时序

存储器写周期的大部分过程与存储器读周期类似，但执行的是写操作。T_1期间 8088 发出 20 位地址信息和 $S_0 \sim S_2$，8288 判断为写操作，则 $DT/\overline{R}$ 信号变为高电平。从 T_2开始，8288 输出写命令$\overline{AMWC}$，命令存储器把数据写入选中的地址单元；同时$\overline{DEN}$信号有效，使 8088 输出的数据马上经数据收发器送到数据总线上。从 T_3开始，采样到 READY 为高电平，接着进入 T_4状态，结束存储器写周期。存储器写周期的时序如图 4-12 所示。

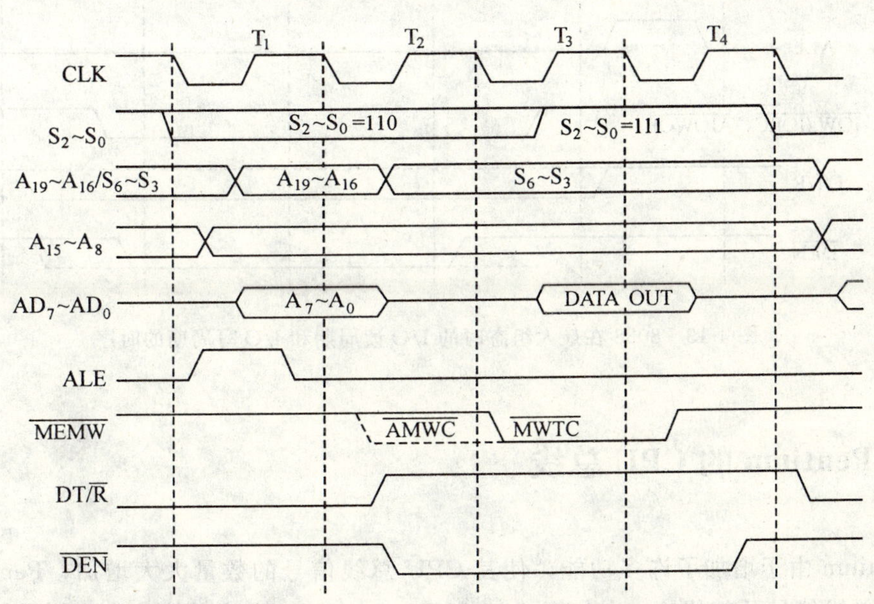

图 4-12 8088 在最大组态时存储器写周期时序

由图中可看到在存储器写周期，8288 有两种存储器写命令信号：存储器写命令 $\overline{MWTC}$和提前写命令$\overline{AMWC}$，这两个信号大约差 200ns。

(3) I/O 读和 I/O 写周期。

8088 的 I/O 总线周期时序与存储器读/写的时序是类似的。I/O 读/写周期和存储器读/写周期的时序基本相同，不同之点在于：

① 由于 I/O 接口的工作速度较慢，要求在 I/O 读写的总线周期中插入一个等待状态 T_W，所以，只要是 I/O 操作，等待状态控制逻辑就使 8088 插入一个等待状态 T_W，即基本的 I/O 操作是由 T_1、T_2、T_3、T_W、T_4组成，占用 5 个时钟周期。

② T_1期间 8088 发出 A_{15}～A_0 16 位地址信息，A_{19}～A_{16}为 0。同时 S_0～S_2的编码为 I/O操作。

③ 在 T_3时采样到的 READY 为低电平，插入一个 T_W状态。

④ 8288 发出的读写命令是$\overline{IORC}$和$\overline{AIOWC}$ ($\overline{IOWC}$未用)。

I/O 读和 I/O 写周期的时序如图 4-13 所示。

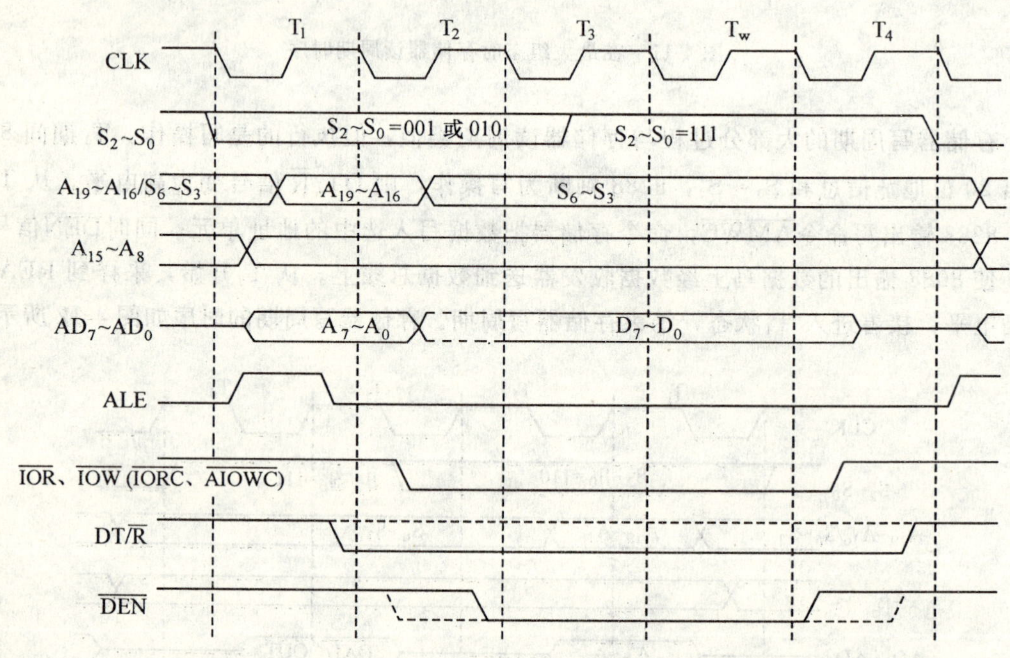

图 4-13 8088 在最大组态时的 I/O 读周期和 I/O 写周期的时序

4.3 Pentium 的 CPU 总线

Pentium 由于增加了许多功能，使其 CPU 总线信号的数量大大增加，Pentium 的主要 CPU 总线信号及其传输方向如图 4-14 所示。Pentium CPU 总线的主要信号如下：

图 4-14 Pentium 的主要 CPU 总线信号

4.3.1 地址线及控制信号

(1) $A_{31} \sim A_3$地址线。由于 Pentium 有片内 Cache，所以，地址线是双向的，既能对外选择存储器和 I/O 端口，也能对内选择片内的 Cache。32 位地址线中，低 3 位地址 $A_2 \sim A_0$组合成字节允许信号$\overline{BE_7} \sim \overline{BE_0}$，所以，$A_2 \sim A_0$不对外。

(2) AP 地址的偶校验码输出线。当 $A_{31} \sim A_3$ 输出地址时，AP 输出地址的偶校验码，供存储器对地址进行校验。

(3) ADS 地址状态信号。

(4) $\overline{A20M}$ A 以上的地址线屏蔽信号。$\overline{A20M}$信号是与 ISA 总线兼容的计算机系统中必须有的信号，该信号有效时，将屏蔽 A20 以上的地址，以便在访问 Cache 和存储器时可仿真 1MB 存储空间。

(5) $\overline{APCHK}$地址校验出错信号。在读取 Cache 时，Pentium 会对地址进行偶校验，如校验有错，则地址校验信号$\overline{APCHK}$输出低电平。

4.3.2 数据线及控制信号

(1) D_{63}～D_0数据线。

(2) $\overline{BE_7}$～$\overline{BE_0}$ 字节允许信号。$\overline{BE_7}$～$\overline{BE_0}$ 分别是 8 个字节（64 位数据）的允许信号。

(3) DP_7～DP_0奇偶校验信号。在对存储器进行读操作或写操作时，每个字节产生 1 个校验位，通过 DP_7～DP_0输出。

(4) $\overline{RCHK}$读校验出错。在对存储器进行读操作出错时，该信号有效，以告示外部电路读校验出错。

(5) $\overline{PEN}$奇偶校验允许信号。若该信号输入为低电平，则在读校验出错时处理器会自动作异常处理。

4.3.3 总线周期控制信号

(1) D/$\overline{C}$ 数据/控制信号，为高电平表示当前总线周期传输的是数据，为低电平则表示当前总线周期传输的是指令。

(2) M/$\overline{IO}$存储器输入/输出访问信号，为高电平时访问存储器，为低电平时则访问 I/O端口。

(3) W/$\overline{R}$ 读/写信号，为高电平时表示当前总线周期进行写操作，为低电平时则是读操作。

(4) $\overline{LOCK}$总线封锁信号，为低电平时将锁定总线。$\overline{LOCK}$信号由 LOCK 指令前缀设置，总线被锁定时，其他总线主设备不能获得总线控制权，从而确保 CPU 完成当前的操作。

(5) $\overline{BRDY}$突发就绪信号，有效表示结束一个突发总线传输周期，此时外设处于准备好状态。

(6) $\overline{NA}$下一个地址有效信号为低电平时，CPU 会在当前总线周期完成之前就将下一个地址送到总线上，从而开始下一个总线周期。

(7) SCYC 分割周期信号，有效表示当前地址指针未对准字、双字或四字的起始字节，因此，要采用 2 个总线周期完成数据传输，即对周期进行分割。

4.3.4 Cache 控制信号

(1) $\overline{CACHE}$ Cache 控制信号。在读操作时，此信号有效表示主存中读取的数据正在送入 Cache；写操作时，此信号有效表示 Cache 中修改过的数据正写回到主存。

(2) $\overline{EADS}$外部地址有效信号。此信号有效时外部地址有效，此时可访问片内 Cache。

(3) $\overline{KEN}$ Cache 允许信号。此信号确定当前存储器读周期传输的数据是否送到

Cache。如此信号有效，就会在存储器读周期中将数据复制到 Cache。

(4) $\overline{\text{ELUSH}}$ Cache 擦除信号。此信号有效时，CPU 强制对片内 Cache 中修改过的数据回写到主存，然后擦除 Cache。

(5) AHOLD 地址保持请求信号。该信号有效，Pentium 使地址处于高阻状态即无效状态，为 DMA 传输从地址线输入地址访问 Cache 作准备。

(6) PCD 和 PWT 片外 Cache 控制信号。PCD 为高电平时，当前访问的页面已在片内 Cache 中，所以，不必访问片外 Cache。PWT 信号有效时，对片外 Cache 按通写方式操作，否则按回写方式操作。

(7) WB/$\overline{\text{WT}}$片内 Cache 回写/通写选择信号。此信号为 1，则为回写方式，为 0 则为通写方式。

(8) $\overline{\text{HIT}}$和$\overline{\text{HITM}}$ Cache 命中信号和命中 Cache 的状态信号。$\overline{\text{HIT}}$为低电平时，表示 Cache 被命中。$\overline{\text{HITM}}$为低电平时，表示命中的 Cache 被修改过。

(9) INV 无效请求信号。此信号为高电平时，不能访问 Cache。

4.3.5 系统控制信号

(1) INTR 可屏蔽中断请求信号。

(2) NMI 非屏蔽中断请求信号。

(3) RESET 系统复位信号。

(4) INIT 初始化信号。

INIT 信号和 RESET 信号类似，都用于对 CPU 处理器作初始化。但两者有区别，RESET 有效时，会使处理器在 2 个时钟周期内复位，而 INIT 有效时，处理器先将此信号锁存，直到当前指令结束时才执行复位操作。另外，用 INIT 信号复位时，只对基本寄存器进行初始化，而 Cache 和浮点寄存器中的内容不变。但不管是用 RESET 信号还是用 INIT 信号，系统复位以后，程序均从 FFFFFFFOH 处重新开始运行。

(5) CLK 系统时钟信号。

4.3.6 总线仲裁信号

(1) HOLD 总线请求信号。此信号是其他总线主设备请求 CPU 让出总线控制权的信号。

(2) HLDA 总线请求响应信号。此信号是对 HOLD 的应答信号，表示 CPU 已让出总线控制权。

(3) BREQ 总线周期请求信号。此信号是 CPU 向总线上其他拥有总线控制权的主设备提出的总线请求信号。此信号有效表示 CPU 当前已提出一个总线请求，并正在占用总线。

(4) $\overline{\text{BOFF}}$强制让出总线信号。此信号有效是要强制 CPU 让出总线控制权，CPU 接到此信号就立即放弃总线控制权，外部总线主设备用该信号可快速获得总线控制权。

4.3.7 检测与处理信号

(1) $\overline{\text{BUSCHK}}$转入异常处理的信号。当前总线周期未正常结束时$\overline{\text{BUSCHK}}$信号有效，CPU 检测到此信号为低电平，便结束当前错误总线周期转入异常处理。

(2) $\overline{\text{FERR}}$浮点运算出错的信号。

(3) $\overline{\text{IGNNE}}$忽略浮点运算错误的信号。低电平有效，此时 CPU 会忽略浮点运算错误。

(4) $\overline{\text{FRCMC}}$和$\overline{\text{IERR}}$功能冗余校验信号和冗余校验出错信号。$\overline{\text{IERR}}$与$\overline{\text{FRCMC}}$配合使用。$\overline{\text{FRCMC}}$信号有效，CPU 就进入冗余校验状态，如校验出错，则$\overline{\text{IERR}}$输出低电平。

4.3.8 系统管理模式信号

(1) $\overline{\text{SMI}}$系统管理模式中断请求信号。$\overline{\text{SMI}}$是进入系统管理模式的中断请求信号，用来进入系统管理模式。要退出系统管理模式时，可用 RSM 指令。

(2) $\overline{\text{SMIACT}}$系统管理模式信号。该信号是对$\overline{\text{SMI}}$信号的响应信号。$\overline{\text{SMIACT}}$有效，表示系统管理模式中断请求成功，当前已处于系统管理模式。

4.3.9 测试信号

(1) TCK 测试时钟输入。

(2) TDI 测试数据输入。

(3) TDO 测试数据输出。

(4) TMS 测试方式选择。

(5) $\overline{\text{TRST}}$测试复位。

4.3.10 跟踪和检测信号

(1) BP_3～BP_0和 PM_1～PM_0调试寄存器 DR_3～DR_0中的断点匹配信号和性能监测信号。PM_1、PM_0和 BP_1、BP_0是复用的，由调试寄存器 DR_7中的 GE 和 LE 两位确定，如 GE 和 LE 都为 1，则为 BP_1和 BP_0，否则为 PM_1和 PM_0。

(2) BT_3～BT_0分支地址输出信号。

(3) IU U 流水线完成指令的执行过程信号。

(4) IV V 流水线完成指令的执行过程信号。

(5) IBT 指令发生分支信号。

IU、IV、IBT 都是输出信号，可通过对其电平的检测来跟踪指令的执行。

(6) R/$\overline{\text{S}}$检测请求信号。

(7) PRDY 检测请求响应信号。

4.4 ISA (industry standard architecture) 局部总线

4.4.1 ISA局部总线概述

Pentium 微机采用 PCI 总线。早期的 Pentium 微机的总线扩展槽包括 PCI 插槽和 ISA 插槽。在现今的 Pentium 微机的主板上已经没有 ISA 插槽了。但是，通过 PCI 总线扩展卡及转换逻辑可将 PCI 总线信号转换为仿真 ISA 总线接口，可以基于该接口来学习常用接口芯片的接口方法。

ISA 总线是在原 PC XT 总线的基础上经过扩充修改而成，原 PC XT 总线的信号线均不改变，只不过是在原 62 线的基础上再增加 36 根信号线，以适应 80x86 系统的要求。ISA 总线的信号线共 98 根，其扩展插座的引脚也从 PC XT 的 62 个增加到 98 个。扩展插座分为两部分，前一部分为 62 脚（AB 槽）与 PC XT 总线插座完全相同，惟一的区别是 B_4 引脚的信号不同；PC XT 总线插座的信号是 IRQ_2，ISA 总线插座的信号是 IRQ_9；后一部分为 36 脚（CD 槽），全部是新增加的引脚。这 98 个引脚分为 $A_1 \sim A_{31}$，$C_1 \sim C_{18}$ 和 $B_1 \sim B_{31}$，$D_1 \sim D_{18}$。ISA 总线的信号线与其扩展插座引脚对应关系如图 4-15 所示。

4.4.2 ISA总线信号

ISA 总线的主要信号如下：

1. 地址总线

$A_{19} \sim A_0$ 这 20 条地址线可以最大寻址 1M 字节的存储器空间。在存储器寻址时，可以使用全部 20 条线，在存储器读和存储器写周期，这些线变为有效，指示存储器的地址；在端口访问时，只有 A_0 至 A_{15} 低 16 位有效，访问的端口数限制在 64 KB 以内，这是 CPU 的限制，但 PC 的设计中，仅使用了 A_0 至 A_9 10 条地址线来寻址端口。因此，PC 机总共可以访问的端口号仅有 0 至 3FFH，总共 1024 个。

2. 数据总线

$D_7 \sim D_0$ 8 条数据线用于微处理器、存储器和 I/O 端口之间传送数据。在读写周期中，数据总线有效，将数据从源地址传送到目标地址。在存储器读周期，从存储器中读出数据送入 D_0 至 D_7 数据总线，微处理器再从总线将数据读入；在存储器写周期，微处理器将数据送入数据总线，并将数据总线上的数据写入选中的存储器单元。在 I/O 端口的读写操作时，同样利用数据总线 D_0 至 D_7 在端口与处理器之间传送数据。

3. 控制总线

(1) $\overline{IOR}$ 输入/输出读信号。该信号是低电平有效的输出信号，由 8288 总线控制器输出。

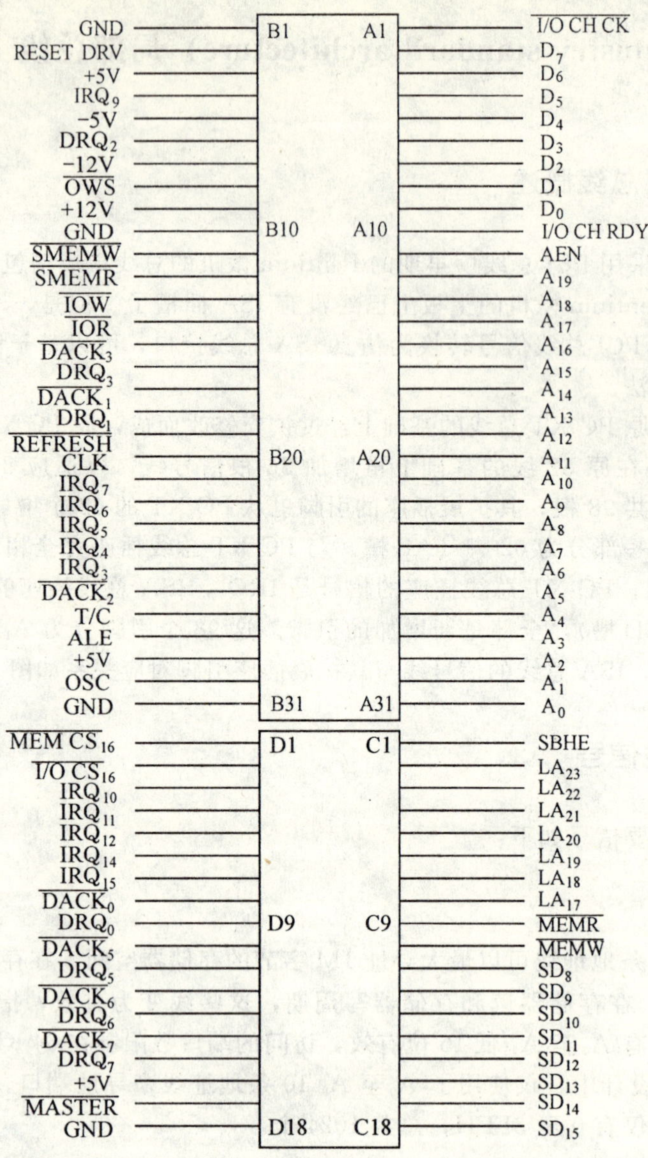

图 4-15　ISA 总线的扩展插座引脚排列图

该信号用效表示当前的总线周期是一个 I/O 读周期，地址总线上的地址是一个 I/O 端口地址，接口电路应该把读自这一端口的数据送上数据总线供微处理器读取。

(2) $\overline{\text{IOW}}$输入/输出写信号。该信号是低电平有效的输出信号，由 8288 总线控制器驱动。该信号有效表示当前的总线周期是一个 I/O 写周期，在地址总线上有一个 I/O 端口地址，数据总线上有一个要写至该 I/O 端口的数据。接口电路应该利用这一信号的上升沿将数据总线的数据锁存。

(3) $\overline{\text{MEMR}}$和$\overline{\text{SMEMR}}$存储器读信号。该信号是一个低电平有效的输出信号，由 8288 总线控制器驱动。该信号有效表示当前的总线周期是一个存储器读周期，在地址总

线上有一个有效的存储器读地址，指定的存储单元必须将其数据送上数据总线供微处理器读取。$\overline{\text{MEMR}}$和$\overline{\text{SMEMR}}$是功能完全相同的两个信号，只是$\overline{\text{SMEMR}}$仅对低于1M的存储器地址有效。

(4) $\overline{\text{MEMW}}$和$\overline{\text{SMEMW}}$存储器写信号。该信号是一个低电平有效的输出信号，由8288总线控制器驱动。该信号有效表示当前的总线周期是一个存储器写周期，在地址总线上有一个有效的存储器写地址，数据总线上有一个数据要写至这个存储单元。$\overline{\text{MEMW}}$和$\overline{\text{SMEMW}}$同$\overline{\text{MEMR}}$和$\overline{\text{SMEMR}}$一样，也是功能完全相同的两个信号，$\overline{\text{SMEMW}}$仅对低于1M的存储器地址有效。

(5) ALE地址锁存允许信号。这是由8288总线控制器驱动，高电平有效的输出信号。该信号有效表明一个总线周期开始了。该信号的下降沿用来锁存来自微处理器的地址/数据线的地址信息。

(6) AEN地址允许信号。这是一个由DMA控制器发出的高电平有效信号，该信号有效表明系统正处于DMA总线周期。该信号用于由CPU控制的端口译码器，只有在该信号为低电平时，才对I/O端口地址进行译码，并由$\overline{\text{IOR}}$和$\overline{\text{IOW}}$控制I/O端口的读写。如果不使用该信号，则在DMA操作期间，由于$\overline{\text{IOR}}$和$\overline{\text{IOW}}$信号可能有效，它们与地址线一起可能会造成对端口的误译码。

(7) I/O CH RDY I/O通道就绪信号。该信号是用来表示I/O通道上的设备是否准备就绪的一个输入信号，用来延长总线周期，以适应慢速设备。如果I/O通道上的存储器或I/O端口要延长总线周期，那么在它译出其地址并接收到$\overline{\text{MEMR}}$、$\overline{\text{MEMW}}$、$\overline{\text{IOR}}$、$\overline{\text{IOW}}$信号时，就迫使I/O CH RDY电平变低，以插入等待状态。通过将该线保持于无效电平（低电平）插入的等待状态可以将总线周期按210ns的增量延长到10个时钟周期。

(8) $\overline{\text{I/O CH CK}}$ I/O通道检测信号。该信号是一个低电平有效的输入信号。该信号一旦变为低电平，就会产生一次非屏蔽中断（NMI）。该信号一般用于提供关于存储器或I/O设备的奇偶校验信息。

(9) IRQ_i中断请求信号。这些信号直接送到主机板上的8259A中断控制器，如果IRQ_i未被屏蔽，该信号的上升沿就产生对微处理器的中断请求信号。

(10) DRQ_i和$\overline{\text{DACK}}_i$ DMA请求信号和DMA响应信号。DRQ_i这几条信号线直接连到主机板上的DMA控制器，供I/O通道上的DMA控制器申请DMA周期。$\overline{\text{DACK}}_i$则是由DMA控制器发出的与DRQ_i相应的响应信号，用来通知I/O通道，对应的DMA请求已被接受，DMA控制器将要开始处理所请求的DMA周期。

4.5 PCI局部总线

4.5.1 PCI局部总线概述

PCI局部总线是Intel公司为适应奔腾高性能而开发的32/64位总线，它的总线时钟频率为系统主板时钟频率的1/2，是ISA总线的4倍。当系统主板时钟为66 MHz时，

PCI总线速率就为33 MHz。该总线最快时1个总线时钟即可实现32位即4个字节的传输，最大的数据传输速率可达33×4=132 MB/s，是ISA总线的24倍。若数据总线为64位，则最大的数据传输速率可达264 MB/s。

PCI总线是独立于处理器的，它不仅适用于Intel系列处理器，也适用于当今流行的其他处理器系列，如Alpha、Power PC、SPARC以及采用多处理器结构的下一代处理器。

PCI扩展总线除了上述的高速传输特性外，最突出的特点是实现了外部设备自动配置功能，按PCI总线规范设计的设备连入系统后能实现自动配置I/O端口寄存器地址、存储器缓存区、中断资源与自动检测诊断等一系列复杂而烦琐的操作，无需用户人工介入，真正做到设备即插即用。

4.5.2 PCI系统框图

PCI总线及其奔腾系统的结构原理框图如图4-16所示，由图可见，Cache、DRAM主存储器以及PCI桥控制器通过微处理器的CPU总线同CPU连接。所有其他的外部设备，无论是高速的SCSI设备、显示设备或者较低速的音频设备都是连接到PCI总线上，低速的ISA扩展总线则还要通过扩展桥接控制器同PCI总线相连。在实际的PC主板上，桥接控制器及其有关的接口电路都是由超大规模的芯片组来实现的。

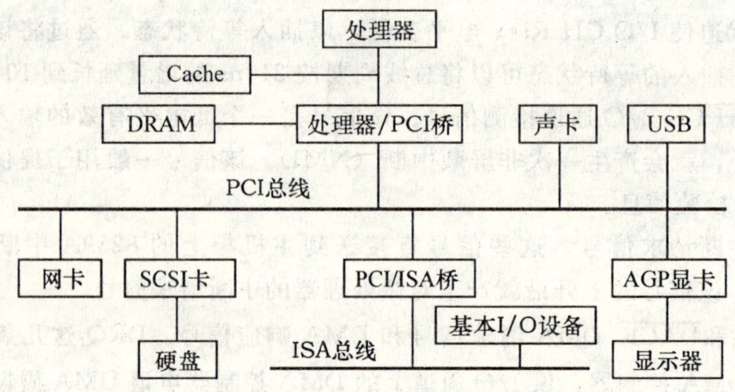

图4-16 PCI总线在80x86系统微机中的连接

4.5.3 PCI总线信号

PCI有120个引脚，大部分是双向的。PCI的分类信号以及各个引脚信号的命名、传输方向和有效电平如图4-17所示。图中左边的总线信号是32位总线必不可少的，右边则多数是扩展为64位总线时的信号。32位PCI总线有62对引脚位置，其中有2对用作定位缺口，故实际上只有60对引脚。

从众多的信号中，可以看出PCI控制器的复杂功能。使用PCI总线必须遵循PCI总线的传输协议，而PCI总线的传输协议的执行很复杂，给使用者带来一定的困难。为了推广PCI总线，降低PCI总线的使用难度，许多元件制造商纷纷推出PCI总线的传输协

议控制芯片。AMCC 公司生产的 S5933 和 PLX Technology 公司生产的 PCI90×0 就是这类芯片。PCI 总线的传输协议控制芯片在 PCI 总线和用户应用电路之间完成 PCI 总线的传输协议的转换，使用户像使用 SIA 总线那样完成接口电路的设计。即使使用 PCI 总线的传输协议控制芯片，PCI 板卡的开发也要比 ISA 板卡的开发复杂得多。因此，PCI 总线的传输协议及其控制芯片的使用本书就不作介绍了。

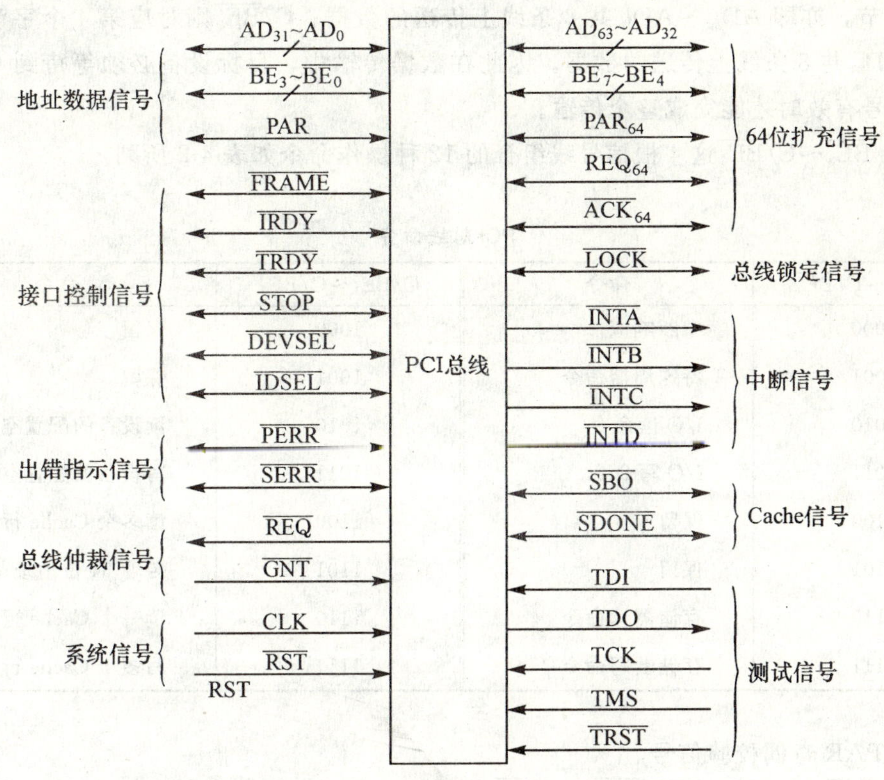

图 4-17 PCI 总线信号及分类

PCI 总线设备有主控设备与从设备的区别。PCI 总线信号如下：

1. 地址和数据信号

(1) AD_{31}～AD_0 地址/数据线。

在 PCI 的同一个信号线上实现地址与数据的时分复用，一次总线传输由地址节拍与紧跟其后的一个或多个数据节拍所组成。地址节拍对应$\overline{FRAME}$信号开始生效的时钟周期，此时在 AD_{31}～AD_0 线上形成 32 位物理地址。对配置寄存器与存储器而言，32 位地址全部有效。但对 I/O 端口而言，仅低 16 位地址有效，高 16 位默认为 0。在数据节拍期间，AD_7～AD_0 上传送最低位字节（LSB），AD_{31}～AD_{24} 上传送最高位字节（MSB），中间的字节依顺序对应。数据只能在$\overline{IRDY}$与$\overline{TRDY}$两个控制信号都有效时所对应的那些时钟期内传输。

(2) C/$\overline{BE_3}$～C/$\overline{BE_0}$ 总线命令与字节使能复用信号。在 PCI 的同一个信号线上实现命令与字节使能的时分复用。在地址数据线处于地址节拍期间，C/$\overline{BE_3}$～C/$\overline{BE_0}$ 上传送的是总线命令；在地址数据线处在数据节拍的整个时期内则表示传输字节使能信息。在 PCI

总线上不能简单地实现字节与字的传输。32 位的 PCI 总线通常每次传输 4 个字节，因而采用 $C/\overline{BE_3}$～$C/\overline{BE_0}$线的低电平使能信号来配合字节传输、字传输以及双字传输。即当 AD 线处在数据节拍的整个时期内时，用 $C/\overline{BE_3}$～$C/\overline{BE_0}$为低电平来表征哪几个字节传输的是有用数据，否则为无效字节。$C/\overline{BE_0}$对应第 1 个字节，亦即 AD_7～AD_0共 8 条线上传送的数据；$C/\overline{BE_1}$对应第 2 个字节，亦即 AD_{15}～AD_8共 8 条线上传送的数据；$C/\overline{BE_2}$对应第 3 个字节，亦即 AD_{23}～AD_{16}共 8 条线上传送的数据；$C/\overline{BE_3}$则对应第 4 个字节，亦即 AD_{31}～AD_{24}共 8 条线上传送的数据。因此在数据传输中，目标设备必须等待到 $C/\overline{BE_3}$～$C/\overline{BE_0}$信号有效时才能完成整个传输。

由 $C/\overline{BE_3}$～$C/\overline{BE_0}$这 4 根信号线组合的 12 种操作命令如表 4-2 所列。

表 4-2 PCI 总线命令

$C/\overline{BE_3}$～$C/\overline{BE_0}$	命令	$C/\overline{BE_3}$～$C/\overline{BE_0}$	命令
0000	中断响应	1000	保留
0001	特殊周期命令	1001	保留
0010	I/O 读命令	1010	读设备的配置空间
0011	I/O 写命令	1011	写设备的配置空间
0100	保留	1100	读多个 Cache 行
0101	保留	1101	传输 64 位地址
0110	存储器读命令	1110	读一个 Cache 行命令
0111	存储器写命令	1111	写多个 Cache 行命令

(3) PAR 奇偶校验信号。

它是对 AD_{31}～AD_0与 $C/\overline{BE_3}$～$C/\overline{BE_0}$作偶校验得到的校验码，即 32 根地址数据线上、4 根 $C/\overline{BE_3}$～$C/\overline{BE_0}$线上和 PAR 线上所有“1”的个数应等于某个偶数。读操作时校验码送往 CPU，写操作时校验码送往存储器或外设。

2. 接口控制信号

(1) $\overline{FRAME}$帧周期信号。

该信号有效，表示正在进行一个数据传输总线周期。FRAME信号触发之时即为数据传输开始时刻，并在传输期间保持低电平，当跳变为高电平时表示数据传输正常结束或数据节拍被中止。

(2) $\overline{IRDY}$主设备准备好信号。

该信号表示发起传输的主控设备已能完成当前数据节拍的传输。$\overline{IRDY}$是与$\overline{TRDY}$配合使用的，一个数据节拍必须在$\overline{IRDY}$与$\overline{TRDY}$两者都有效的那些时钟内进行。在读期间，$\overline{IRDY}$表示主控设备正在接收数据；在写期间，则表示 AD_{31}～AD_0总线上的数据有效。

(3) $\overline{TRDY}$从设备准备好信号。

该信号表示从设备已能完成当前数据节拍的传输。$\overline{TRDY}$是与$\overline{IRDY}$配合使用的，一个数据节拍必须在$\overline{IRDY}$与$\overline{TRDY}$两者都有效的时钟内进行。在读期间，$\overline{TRDY}$表示

$AD_{31}\sim AD_{0}$ 总线上的数据有效；在写期间，则表示从设备正在接收数据。

(4) $\overline{\mathrm{STOP}}$停止信号。

从设备利用该信号向主设备请求停止当前的数据传输过程。

(5) $\overline{\mathrm{DEVSEL}}$设备选择信号

主设备已经解码出当前要访问的目标地址时输出该信号；若为输入信号时则表示总线上的某一设备已经被选中。

(6) $\overline{\mathrm{IDSEL}}$初始化设备选择信号。

这是 PCI 总线对即插即用卡进行配置时的适配卡选择信号，每次只有一个 PCI 槽上的$\overline{\mathrm{IDSEL}}$有效，以选中惟一的一个适配卡。

$\overline{\mathrm{FRAME}}$、$\overline{\mathrm{IRDY}}$、$\overline{\mathrm{TRDY}}$和$\overline{\mathrm{STOP}}$都是用来对总线进行控制的信号，前两个由主设备控制，后两个由从设备控制，这些都是为了防止某个设备长时间占用总线而设置的信号。

3. 出错指示信号

(1) $\overline{\mathrm{PERR}}$数据奇偶校验出错信号。

除特殊周期外，其他的 PCI 传输都有数据奇偶错误的报告功能。设备接收数据占用 2 个时钟，当检测到一个数据奇偶错误时，$\overline{\mathrm{PERR}}$会被设备驱动到有效的低电平。

(2) SERR系统出错信号。

该信号专门报告地址奇偶错误、特殊周期命令中的数据奇偶错误或者其他任何灾难性的系统错误，此时系统产生不可屏蔽中断 NMI。必须注意，$\overline{\mathrm{SERR}}$需要通过微弱的上拉才能脱离有效电平，一般取 2～3 个时钟周期的微弱上拉就足以使$\overline{\mathrm{SERR}}$复位而回到高电平。

4. 总线仲裁信号

(1) $\overline{\mathrm{REQ}}$总线请求信号。

表示驱动该信号的外部设备向仲裁方提出请求，希望使用总线。这是一个点对点的信号，每一个 PCI 主控设备都有自身的$\overline{\mathrm{REQ}}$，当执行$\overline{\mathrm{RST}}$时都处于高阻禁止状态。

(2) $\overline{\mathrm{GNT}}$总线请求允许信号。

这是对总线请求信号的应答信号，表示允许提出申请的主设备使用总线。

当$\overline{\mathrm{RST}}$有效时，仲裁方会撤销所有的$\overline{\mathrm{REQ}}$信号，因为它们都是处在高阻状态而无法维持请求。在$\overline{\mathrm{RST}}$操作结束后，仲裁方才能实施仲裁。同理，当$\overline{\mathrm{RST}}$有效时，主控设备也必将撤销$\overline{\mathrm{GNT}}$信号。

5. 系统信号

(1) CLK 系统时钟信号。

PCI 总线上所有操作的定时同步时钟，对任何 PCI 设备而言都是输入信号。PCI 总线一般在 33MHz 或 66MHz 时钟下工作。在 PCI 总线中，除$\overline{\mathrm{RST}}$、$\overline{\mathrm{INTA}}$、$\overline{\mathrm{INTB}}$、$\overline{\mathrm{INTC}}$和$\overline{\mathrm{INTD}}$以外，所有其他的信号都同步于时钟的上升沿，每个信号都有相对于该时钟沿的建立时间和保持时间，在此期间不允许有信号抖动。

(2) $\overline{\mathrm{RST}}$复位信号。

复位信号使 PCI 总线信号进入初始化状态。复位时，PCI 的全部输出信号都处在无效或者高阻状态。$\overline{\text{RST}}$和 CLK 时钟可以不同步，但要保证信号边沿没有抖动。

6. 64 位扩充信号

(1) $AD_{63}\sim AD_{32}$地址/数据扩充信号。

当总线周期信号$\overline{\text{FRAME}}$有效时，这些引脚传输高 32 位地址，主设备准备好信号$\overline{\text{IRDY}}$和从设备准备好信号$\overline{\text{TRDY}}$都有效时，这些引脚传输高 32 位数据。

(2) $C/\overline{BE_7}\sim C/\overline{BE_4}$总线命令/字节允许扩充信号。

在总线传输地址时，这 4 个信号为 CPU 等总线主设备向从设备发送的命令，在总线传输数据时，这 4 个信号传输高 32 位数据的字节允许信号。

(3) PAR_{64}奇偶校验信号。

这是对高 32 位地址和高 32 位数据的奇偶校验信号。

(4) REQ_{64} 64 位传输请求信号。

这是主设备要求进行 64 位数据传输的信号。

(5) $\overline{ACK_{64}}$ 64 位传输应答信号。

这是对$\overline{ACK_{64}}$ 的应答信号。

7. 总线锁定信号

$\overline{\text{LOCK}}$总线锁定信号，是 PCI 总线设备发出的并结合$\overline{\text{GNT}}$信号的一个数据传输控制信号，其控制权只能属于主设备。此信号有效时阻止其他设备中断当前的总线周期，以保证总线主设备完成传输。

8. 中断信号

$\overline{\text{INTA}}$、$\overline{\text{INTB}}$、$\overline{\text{INTC}}$和$\overline{\text{INTD}}$从设备的中断请求信号，在 PCI 中中断是可以灵活选择的。PCI 系统在自动配置时依据资源的分配情况，将相关中断引脚自动连接到系统中断控制器的某根中断请求线上，从而建立起请求中断的通道。对于单一功能的设备，只能使用$\overline{\text{INTA}}$；而对于多功能的设备，4 个都可以使用，且可以是任意的一个或者几个，这就为 PCI 板卡的设计提供了很大的灵活性。

9. Cache 信号

(1) $\overline{\text{SBO}}$测试 Cache 后返回信号。

此信号有效表示对已修改的 Cache 行查询测试命中，从而支持 Cache 的通写或回写操作。

(2) $\overline{\text{SDONE}}$ Cache 测试完成信号。

此信号有效表示当前对 Cache 的查询测试周期已完成。

10. 测试信号

这一组信号在相应软件支持下可进行如下测试：

(1) TCK 对时钟信号进行测试。

（2）TDI对输入数据作测试。

（3）TDO对输出数据作测试。

（4）TMS对模式选择作测试。

（5）$\overline{\text{TRST}}$对复位信号RESET作测试。

习题与思考题

1. 什么叫总线？微处理机内常有的总线有哪几类？
2. 8088的最小组态和最大组态的区别何在？
3. 8088的$AD_7 \sim AD_0$是何引线？在构成系统时，应如何处理？
4. IBM PC/XT的控制核心有哪些部件？各自的作用是什么？
5. 什么是指令周期、总线周期、机器周期和时钟周期？
6. 为什么要学习和了解8086/8088 CPU的时序？
7. 存储器读周期和存储器写周期的主要区别是什么？
8. I/O周期与存储器读/写周期有何异同？8086/8088 CPU发送和接收数据受什么信号控制？
9. 8086/8088最大组态下的时序与最小组态下的时序有何不同？

第 5 章 半导体存储器

5.1 存储器概述

存储器是计算机系统中的记忆装置，用来存放程序和数据。更确切地说，存储器是存放二进制编码信息的硬件装置。

5.1.1 存储器的类型

从不同角度出发，存储器有不同的分类方式。

1. 按工作时与 CPU 联系密切程度分类

可分为主存和辅存，或称为内存和外存。主存直接和 CPU 交换信息，且按存储单元进行读写数据。辅存则是作为主存的后援，存放暂时不执行的程序和数据，它只是在需要时与主存进行批量数据交换，因此辅存通常容量大，但存取速度慢。

2. 按存储元件材料分类

可分为半导体存储器、磁存储器及光存储器。半导体存储器主要用来做主存，而磁和光材料主要作大容量辅存，如磁盘、磁带、光盘等。

3. 按存储器读写工作方式分类

可分为随机存储器和只读存储器。随机存储器中任何存储单元都能随时读写，即存取操作与时间、存储单元的物理位置顺序无关。而只读存储器中存储的内容是固定不变的，联机工作时只能读出不能写入。随机存储器通常记为 RAM（Random Access Memory），只读存储器记为 ROM（Read Only Memory）。

4. 按存储器读写数据的方式分类

可分为并行存储器与串行存储器。串行存储器的体积小、引线少、连接容易，适用于 89C2051 和 89C1051 等单片机。本书只介绍并行存储器。

5.1.2　存储器的性能指标与分级结构

1. 存储器的性能指标

存储器的主要性能指标有 4 项：存储容量、存取速度、可靠性及性能价格比。

存储容量是存储器的一个重要指标。通常存储容量用其存储的二进制位信息量描述，用其存储单元数与存储单元字长乘积表示，即容量＝字数×字长。例如容量为 16K 字节即 16K×8，它表示存储器有 16×1024＝16384 个存储单元，每个存储单元字长为 8 位。若容量为 4K×16，则表示存储器有 4096（4×1024）个存储单元，每个存储单元字长为 16 位。微型计算机中的存储器几乎都以字节进行编址，即总认为一个字节是一个基本字长，所以常用存储器的字节数表示容量，例如 PC XT 内存为 256K、386 内存为 4M、486 内存为 8M，即为 256K 字节、4M 字节、8M 字节。

存取速度是指从 CPU 给出有效的存储器地址到存储器输入或输出有效数据所需要的时间。所需时间越少，存取速度越快。

对存储器的要求是容量大、速度快、可靠性高、成本低，但在一个存储器中要求上述几项性能均佳是难以办到的，而有些指标要求本身就是互相矛盾的。为解决这一矛盾，目前在计算机系统中，采用了分级结构。

2. 存储器的分级结构

目前采用较多的是 3 级存储器结构，即高速缓冲存储器（Cache）、内存储器和辅助存储器。中央处理器 CPU 能直接访问的存储器有高速缓存和内存。CPU 不能直接访问辅存，辅存中的信息必须先调入内存才能由 CPU 进行处理。

高速缓存简称快存，是一高速小容量存储器。在中高档计算机中，用快存临时存放指令和数据，以提高处理速度。目前快存多由双极性静态随机存储器（SRAM）组成，和内存相比，它存取速度快，但容量小。

内存用来存放计算机运行期间的大量程序和数据，它和快存交换指令和数据，快存再和 CPU 打交道。目前内存多由 MOS 动态随机存储器（DRAM）组成。

辅存目前主要使用的是磁盘存储器、磁带存储器和光盘存储器。磁盘存储器包括软磁盘和硬磁盘两种类型。磁带存储器有磁带机和盒式录音机。光盘存储器有只读光盘、追忆型光盘和可改写型光盘等 3 种类型。现在 PC 机上广泛使用的是只读光盘，即 CD-ROM（Compact Disc-Read Only Memory）光盘。辅存是计算机最常用的输入/输出设备，通常用来存放系统程序、大型文件及数据库等。

上述 3 种类型的存储器构成 3 级存储管理，各级职能和要求各不相同。其中快存主要为获取速度，使存取速度能和中央处理器的速度相匹配；辅存追求大容量，以满足对计算机的容量要求；内存则介于两者之间，要求其具有适当的容量，能容纳较多的核心软件和用户程序，还要满足系统对速度的要求。

为更好地管理和改进各项指标，有时还在 CPU 内建立较多的通用寄存器组，形成速度更快、容量更小的一级；还有将辅存再分为脱机辅存和联机辅存两级的。存储器的层次结构如图 5-1 所示。

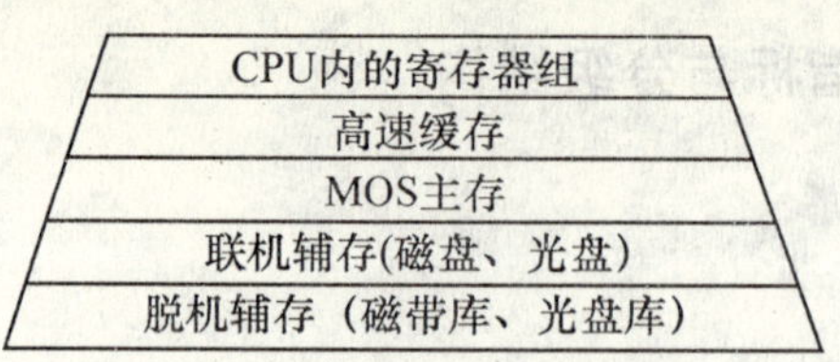

图 5-1 存储器的层次结构

5.2 常用的存储器芯片

5.2.1 半导体存储器芯片的结构

半导体存储器芯片通常由存储矩阵、地址译码器、控制逻辑和三态数据缓冲寄存器组成，如图 5-2 所示。

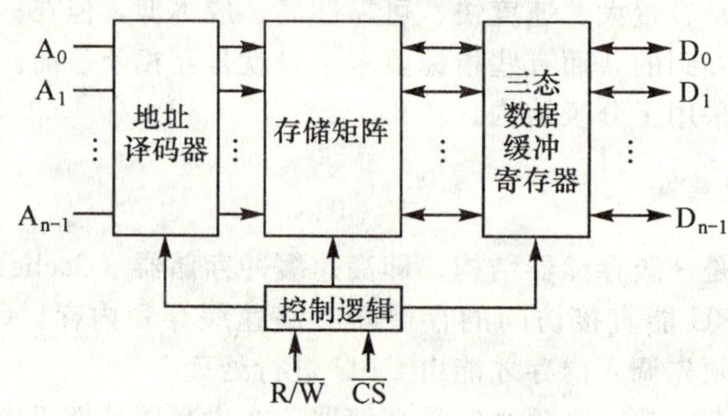

图 5-2 存储器芯片的组成

存储矩阵也称为存储体，是大量存储元件的有机组合。存储元件则是由能存储一位二进制代码（1 或 0）的物理器件构成的。N 个存储元件构成可并行存取，记忆 N 位代码的存储单元，犹如 N 个触发器构成一个 N 位数据寄存器一样。将存储矩阵中的全部存储单元赋予单元地址，由芯片内部的地址译码器实现按地址选择对应的存储单元。在 CPU 及其接口电路送来的芯片选择信号$\overline{CS}$和读写控制信号 R/$\overline{W}$ 的配合下，单方向打开三态缓冲器，将该存储单元中的 N 位代码进行读或写操作。在不进行读或写操作时，芯片选择信号$\overline{CS}$无效，控制逻辑使三态缓冲器处于高阻状态，存储矩阵与数据线脱开。对半导体存储器芯片内部的结构无需详细了解，对外特性则要熟练掌握。容量为 2^n 个存储单元的存储矩阵，须有 n 条地址线选通对应的存储单元，若每个存储单元有 N 位代码（字长为 N），则有 N 条数据线，该存储体由 $2^n \times N$ 个存储元件组成。

5.2.2 随机读写存储器 RAM

随机读写存储器简称随机存储器。随机存储器 RAM 可分为双极型和 MOS 型两种。

目前双极型 RAM 主要用在高速微型计算机中，而在微型计算机中广泛使用的是 MOS 型 RAM。MOS 型 RAM 分为静态 RAM（Static RAM）和动态 RAM（Dynamic RAM）两种。静态 RAM 的存储元件是 6 管 MOS 型触发器，每个存储元件中包括的 MOS 管很多，存储容量有限。动态 RAM 的存储元件由一只 MOS 管和一只电容组成，依靠 MOS 管栅极电容的电荷记忆信息。为了不丢失信息，须在电容放电丢失电荷信息之前，把数据读出来再写进去，相当于再次给电容充电，以维持所记忆的信息，这就是所谓的“刷新”。动态 RAM 集成度高，功耗低，动态 RAM 芯片一般只有一条数据引出线，适于构成大容量的存储器系统。PC 机内存使用的内存条就是由动态 RAM 构成的。PC 机的内存不直接焊在主板上，而是在主板上制作有安装内存条的插槽，这样就使得 PC 机的主板具有配置不同容量与不同品质存储器的灵活性。内存条是一块焊接了 8 片或 9 片（增加了校验位）同型号存储器芯片并有接口引脚和安装定位缺口的小型印刷电路板，将其插入主板上的存储器插槽中即成为 PC 机的内存。有些内存条的边角上还附有一块小芯片，这是一片串行接口的 EEPROM，其中存放着生产厂家写入的有关该内存条结构与工作模式等技术参数，系统读出这些参数后即可准确识别此内存条并配以相应的驱动方式，使系统性能得到优化。

与动态 RAM 相比，静态 RAM 功耗也较大，但它不需要刷新，电路设计较简单，故在存储容量较小的系统中使用较适宜。常用的静态 RAM（SRAM）芯片有 6116、6264、62128、62256 等。它们分别与下面将要介绍的 2716、2764、27128 和 27256 的引线兼容。这在使用上是很有利的。

6116 芯片的引线和功能如图 5-3 所示。它与 EPROM 2716 的引线兼容，这在使用上是很有利的。它的存储容量为 2K 字节，即一片 6116 芯片包含有 16384 个存储元件。这 16384 个存储元件以 128×128 的矩阵排列。用 $A_{10}\sim A_0$ 11 根地址线对其进行行/列地址译码，以便对 2048 个存储单元进行选择，选中的存储单元的 8 个存储元件的二进制信息同时出入，所以 6116 有 8 根数据线 $D_7\sim D_0$。数据是读出还是写入，由芯片允许信号 $\overline{CE}$、写允许信号 $\overline{WE}$ 及输出允许信号 $\overline{OE}$ 一起控制。当 $\overline{CE}$、$\overline{WE}$ 有效（即 $\overline{CE}$、$\overline{WE}$ 为低电平）时，数据线上的信号写入被选中的存储单元（一次写入 8 位二进制信息）；若 $\overline{CE}$、$\overline{OE}$ 有效（即 $\overline{CE}$、$\overline{OE}$ 为低电平）且 $\overline{WE}$ 为高电平时，则被选中的存储单元中的 8 位二进制信息送往数据线 $D_7\sim D_0$。

信号	引脚	引脚	信号
A_7	1	24	V_{CC}
A_6	2	23	A_8
A_5	3	22	A_9
A_4	4	21	$\overline{WE}$
A_3	5	20	$\overline{OE}$
A_2	6	19	A_{10}
A_1	7	18	$\overline{CE}$
A_0	8	17	D_7
D_0	9	16	D_6
D_1	10	15	D_5
D_2	11	14	D_4
GND	12	13	D_3

$A_{10}\sim A_0$	地址输入
$D_7\sim D_0$	数据输入/输出
$\overline{CE}$	芯片允许
$\overline{WE}$	写允许
$\overline{OE}$	输出允许

图 5-3　6116 芯片的引线及功能

6264芯片的引线排列如图5-4所示。6264有两个片选端$\overline{CE_1}$和CE_2，CE_1为低电平选中芯片，而CE_2为高电平选中芯片。这为使用带来方便：一个接控制信号，另一个接其有效电平。

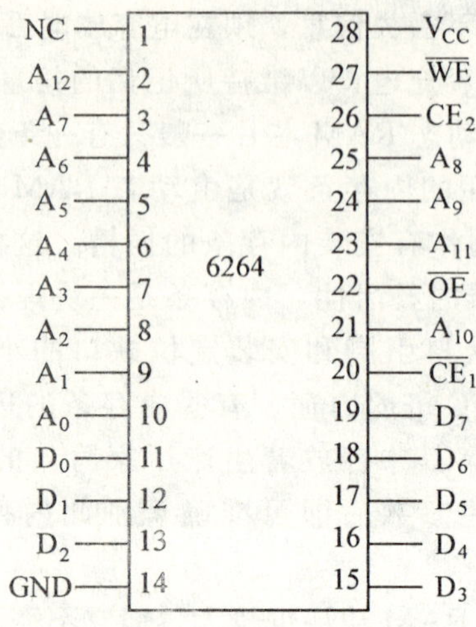

图5-4 6264芯片的引线

还有芯片内部集成了刷新电路的动态RAM（iRAM），其使用如同静态RAM一样，访问速度也与静态RAM相当。Intel公司生产的CMOS集成RAM 51C86（8K×8）就是这种内部集成了刷新电路的动态RAM，此外内部还集成了地址锁存器，其引线与静态RAM 6264兼容。与51C86相似，iRAM 2186的引线也与静态RAM 6264兼容，它的第1根引线是RDY，通过检测RDY可以查看2186是否在进行刷新操作，RDY为低电平2186正在进行刷新操作。

5.2.3 只读存储器ROM

只读存储器（Read Only Memory）的特点是信息一经写入，存储单元里的内容就不能改变，即使在断电后也不会丢失，但只能读出。ROM依写入情况可分为掩模ROM，可编程ROM（Programmable ROM），紫外线擦除PROM（Erasable PROM）和电擦除PROM（Electrically EPROM）4类。掩模ROM的内容是由制造厂家在生产过程中按用户要求写入的，用户不可更改。PROM的内容由用户自行写入，写入后就不可更改了。只能编程一次的OTP（One Time PROM）是一种新型的PROM，它可用普通的EPROM编程器对其编程，它的引线分别与同容量的EPROM芯片的引线兼容。紫外线擦除PROM（即EPROM）的内容在使用前可由用户更改，在工作过程中只能读出不能再写入。而电擦除PROM（即EEPROM）既可像ROM那样长期保存信息，断电后也不丢失信息，又像RAM那样可以随时进行读/写。类似于EPROM和EEPROM的闪速存储器（Flash Memory）或称为可编程快擦写（Programmable and Erasable）ROM（PEROM）是性价比和可靠性最高的一种存储器。目前在微型计算机的应用系统中用得较多的ROM为EPROM、EEPROM和PEROM。

1. EPROM

常用的EPROM芯片以1片2716为最基本容量，即2K×8，而2732、2764、27128和27256的存储容量则逐次成倍递增为4K×8，8K×8，16K×8和32K×8。它们的引线排列如图5-5所示。EPROM的结构要比RAM简单得多，但由于EPROM的写入（编程）需要20～25 V的编程脉冲，故其芯片与RAM相比少了一条写允许线$\overline{WE}$却多了一条编程控制线$\overline{PGM}$和一条编程电压电源线V_{PP}。EPROM的擦除和写入（编程）需要将芯片从电路板上拔下来在专用的擦除器和编程器进行。而在CPU运行期间即EPROM的读方式下，$\overline{PGM}$和V_{PP}都接V_{CC}，再没有其他特殊的要求。

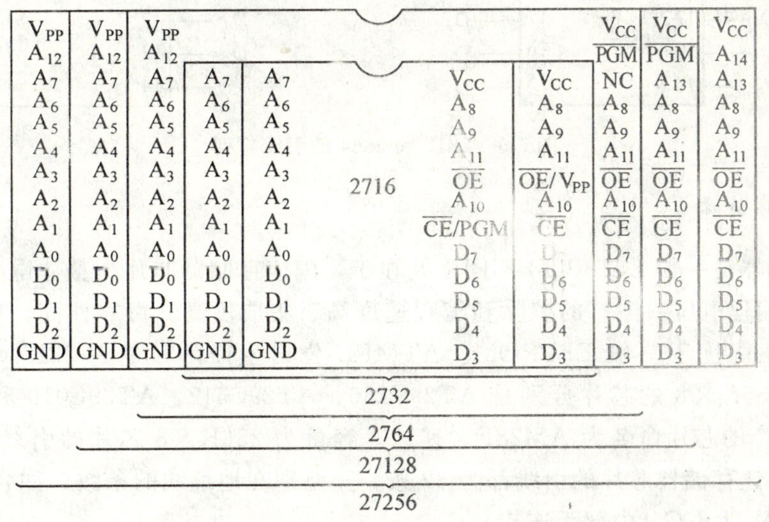

图5-5 2716等只读存储器芯片的引线排列

2. EEPROM

EEPROM的使用简单方便，具有在线编程的独特功能，擦除和写入次数为1万次，信息保持时间为10年。芯片内部有电压提升电路，无论读出还是写入（擦除后再写入）都是只需在单一的+5V电压下进行。数据在提升电压的作用下写入存储单元，如同使用SRAM一样，因而它的应用范围日渐扩大，成为ROM器件的佼佼者。常用的EEPROM芯片有2816（2K×8）、2817（2K×8）和2864（8K×8）。2816和2864的引线排列也与相同容量的SRAM 6116和6264兼容，2817和2864A的引线排列如图5-6所示。

$\overline{CE}$、$\overline{WE}$和$\overline{OE}$分别为芯片允许信号、写允许信号和输出允许信号。当$\overline{CE}$、$\overline{WE}$为低电平且$\overline{OE}$为高电平时，进行擦写操作；当$\overline{CE}$、$\overline{OE}$为低电平且$\overline{WE}$为高电平时，进行读操作。RDY/$\overline{BUSY}$为2817和2864A的擦写状态信号线。当2817和2864A进行擦除和写入操作时，将RDY/$\overline{BUSY}$置为高电平；写入操作完成后，再将RDY/$\overline{BUSY}$置为低电平。CPU可以通过检测RDY/$\overline{BUSY}$的状态，来控制2817和2864A的擦写操作。

2816、2817和2864的主要性能指标基本相同：读取时间250 ns、写入时间10 ns（2816为15ns）、字节擦除时间10 ns（2816为15 ns）、读操作电压5 V、擦写操作电压5 V、操作电流110 mA。

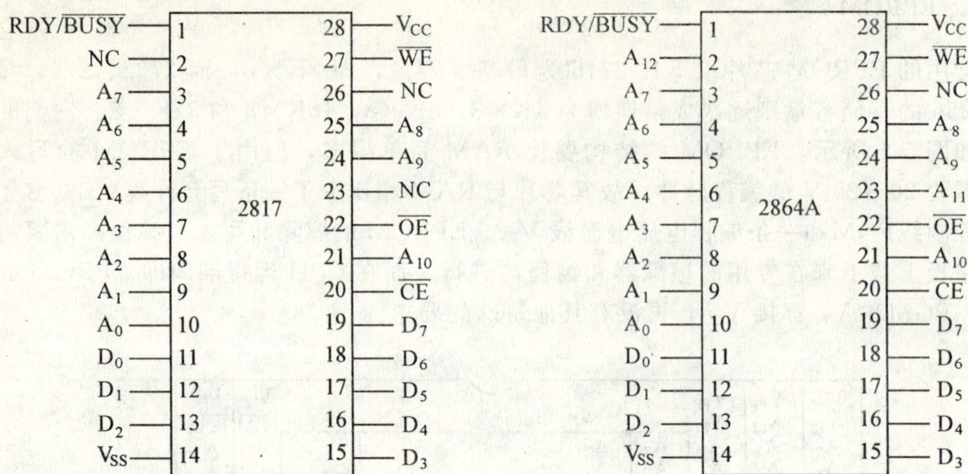

图 5-6　2817 和 2864 的引线排列

3. 闪速存储器

闪速存储器与一般 EEPROM 不同之处在于，闪速存储器芯片为整体电擦除并需要为其提供 12V 编程电压。但它的擦除和编程速度高、集成度高、可靠性高、功耗低、价格低，其整体性能优于一般 EEPROM。ATMEL 公司生产，容量为 32K×8、64K×8、128K×8 和 256K×8 的芯片分别是 AT29C256、AT29C512、AT29C010 和 AT29C020。AMD 公司生产的芯片命名为 AM28F×××。容量为 256K×8 芯片的引线排列如图 5-7 所示。这些闪速存储器芯片的引线都为 32 条，其差别在地址线的条数，如容量为 32K×8 芯片的 A_{17}～A_{15} 为 NC（内部无连接）。

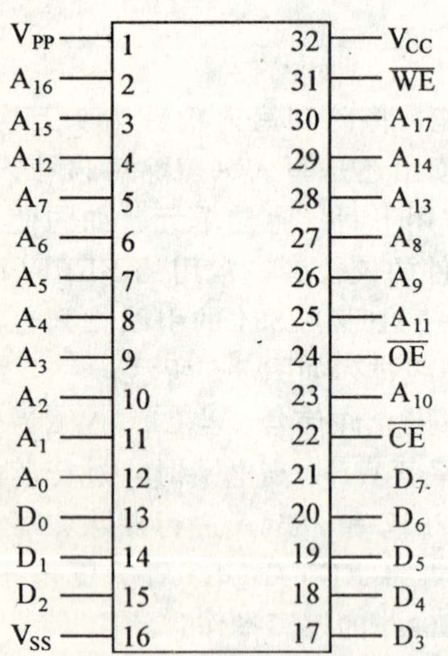

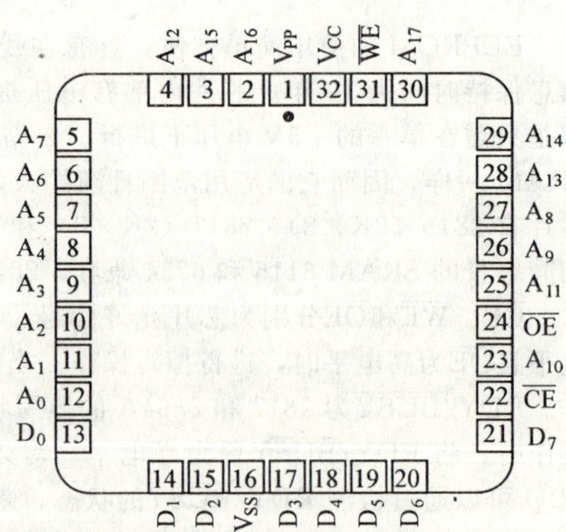

图 5-7　256K×8 的引线排列

5.3 存储器与CPU的接口

在介绍了存储器芯片的结构及具体芯片的使用后，进一步了解如何在微型计算机系统中实现存储器与 CPU 总线的接口是十分必要的。连接时具体考虑的问题是，根据系统要求的存储容量选择相应的存储器芯片、存储器芯片与微型计算机系统的地址总线、数据总线和控制总线的具体连接方法以及如何对存储器的存储单元进行地址分配等。

在微型计算机中，CPU 对存储器进行读/写操作，首先要由地址总线给出地址信号，然后要发出存储器读或写控制信号，最后才能在数据总线上进行信息交换。所以，存储器与 CPU 总线的连接，主要是地址线的连接、数据线的连接和存储器读或写控制线的连接。

5.3.1 存储器芯片与地址总线的连接

计算机应用系统的存储器通常都是由多片存储器芯片组成的。芯片内部都自带有地址译码电路，芯片内部的存储单元由芯片内部的译码电路对芯片的地址线输入的地址进行译码来选择，这称为字选。字选只要从地址总线的最低位 A_0 开始，把它们与存储器芯片的地址线依次相连即可完成。而存储器芯片则由地址总线中剩余的高位线来选择，这就是片选。片选是研究的主要问题。

地址线数与存储单元数间的关系是：

存储单元$=2^x$（x 为地址线数）

即每增加 1 根地址线，其中所含的存储单元数就在原基础上翻一倍，如表 5-1 所列。

表 5-1　**地址线数与存储单元数的关系**

地址线数	1	2	3	4	……	8	9	10	11	12	13	14	15	16
单元数	2	4	8	16	……	256	512	1K	2K	4K	8K	16K	32K	64K

1. 存储器芯片的地址线与地址总线的连接

存储器芯片的地址线与地址总线的连接即字选原则是，从地址总线的最低位 A_0 开始，把它们与存储器芯片的地址线依次相连。

2. 存储器芯片的片选线与地址总线的连接

存储器芯片的片选线与地址总线的连接即片选有如下两种方法：

(1) 线选法。

所谓线选法，是直接以系统的高位地址作为存储器芯片的片选信号，为此只需把用到的地址线与存储器芯片的片选端直接连接即可。线选法连接的特点是简单明了，且不需要另外增加电路。但这种连接方法对存储空间的使用是断续的，不能充分有效地利用地址空间，只适用于存储器芯片较少的存储器。

（2）译码法。

所谓译码法就是使用译码器对系统总线中字选余下的高位地址线进行译码，以其译码输出作为存储器芯片的片选信号。这是一种最常用的地址译码方法，能有效地利用地址空间，适用于大容量多芯片的连接。译码电路可以使用现有的译码器芯片。常用的译码器芯片有 74LS139（双 2-4 译码器），74LS138（3-8 译码器）和 74LS154（4-16 译码器）等。下面仅介绍 74LS138 译码器。

74LS138 是 3-8 译码器，它有 3 个输入端、3 个控制端及 8 个输出端，引线及功能如图 5-8 所示。74LS138 译码器只有当控制端 G_1、$\overline{G_{25}}$、$\overline{G_{24}}$ 为 100 时，才会在输出的某一端（由输入端 C、B、A 的状态决定）输出低电平信号，其余的输出端仍为高电平。

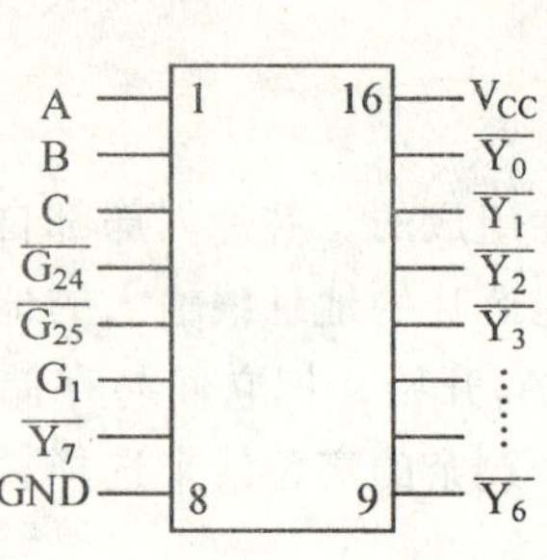

控制端			输入端			输出端							
G_1	$\overline{G_{25}}$	$\overline{G_{24}}$	C	B	A	$\overline{Y_7}$	$\overline{Y_6}$	$\overline{Y_5}$	$\overline{Y_4}$	$\overline{Y_3}$	$\overline{Y_2}$	$\overline{Y_1}$	$\overline{Y_0}$
			0	0	0	1	1	1	1	1	1	1	0
			0	0	1	1	1	1	1	1	1	0	1
			0	1	0	1	1	1	1	1	0	1	1
1	0	0	0	1	1	1	1	1	1	0	1	1	1
			1	0	0	1	1	1	0	1	1	1	1
			1	0	1	1	1	0	1	1	1	1	1
			1	1	0	1	0	1	1	1	1	1	1
			1	1	1	0	1	1	1	1	1	1	1

图 5-8　74LS138 引线与功能

【例 5.1】　用译码法连接容量为 64K×8 的存储器，若用 8K×8 的存储器芯片，共需多少片？共需多少根地址线？其中几根作字选线？几根作片选线？试用 74LS138 画出译码电路，并标出其输出线的选址范围。若改用线选法能够组成多大容量的存储器？试写出各线选线的选址范围。

64K×8/8K×8＝8，即共需要 8 片存储器芯片。

64K＝65536＝2^{16}，所以组成 64K 的存储器共需要 16 根地址线。

8K＝8192＝2^{13} 即 13 根作字选线，选择存储器芯片片内的单元。

16－13＝3 即 3 根作片选线，选择 8 片存储器芯片。

芯片的 13 根地址线为 A_{12}～A_0，余下的高位地址线是 A_{15}～A_{13}，所以译码电路对 A_{15}～A_{13} 进行译码，译码电路及译码输出线的选址范围如图 5-9 所示。

A_{15}～A_{13} 3 根地址线各选一片 8K×8 的存储器芯片，故仅能组成容量为 24K×8 的存储器，A_{15}、A_{14} 和 A_{13} 所选芯片的地址范围分别为：6000H～7FFFH、A000H～BFFFH 和 C000H～DFFFH。

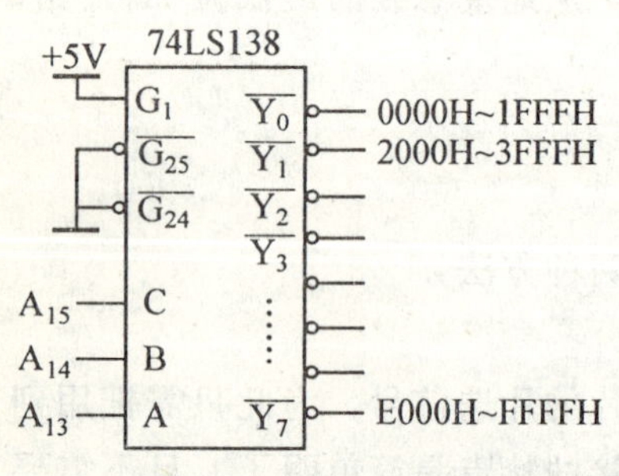

图 5-9　例 5.1 的译码电路

5.3.2 存储器芯片与数据总线的连接

存储器芯片有1位、4位和8位等不同的结构，对应其芯片的数据线分别为1根、2根和8根不等。在与8088 CPU总线的8根数据线相连时，就要采用并联的方式。具体的连接方法是：1位的存储器芯片，则要用8片，将每片的1根数据线分别与数据总线的8根数据线相连，8片的地址相同。4位的存储器芯片，则要用2片，将每片的4根数据线分别与数据总线的高4位和低4位相连，2片的地址也相同。8位的存储器芯片，则将它的8根数据线分别与8根数据线相连即可。

5.3.3 存储器芯片与控制总线的连接

存储器芯片与控制总线的连接比较简单，仅有输出允许线$\overline{OE}$（或$\overline{RD}$）和写允许线$\overline{WE}$（或$\overline{WR}$）这2个信号的连接。若为只读存储器，则将它的输出允许线$\overline{OE}$直接与8088的存储器读信号$\overline{MEMR}$相连即可。若为静态随机读写存储器则只要将各芯片的输出允许线$\overline{OE}$（或$\overline{RD}$）和写允许线$\overline{WE}$（或$\overline{WR}$）分别并联后再分别与8088 CPU总线的存储器读信号$\overline{MEMR}$和存储器写信号$\overline{MEMW}$相连。

5.3.4 连接举例

下面将举例说明如何连接以及连接中应考虑的一些问题。

【例5.2】 1K静态RAM的数据线和地址线的连接。

静态RAM芯片具有1位、4位和8位等不同的结构。如1K位存储器芯片，有1 024×1位、256×4位和128×8位等不同结构。因此与8088的8位数据总线相连时，应在字向和位向两方面采用地址串联和位并联的方法来满足存储器需要的容量和位数。如要组成1K×8位的存储器，可以采用图5-10的1 024×1位的存储器芯片，也可采用图5-11的256×4位的存储器芯片。

在图5-10中，每一片是1024×1，故芯片上地址线为10条，数据线为1条。每一单元相应于一位，故只要把它们分别接到数据总线上的相应位即可。这种连接方法，每一条地址总线接有8个负载，而每一条数据总线只接有一个负载，每一片共有11条地址和数据连线。

在图5-11的电路中，每一片为256×4，故芯片上的地址线为8条，数据线为4条。因此，1K存储容量就要分成4部分（或称为页，0～255为第1页；256～511为第2页；512～767为第3页；768～1023为第4页）。用地址总线上的A_0～A_7直接与每片芯片的地址输入端相连，可寻址256，即实现页内寻址。由A_8和A_9经过译码输出4条线，分别寻址1K的4页，实现页的寻址。因为每一片上的数据为4位（4条数据线），用2片可组成一页，故4条页寻址线的每一条同时接两片。一页内两片的数据线，一片接到数据总线的D_0～D_3，另一片接到D_4～D_7，各页的数据线并联。这种连接方法，地址总线上的A_0～A_7

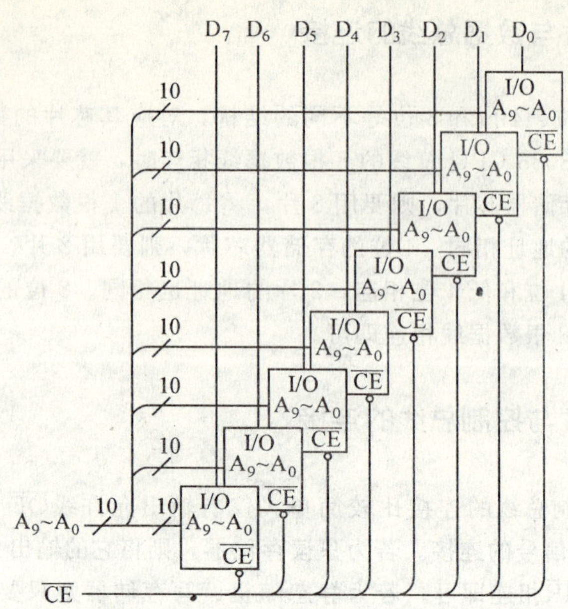

图 5-10　用 1024×1 位存储器芯片组成的 1K RAM

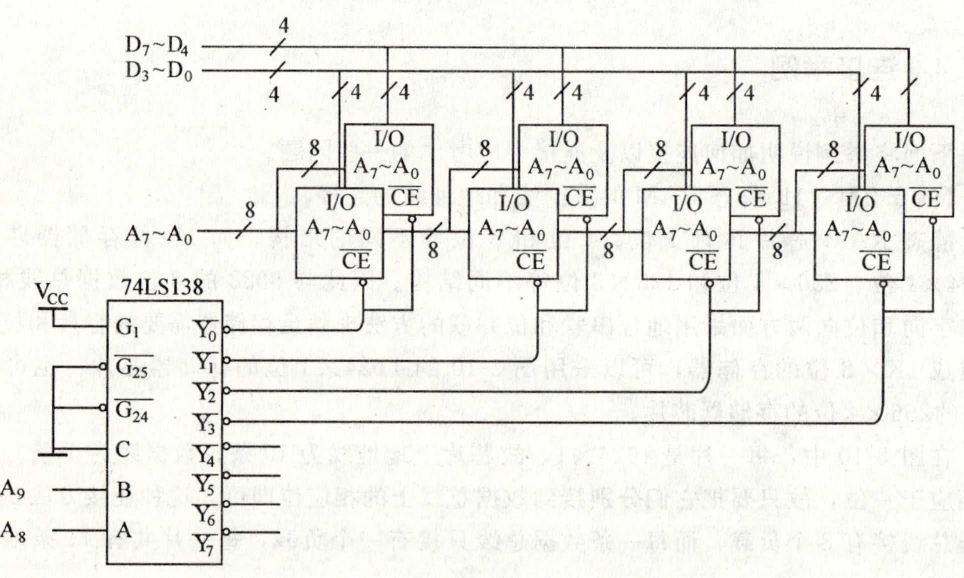

图 5-11　用 256×4 位存储器芯片组成的 1K RAM

每一条都要接 8 个负载。而 A_8、A_9 的负载轻，只接到译码器。数据总线上的每一条有 4 个负载（虽然每次只有 1 个被选中，其他 3 个为高阻状态，但连线多，连接的分布电容就是负载）。每一片的地址和数据引线为 12 条。

可见，从负载的角度来看，前一种方法比后一种强。另外，从芯片的封装来看，每一片的地址数据引线越多，即封装引线越多，合格率就越低，成本相应就要提高。因而在容

量较大的存储器中，通常采用一片一位的结构。

【例 5.3】　8K EPROM 和 4K 静态 RAM 的连接。

通常，微机系统的存储器中总有相当容量的 ROM 和 RAM，它们的地址必须一起考虑，分别给它们分配一定的地址。图 5-12 是用 EPROM 2732 和静态 RAM 6116 组成 8K ROM 和 4K RAM 的连接图。

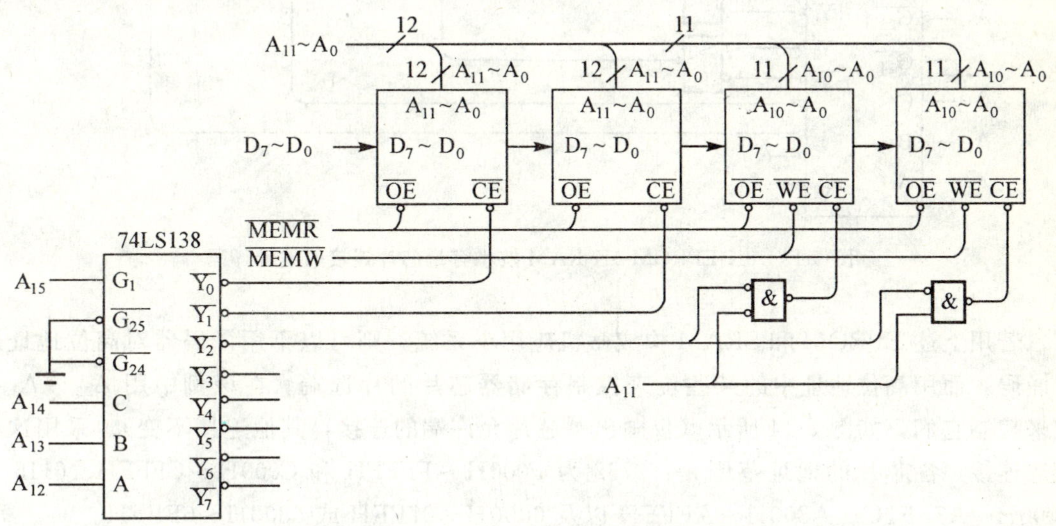

图 5-12　8K ROM 和 4K RAM 的连线图

由图 5-12 可知，对于 2732 需要用 12 条地址线实现片内字选；对于 6116 需用 11 条地址线实现片内字选。由于 6116 的存储容量为 2K，而 2732 的存储容量为 4K，对 2732 的片选需要 138 的每条译码输出端可寻址 4K 存储空间，因此需用 A_{11} 与 138 的译码输出进行逻辑组合，即二次译码后，才能对 6116 进行片选。存储器的地址线和数据线分别连接至 CPU 的地址总线和数据总线上。存储器的输出允许端$\overline{OE}$连接到存储器读控制信号$\overline{MEMR}$；RAM 的写允许端$\overline{WE}$连接到存储器写控制信号$\overline{MEMW}$。

该存储器系统各存储器芯片的地址范围是：EPROM 2732 为 8000H～8FFFH 和 9000H～9FFFH。静态 RAM 6116 为 A000H～A7FFH 和 A800H～AFFFH。图 5-12 中译码器 74LS138 的输出端仅用了 $\overline{Y}_0$、$\overline{Y}_1$ 和 $\overline{Y}_2$，多余 5 条输出端未用。在译码器的输出端有富余的情况下，可以不用二次译码而将其输出端接 6116 的芯片允许端$\overline{CE}$实现对 6116 的片选。若将 138 的 $\overline{Y}_2$ 和 $\overline{Y}_3$ 改接 6116 的$\overline{CE}$，则 6116 的地址就会有重叠区，即容量为 2K 的 6116 的每一片均占有 4K 地址，但在实际使用时，只要我们了解这一点是不妨碍使用的。这样改接后，2 片 2732 的地址范围不变，2 片 6116 的地址范围分别是 A000H～AFFFH 和 B000H～BFFFH（A_{11} 可为任意值）。

图 5-12 中译码器 74LS138 是按大容量芯片连接的，也可以按小容量芯片连接——A_{11} 参加 74LS138 译码。这时，EPROM 2732 就要占用译码器 74LS138 的两根输出线，地址译码及地址线的连接如图 5-13 所示。

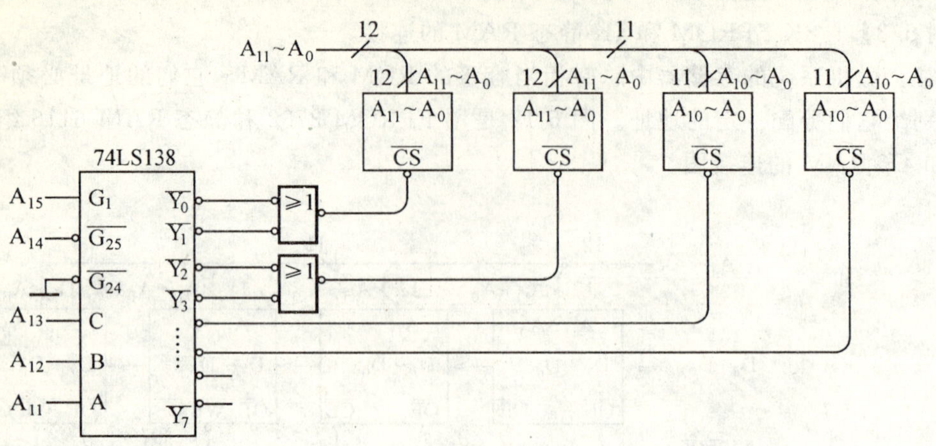

图 5-13　8K EPROM 4K RAM 按小容量芯片连接的地址译码

若用上述 EPROM 和 SRAM 构成微机应用小系统，则可以不用译码器对高位地址进行译码，而用高位地址中的某些位来控制存储器芯片的片选端。在该例中用 $A_{12}\sim A_{15}$ 4 位来控制它们，如图 5-14 所示（仅画出了芯片允许端的连接，其他连接不变）。采用这种线选连接，各芯片的地址范围是：2732 为 F000H～FFFFH 和 C000H～CFFFH、6116 为 A000H～A7FFH 或 A800H～AFFFH 以及 6000H～67FFH 或 6800H～6FFFH。

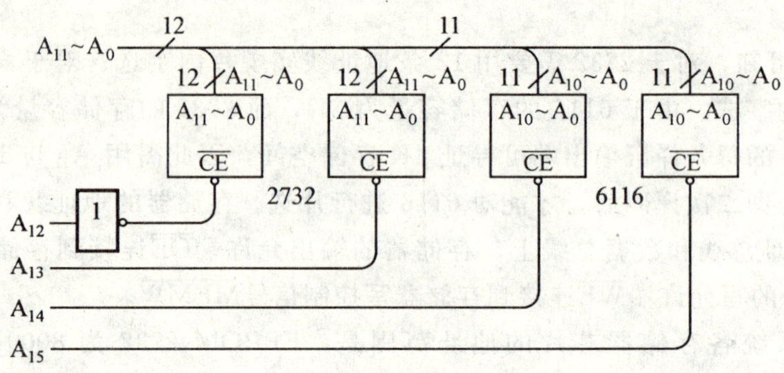

图 5-14　8K EPROM 4K RAM 的线选连接

以上均只讨论了 $A_{15}\sim A_0$ 16 条地址线。对于 8086/8088 还有 $A_{19}\sim A_{16}$ 4 条地址线，在上述的连接中，它们均可以为任意值，所以每片都有 64K 地址重叠，在图 5-14 中第一片 2732 的地址范围是 XF000H～XFFFFH，复位后 CS 为 FFFFH，IP 为 0000H，CPU 开始取指的地址 FFFF0H 在其地址范围内，能保证该系统正常工作。但是，对于复位后 IP 或称程序计数器 PC（Program Counter）被置“0”的 CPU，CPU 从 0000H 开始取指执行程序，则不能如图 5-14 那样连接，而要把 0000H 地址分配给 ROM，正确的连接方法如图 5-15 所示。其地址范围是：2732 为 0000H～0FFFH 和 3000H～3FFFH，6116 为 5000H～57FFH 或 5800H～5FFFH 和 9000H～97FFH 或 9800H～9FFFH。

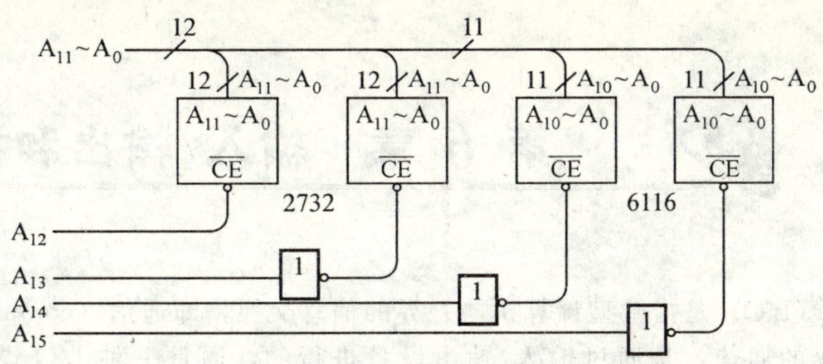

图 5-15　CPU 复位后 IP（PC）为 0 的线选连接

习题与思考题

1. 试画出译码器 74LS138 的内部逻辑电路。
2. 用 32 片 SARM 6116 组成存储器。仅用 74LS138 译码器设计出译码电路。
3. 用 2114、6116 和 6264 分别组成 8 位的存储器，限用线选方式选片，各可组成多大容量的存储器？各芯片的地址范围是多少？画出线选选片图。
4. 用 2114、6116 和 6264 分别组成容量为 64 K×8 的存储器，各需多少芯片？地址需要多少位作为片内地址选择端？多少位地址作为芯片选择端？
5. 用 EPROM 2764 和 SRAM 6264 各一片组成存储器，其地址范围为 FC000H～FFFFFH，试画出与 8088 最大组态下的 CPU 总线的连接图（限用 138 译码，6264 与 2764 的引线排列相同，26 脚为 CS_2，27 脚为 $\overline{WE}$）。
6. 若用 EPROM 2716 和 SRAM 2114（1 K×4）分别代替 5.5 中 2764 和 6264，试画出与 8088 最大组态下的 CPU 总线的连接图。

第6章 输入/输出和接口技术

输入/输出（I/O）是指微型计算机与外界的信息交换，即通信（communication）。微型计算机与外界的通信，是通过输入/输出设备进行的，通常一种I/O设备与微型机连接，就需要一个连接电路，我们称之为I/O接口。存储器也可以看做是一种标准化的I/O设备。

接口是用于控制微机系统与外设或外设与系统设备之间的数据交换和通信的硬件电路。接口设计涉及两个基本问题，一是中央处理器如何寻址外部设备，实现多个设备的识别；二是中央处理器如何与外设连接，进行数据、状态和控制信号的交换。

现代微机系统，都是由大规模集成电路LSI芯片为核心部分构成的大板级插件，多个插件板与主机板共同构成系统。如80x86系列微机就是由系统板、显示卡和磁盘驱动器插件板等共同构成整个系统。构成系统的各插件板以及插件板上的LSI芯片之间的连接和通信是通过系统总线完成的。经过标准化的总线电路提供通用的电平信号来实现电路信号的传递。

本章介绍接口的基本原理、I/O寻址方式和I/O指令以及数据通道和模拟通道的接口技术。

6.1 接口的基本概念

6.1.1 接口的功能

1. 接口的一般定义

接口是一组电路，是中央处理器与存储器、输入/输出设备等外设之间协调动作的控制电路。从更一般的意义上说，接口是在两个电路或设备之间，使两者动作条件相配合的连接电路。接口电路并不局限在中央处理器与存储器或外设之间，也可在存储器与外设之间，如直接存储器存取DMA接口就是控制存储器与外设之间数据传送的电路。

2. 接口电路的功能

接口电路的作用就是将来自外部设备的数据信号传送给处理器，处理器对数据进行适当加工，再通过接口传回外部设备。所以，接口的基本功能就是对数据传送实现控制，具体包括以下5种功能：地址译码、数据缓冲、信息转换、提供命令译码和状态信息以及定

时和控制。

不同的接口芯片用于不同的控制场合，因此其功能也各有特点。如并行接口不要求数据格式转换功能，来自总线的并行数据就可直接传送到并行外设中；而串行通信接口就必须具备将并行数据转换为串行数据的功能。

3. 接口电路的基本结构

根据接口的基本功能要求，实现数据传送的接口电路主要由控制命令逻辑电路、状态设置和存储电路、数据存储和缓冲电路 3 部分组成，如图 6-1 所示。其中控制命令逻辑电路一般由命令字寄存器和控制执行逻辑组成，这一部分是接口电路的“中央处理器”，用来完成全部接口操作的控制。状态设置和存储电路主要由一组数据寄存器构成，中央处理器和外设就是根据状态寄存器的内容进行协调动作的。数据存储和缓冲电路也是一组寄存器，用于暂存中央处理器和外设之间传送的数据，以完成速度匹配工作。

一般接口的结构都由上述 3 部分组成，但也有些智能接口的控制部分由纯粹的微处理器担当。

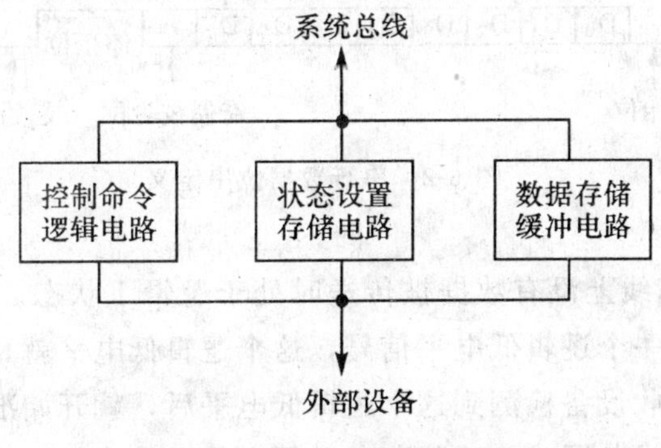

图 6-1　接口基本结构框图

6.1.2 接口控制原理

由于接口是用来控制数据传送的，所以接口控制即是接口电路对处理器与外设之间数据传送的控制。

1. 数据传送方式

无论通用接口还是专用接口，就数据传送方式而言只有两种：串行传送和并行传送。

(1) 并行数据传送。

在微机系统内，如大系统部件之间的数据传送都采用并行数据传送方式。并行数据的每一位都对应独立的传输线路，所以数据传送速度快，但线路多，一般只用于较短距离的数据传送。例如 8 位并行单方向数据传送，除需要 8 位数据线外，至少还需要一条地线和一条数据准备好状态线。地线提供电路电平信号参考点，确定各数据线的逻辑状态。数据准备好状态线是把数据送上数据线后请求传送的信号。如果是双向并行传送，还附加表示传送方向的信号线等。本书主要介绍并行数据传送。

(2) 串行数据传送。

串行数据传送是将构成字符的每个二进制数据位，按一定的顺序逐位进行传送的方式。串行数据传送主要用于远程终端或经过公共电话网的计算机之间的通信。远距离数据传送采用串行方式比较经济。单向传送只需一根数据线、一根信号地线和一根应答线等，但串行数据传送比并行数据传送控制复杂，其原因是计算机内部处理都采用并行方式，所以串行传送前后都要进行串并行数据转换。另外，由于采用同一根信号线串行传送每一位信号，就需要定时电路协调收发设备，确保正确传送。这就要求收发双方遵从统一的通信协议，下面介绍 PC 系列微机采用的异步串行通信协议。

异步串行通信协议规定字符数据的传送格式，每个数据以相同的位串形式传送，但数据间隔脉冲不定。如图 6-2 所示，每个串行数据由起始位、数据位、奇偶校验位和停止位组成。

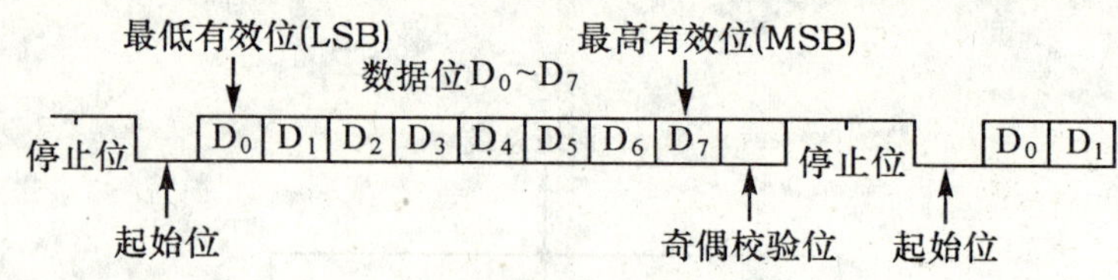

图 6-2 串行数据位串定义

① 起始位。在通信线上没有数据被传送时处于逻辑 1 状态。当发送设备要发送一个字符数据时，首先发出一个逻辑低电平信号，这个逻辑低电平就是起始位。起始位通过通信线传向接收设备，接收设备检测到这个逻辑低电平后，就开始准备接收数据位信号。起始位所起的作用就是使设备同步，通信双方必须在传送数据位前协调同步。

② 数据位。在起始位后，紧接着就是数据位。数据位的个数可以是 5、6、7 或 8 个，IBM PC 中经常采用 7 位或 8 位数据传送。这些数据位被移位寄存器构成传送数据字符。在字符数据传送过程中，数据位从最低有效位开始发送，依此顺序在接收设备中被转换为并行数据。

③ 奇偶校验位。数据位发送完之后，可以发送奇偶校验位。奇偶校验用于有限差错检测，通信双方约定一致的奇偶校验方式。如果选择偶校验，那么组成数据位和奇偶位的逻辑 1 的个数必须是偶数；如果选择奇校验，那么逻辑 1 的个数必须是奇数。

④ 停止位。在奇偶位或数据位（当无奇偶校验时）之后发送的是停止位。停止位是一个字符数据的结束标志，可以是 1 位、1.5 位或 2 位的高电平。接收设备收到停止位之后，通信线便又恢复逻辑 1 状态，直至下一个字符数据的起始位到来。

通信线上传送的所有位信号都必须保持一致的持续时间。每一位的宽度都由数据传送速度确定，而传送速度是以每秒多少个二进制位来度量的。这个速度称为波特率。如果数据以每秒 300 个二进制位在通信线上传送，那么这个传送速度为 300 波特。波特率的计算公式如下：

$$波特率=\frac{1}{信号持续时间}$$

总之，在异步串行通信中，接收设备和发送设备必须保持相同的传送波特率，并与每个字符数据的起始位同步。起始位、数据位、奇偶位和停止位的约定，在同一次传送过程中必须保持一致，这样才能成功地传送数据。

2. 传送控制方式

接口电路控制数据信号的传送，这种传送操作是在中央处理器监控下实现的。对中央处理器而言，数据传送就是输入/输出操作，中央处理器可以采用查询、中断和 DMA 3 种方式控制接口的传送操作。

(1) 查询方式。

查询方式是中央处理器在数据传送之前通过接口的状态设置存储电路询问外设，待外设允许传送数据后才传送数据的操作方式。在查询方式下，中央处理器需要完成下面一些操作：

① 中央处理器向接口发出传送命令，输入数据或输出数据；

② 中央处理器查询外设是否允许传送（输出数据发送完否或输入数据准备好否）。若不允许传送，则继续查询外设，直至允许传送（输出数据发送完或输入数据准备好）才传送数据。在查询方式下，中央处理器需要花费较多的时间去不断地“询问”外设，外设的接口电路处于被动状态。

有些输出设备随时可以接收数据，如发光二极管的亮或灭、电机的启动或停止；还有些输出设备在接收一个数据后需要过一段时间才能接收下一个数据，如 D/A 转换器。有些输入设备准备数据的时间是已知的，如 A/D 转换器。对于这类外部设备，就可以简化接口设计，省去状态设置存储电路和查询程序，直接传送数据或者延迟一段时间后再传送数据。这种传送方式就是所谓的“无条件”传送方式。

(2) 中断方式。

中断方式是在外设要与中央处理器传送数据时，外设向中央处理器发出请求，中央处理器响应后再传送数据的操作方式。在中断方式下，中央处理器不必查询外设，而由接口在外设的输出数据发送完毕或接收数据准备好时通知中央处理器，中央处理器再发送或接收数据。中断方式提高了系统的工作效率，但中央处理器管理中断的接口比管理查询复杂。

(3) 直接存储器存取（DMA）方式。

DMA 方式是数据不经过中央处理器在存储器和外设之间直接传送的操作方式。DMA 方式是这 3 种方式中效率最高的一种传送方式，DMA 方式控制接口也最复杂，需要专用的 DMA 控制器。Intel 8237 和 8257 就是专用的 DMA 控制器芯片。在 DMA 方式下，先由存储器或者外设向 DMA 控制器发出 DMA 请求，DMA 控制器响应后再向中央处理器发出总线请求，中央处理器响应后就让 DMA 控制器接管 3 总线。3 总线在 DMA 控制器的管理下完成存储器和存储器之间或存储器和外设之间或者外设和外设之间的数据传送。DMA 方式适合数据量较大的传送，如存储器与磁盘之间的数据传送。

6.1.3 接口控制信号

无论采用什么样的控制方式，在电路实现上都是通过控制信号的交换来完成接口对数据传送的控制，现代微机系统都是采用总线接口方式，因此，接口控制信号可分为两类：总线控制信号和输入/输出控制信号。如图 6-3 所示。

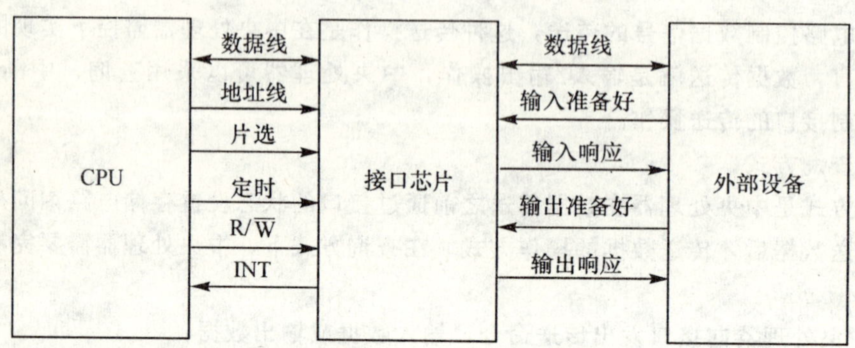

图 6-3 接口控制信号图

总线控制信号包括数据线、地址线、$\overline{IOR}$、$\overline{IOW}$等。

输入/输出控制信号比较复杂，不同控制方式的接口信号不同。一般包括数据线、输入/输出应答信号等。中断接口和 DMA 接口的控制信号更复杂一些，通常由接口芯片提供专用控制信号来完成数据传送控制。

6.2 I/O 指令和 I/O 地址译码

微处理器进行 I/O 操作时，对 I/O 接口的寻址方式与存储器寻址方式相似，即必须完成两种选择：一是选择出所选中的 I/O 接口芯片（称为片选）；二是选择出该芯片中的某一寄存器（称为字选）。

通常有两种 I/O 接口结构：一种是标准的 I/O 结构，另一种是存储器映象 I/O 结构（memory mapped I/O）。与之对应的有两种 I/O 寻址方式。

6.2.1 标准的 I/O 寻址方式

标准的 I/O 寻址方式也称为独立的 I/O 寻址方式或称为端口（Port）寻址方式。它有以下 3 个特点：

(1) I/O 设备的地址空间和存储器地址空间是独立的、分开的。即 I/O 接口地址不占用存储器的地址空间。

(2) 微处理器对 I/O 设备的管理是利用专用的 IN（输入）和 OUT（输出）指令来实现数据传送的。

(3) CPU对I/O设备的读/写控制是用I/O读/写控制信号($\overline{IOR}$、$\overline{IOW}$)。

采用标准的I/O寻址方式的微机处理器有Intel 8080A/8085A、80x86、Zilog Z80等。

应当指出，标准的I/O寻址方式是以端口(port)作为地址的单元，因为一个外设往往不仅有数据寄存器，还有状态寄存器和控制寄存器，它们各用一个端口才能区分，故一个外设常有若干个端口地址。

6.2.2 存储器映象I/O寻址方式

存储器映象I/O寻址方式又称为存储器对应I/O寻址方式，它也有3个特点：

(1) I/O接口与存储器共用同一个地址空间，即在系统设计时指定存储器地址空间内的一个区域供I/O设备使用，故I/O设备的每一个寄存器占用存储器空间的一个地址。这时，存储器与I/O设备之间的惟一区别是其所占用的地址不同。

(2) CPU利用对存储器的存储单元进行操作的指令来实现对I/O设备的管理。

(3) CPU用存储器读/写控制信号($\overline{MEMR}$、$\overline{MEMW}$)对I/O设备进行读/写控制。

MC6800微处理器是采用存储器映象I/O寻址的典型例子。80x86采用端口寻址方式。当然，采用端口寻址方式的微处理器，也可以采用存储器映象I/O寻址方式。

存储器映象I/O寻址方式的优点是：

(1) CPU对外设的操作可使用全部的存储器操作指令，故指令多，使用方便，如可对外设中的数据(存于外设的寄存器中)进行算术和逻辑运算，进行循环或移位等；

(2) 存储器和外设的地址分布图是同一个；

(3) 不需要专门的输入/输出指令。

其缺点是：

(1) 外设占用了内存单元，使内存容量减少；

(2) 存储器操作指令通常要比I/O指令的字节多，故延长了I/O操作的时间。

6.2.3 输入/输出指令

1. 输入指令IN Acc，Port或IN Acc，DX

输入指令是把一个字节或一个字由输入端口传送至AL(8位Acc)或AX(16位Acc)。端口地址若是由指令中的port所规定，则只可寻址0～255。端口地址若用寄存器DX间址，则允许寻址64K个输入端口。

2. 输出指令OUT Port，Acc或OUT DX，Acc

输出指令是把在AL中的一个字节或在AX中的一个字，传送至输出端口。端口寻址方式与IN指令相同。

输入/输出指令传送字节还是字，取决于端口的宽度。PC XT机端口宽度只有8位，只能传送字节。

6.2.4 I/O 接口的端口地址译码

80x86 微处理器都由低 16 位地址线寻址 I/O 端口，故可寻址 64K 个 I/O 端口，但在实际的 80x86 PC 机中，只用了最前面的 1K 个端口地址，也即只寻址 1K 范围内的 I/O 空间。因此仅使用了地址总线的低 10 位，即只有地址线 $A_9 \sim A_0$ 用于 I/O 地址译码。在 DMA 操作时，DMA 控制器控制了系统总线。DMA 控制器在发出地址的同时还要发出地址允许信号 AEN，所以还必须将 DMA 控制器发出的地址允许信号 AEN 也参加端口地址的译码，用 AEN 限定地址译码电路的输出。当 AEN 信号有效时即 DMA 控制器控制系统总线时，地址译码电路无输出；当 AEN 信号无效时，地址译码电路才有输出。

无论是大规模集成电路的接口芯片，还是基本的输入/输出缓冲单元，都是由一个或多个寄存器加上一些附加控制逻辑构成的。对这些寄存器的寻址就是对接口的寻址。通常采用两级译码方法，译码地址的高位组确定一个地址区域，作为组选信号；低位组地址直接接到芯片的地址输入端，选择芯片内各寄存器。

在 IBM PC 中采用了多种多样的译码电路。在这些译码电路中采用了大量 74 系列集成电路芯片，本书不一一详述，请参阅有关手册。

1. 直接地址译码

直接地址译码是一种局部译码方法，按照系统分配给某接口的地址区域，对地址总线的某些位进行译码，产生对该接口包含的缓冲器和寄存器的组选信号，再由低位地址线对组内缓冲器和寄存器译码寻址。

图 6-4 是采用直接地址译码寻址端口的电路。其中通过 3-8 译码器 74LS138 产生的是组选择信号，地址范围为 2F0H～2F3H。地址线 A_2、A_3、A_8 接到 74LS138 的 3 个译码输入端，A_4、A_5、A_6、A_7 通过 74LS20 接到译码器的使能端 $\overline{G_{2A}}$，A_9 直接接到译码器的使能端 G_1。由 DMA 控制器发出的地址允许信号 AEN 接到译码器的使能端 $\overline{G_{2B}}$。最低两位地址线 A_1、A_0 在 00～11 之间变化，A_1、A_0 与 I/O 读/写信号 $\overline{IOW}$、$\overline{IOR}$ 配合对组内寄存器寻址。通过两个 2-4 译码器 74LS139 寻址两组地址相同的寄存器；由 I/O 写信号控制的是写寄存器地址 2F0H～2F3H，由 I/O 读信号控制的是读缓冲器地址 2F0H～2F3H。不论读缓冲器，还是写寄存器都通过数据总线 $D_0 \sim D_7$ 传送其中的数据，所以组选择信号接到双向总线驱动器 74LS245 的使能端 $\overline{G}$ 上；方向控制信号 DIR 来自 I/O 读信号 $\overline{IOR}$。

图 6-4 所示的直接地址译码电路的输出线分别用于输入和输出。图 6-5 所示的直接地址译码电路的输出线，既可以用于输入也可以用于输出。

在 PC 机的系统板上各接口芯片的译码电路如图 6-6。高位地址线 A_5、A_6、A_7、A_8、A_9 和 DMA 控制器发出的地址允许信号 AEN 都接在 3-8 译码器 74LS138 的输入端和使能端上。输出对 8237 直接存储器存取（DMA）接口芯片、8259 中断控制器接口芯片、8253 计数器/定时器芯片和 8255 并行接口芯片的片选信号。至于芯片内各寄存器，则由低位地址线直接与各接口芯片的内部寄存器选择线相连来选择。

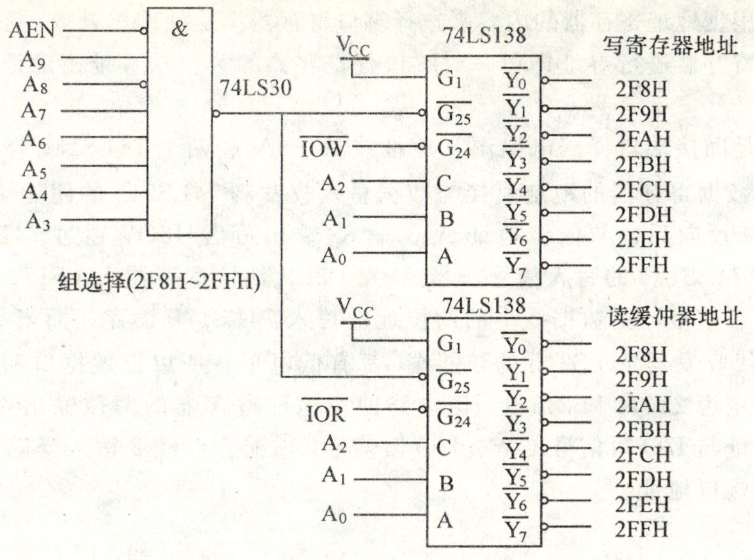

图 6-4　输入和输出分开的直接地址译码

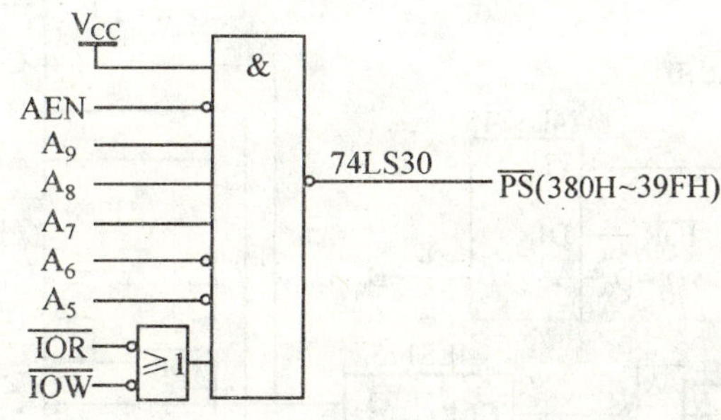

图 6-5　输入/输出直接地址译码

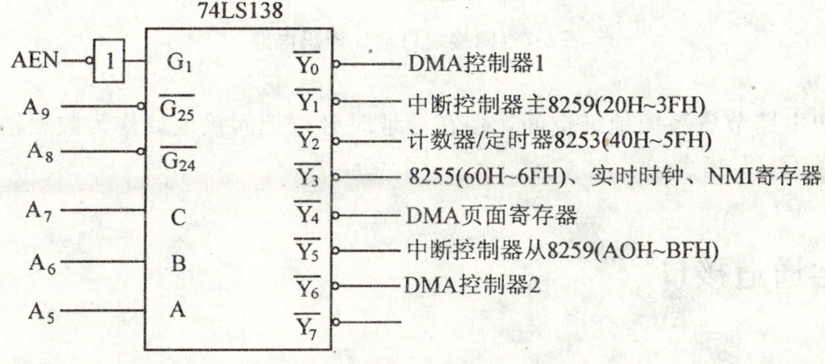

图 6-6　PC 微机接口芯片的译码电路

2. 间接端口地址译码

间接端口地址译码仅使用两个端口地址就可以对多个端口进行寻址，第一个端口地址指向地址寄存器，第二个端口地址指向数据寄存器。端口寄存器的地址都要先送到地址寄存器，然后再根据地址寄存器的内容来选择端口寄存器。从处理器看来，系统只需对地址寄存器和数据寄存器进行寻址即可，对端口各寄存器的第二次寻址由地址寄存器的内容确定。

图 6-7 就是间接端口译码电路图。地址线 $A_1 \sim A_9$ 经两个 74LS138 译码器译码，其输出信号作为数据寄存器的地址直接与数据总线收发器 74LS245 的使能端 $\overline{G}$ 相连；该输出又经 74LS04 反向后，与低位地址 A_0、输入/输出写信号 $\overline{IOW}$ 通过 74LS10 相与，产生地址寄存器 74LS175 的写入信号。当 A_0 为 1 时，地址寄存器 74LS175 的时钟端才有由低到高的写入信号，把数据线上的两位地址写入 74LS175 锁存。而当 A_0 为 1 或者为 0 时，数据总线收发器 74LS245 的使能端 $\overline{G}$ 都有低电平，所以把数据口和地址寄存器的端口地址分别定为 210H 和 211H。该电路使用地址寄存器的两位输出作为 2 级地址，这两位 2 级地址与 I/O 写信号 $\overline{IOW}$、I/O 读信号 $\overline{IOR}$ 配合，经 2 输入译码器 74LS139 译码再产生两组端口地址。

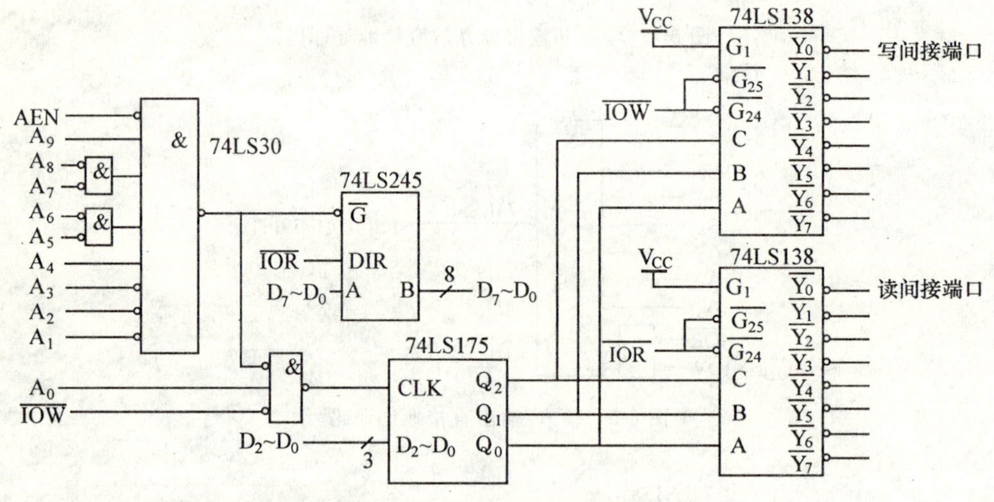

图 6-7　间接端口地址译码电路

这种译码电路节省系统地址空间，但在寻址时必须把间接地址作为数据输出，这样就多使用了一条 OUT 指令。

6.3　数字通道接口

在接口电路中，大量使用三态缓冲器、寄存器和三态缓冲寄存器来作微处理器与外部设备的数字量通道，用来输入/输出数据或检测和控制与之相连接的外部设备。微处理器可以将接口电路中的三态缓冲（寄存）器视为存储单元，把控制或状态信号作为数据位信息写到寄存器中或从三态缓冲（寄存）器中读出。寄存器的输出信号可以接到外部设备上，外部设备的信号也可以输入到三态缓冲寄存器中。例如，将寄存器与一个固态继电器

相连，微处理器通过向寄存器写 0 或 1，可以使继电器合上或释放。如果要检测某个开关的状态，就可以把开关接到三态缓冲器，微处理器通过三态缓冲器可以读入开关的状态，了解该开关的通断情况。

一般说来，微处理器都是通过三态缓冲（寄存）器检测外设的状态，通过输出寄存器发出控制信号。

6.3.1　数据输出寄存器

数据输出寄存器用来寄存微处理器送出的数据和命令。常用的寄存器有 74LS175（4 位）、74LS174（6 位）和 74LS273（8 位）。8D 触发器 74LS273 如图 6-8 所示。8 个数据输入端 $D_0 \sim D_7$ 与微型计算机的数据总线相连，8 个数据输出端 $Q_0 \sim Q_7$ 与外设相连。加到 74LS273 时钟端 CLK 的脉冲信号的上升沿将出现在 $D_0 \sim D_7$ 上的数据写入该触发器寄存。该触发器寄存的数据可由 $\overline{CLR}$ 上的脉冲的下降沿清除。该触发器寄存数据的过程是微处理器执行 OUT 指令完成的。执行 OUT 指令时，微处理器发出写寄存器信号，该信号通常是端口地址和 I/O 写信号 $\overline{IOW}$ 相负与产生的。将写寄存器信号接至 74LS273 的 CLK 端。OUT 指令就把累加器 AL 中的数据通过数据总线送至该触发器寄存。

74LS273

信号	引脚	引脚	信号
$\overline{CLR}$	1	20	V_{CC}
1Q	2	19	8Q
1D	3	18	8D
2D	4	17	7D
2Q	5	16	7Q
3Q	6	15	6Q
3D	7	14	6D
4D	8	13	5D
4Q	9	12	5Q
GND	10	11	CLK

1D~8D	数据输入
1Q~8Q	数据输出
$\overline{CLR}$	清除
CLK	时钟

图 6-8　74LS273 8D 触发器

74LS273 可以用做无条件传送的输出接口电路。

6.3.2　数据输入三态缓冲器

外设输入的数据和状态信号，通过数据输入三态缓冲器经数据总线传送给微处理器。74LS244 8 位三态总线驱动器如图 6-9 所示。8 个数据输出端 $1Y_1 \sim 1Y_4$、$2Y_1 \sim 2Y_4$ 与微型计算机的数据总线相连，8 个数据输入端 $1A_1 \sim 1A_4$、$2A_1 \sim 2A_4$ 与外设相连。加到输出允许 $\overline{1G}$ 和 $\overline{2G}$ 的负脉冲将数据输入端的数据送至数据输出端。执行 IN 指令时，微处理器发出读寄存器信号，该信号通常是端口地址和 I/O 读信号 $\overline{IOR}$ 相负与产生的。将读寄存器信号接至 74LS244 的输出允许端，IN 指令就把三态缓冲器 74LS244 数据输入端的数据，经数据总线输入累加器 AL 中。

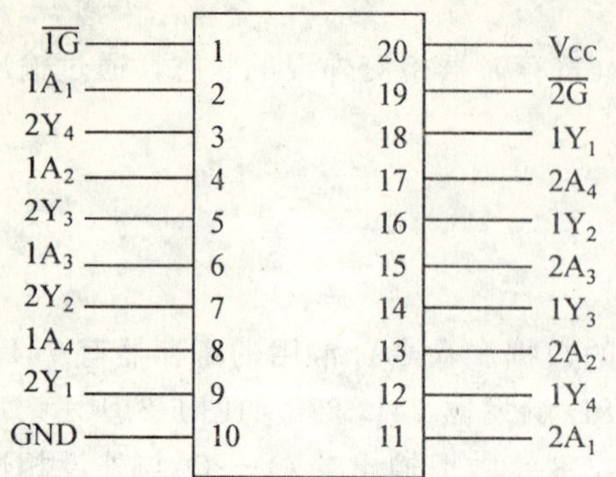

1A　2A	数据输入
1Y　2Y	数据输出
$\overline{1G}$	1A→1Y输出允许
$\overline{2G}$	2A→2Y输出允许

图 6-9　74LS244 三态总线驱动器

74LS244 可以用做无条件传送的输入接口电路。

6.3.3　三态缓冲寄存器

三态缓冲寄存器是由三态缓冲器和寄存器组成的。数据进入寄存器寄存后并不立即从寄存器输出，要经过三态缓冲才能输出。三态缓冲寄存器既可以作数据输入寄存器，又可以作数据输出寄存器。寄存器既可以由触发器构成，也可以由锁存器构成。触发器与锁存器是有差别的。锁存器有一锁存允许信号端，当加到该端的信号为有效电平时，Q 端随 D 端变化，这时锁存器好比一“直通门”。当锁存允许信号变为无效时，锁存器将此变化前一瞬间 D 端的输入信号锁存起来，此后 D 端的变化不再影响 Q 端。将三态缓冲锁存器的锁存允许端接有效电平，三态缓冲锁存器即为三态缓冲器；将三态缓冲锁存器的输出允许端接有效电平，三态缓冲锁存器即为锁存器。第 4 章第 4.2 节介绍的 74LS373 就是三态缓冲锁存器。74LS374 是三态缓冲触发器，它的引线排列与 74LS373 相同。

6.3.4　寄存器和缓冲器接口的应用

寄存器和缓冲器接口的应用简单又灵活，只要处理好它们的时钟端（选通端）或输出允许端与微型计算机的连接即可。在下述应用接口电路中都使用图 6-10 所示的电路的地址译码，该电路的 8 个输出端是对图 6-5 所示的输入/输出直接地址译码电路的$\overline{PS}$进一步译码的输出。它们既可直接与寄存器或缓冲器的时钟端或输出允许端相连，用做写寄存器信号或读缓冲器信号，还可以用做其他输入和输出接口的片选信号。需要注意的是图 6-5 中的$\overline{PS}$不仅仅是对地址信号译码的输出信号，其中也包含有输入和输出的读或写信号。若使用的仅仅是对地址信号译码的输出信号，则要将它和$\overline{IOR}$或者$\overline{IOW}$相与后才能用作读缓冲器或写寄存器的信号。

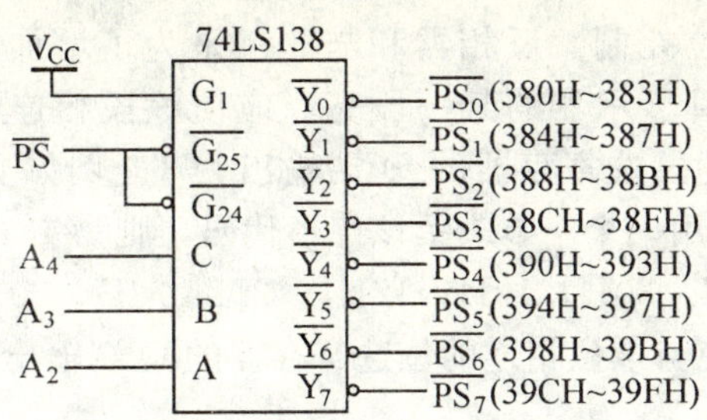

图 6-10　读缓冲器和写寄存器信号

1. 七段发光二极管显示器接口

发光二极管显示器（LED）是微型计算机应用系统中常用的输出装置。七段发光二极管显示器内部由 7 个条形发光二极管和一个圆点发光二极管组成。根据各管的亮暗组合成十六进制数、小数点和少数字符。常用的七段发光二极管显示器的引线排列如图 6-11 所示。其中 com 为 8 个发光二极管的公共引线，根据内部发光二极管的接线形式可分成共阴极型和共阳极型。若该引线接内部 8 个发光二极管的阴极，abcdefgh 则为 8 个发光二极管的阳极的引线，这即是共阴极型的七段发光二极管显示器；若该引线接内部 8 个发光二极管的阳极，abcdefgh 则为 8 个发光二极管的阴极的引线，这就是共阳极型的七段发光二极管显示器。下面以共阴极型为例，说明接口方法。

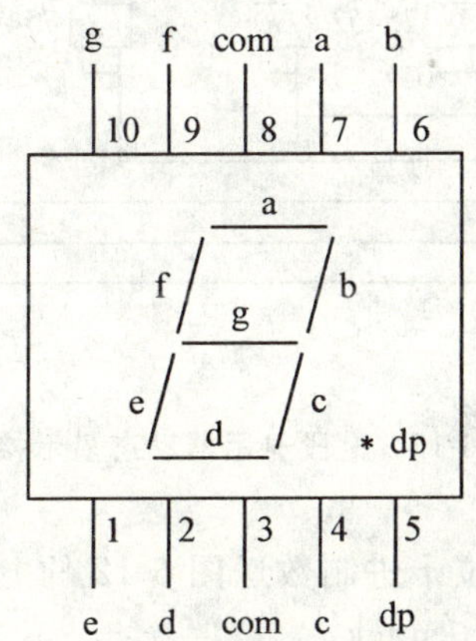

图 6-11　七段 LED 的引线排列

计算机与七段发光二极管显示器的接口，分成静态显示接口和动态显示接口。七段发光二极管显示器的静态接口是每个七段发光二极管显示器的阳极单独用一组寄存器控制，并将其公共点接地。七段发光二极管显示器的动态接口使用 2 组寄存器。几个七段发光二极管显示器的阳极共用一组寄存器，该寄存器称作段选寄存器。另一组寄存器控制这几个七段发光二极管显示器的公共点，控制这几个显示器逐个循环点亮。适当选择循环速度，利用人眼“视觉暂留”效应，使其看上去好像这几个七段发光二极管显示器同时在显示一样。控制公共点的寄存器称为位选寄存器。

采用动态控制 6 个七段发光二极管显示器与 PC 机的接口电路如图 6-12 所示。图中所有显示器相同的段选端并接在一起，由一组 7 位寄存器控制，每个显示器的 com 端分别由一组 6 位寄存器的某一位控制。反相器和与非门是为了增加驱动电流。根据图 6-14 的连接，要使七段发光二极管显示器的某一段亮，应使该段相连的段选寄存器的 Q 端输出为 0，同时使其他段相连的段选寄存器的 Q 端输出为 1。例如要显示数字 5，则应使段选寄存器输出为 0010010。若用一个字节表示该字形代码，则为 12H。10 个十进制数的字形代码分别是 40H，79H，24H，30H，19H，12H，02H，78H，00H，18H。要使六位中的某一位亮，其他五位灭，应使与该位相连的位选寄存器的 Q 端输出为 1，其他各位为 0。

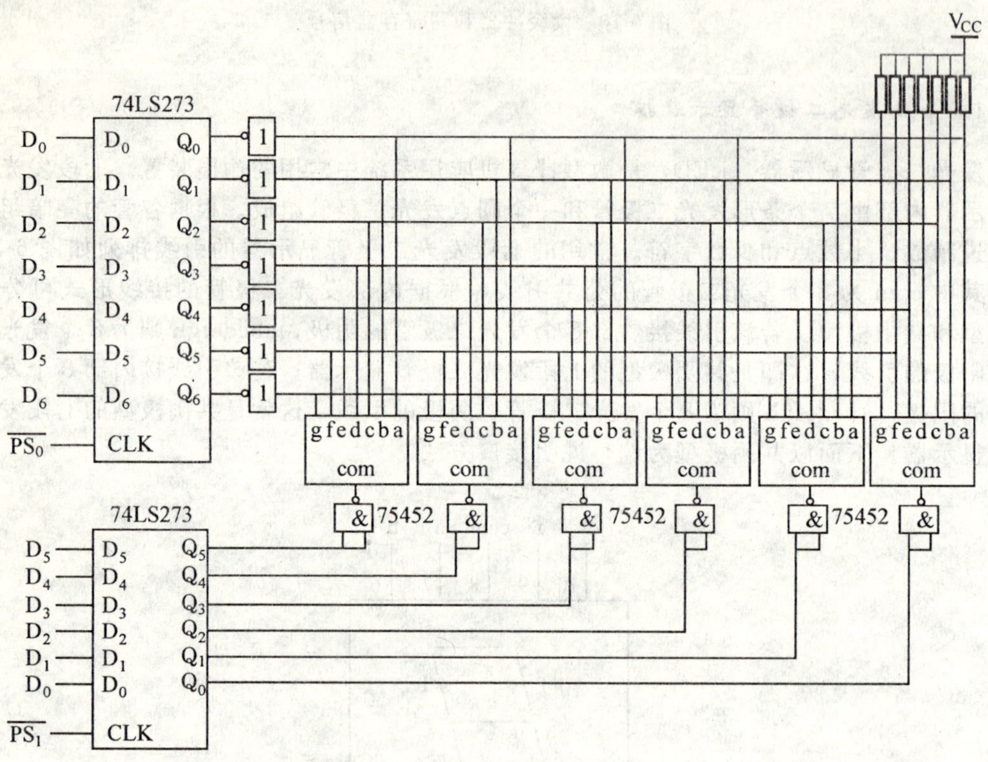

图 6-12　七段显示器动态显示接口

把从 PC 机的键盘键入的六位十进制数送图 6-12 的七段显示器显示的程序如下：

```
stack    segment stack 'stack'
         dw 32 dup (0)
stack    ends
data     segment
IBF      DB 7, 0, 7 DUP (0)
SEGPT    DB 40H, 79H, 24H, 30H, 19H, 12H, 2, 78H, 0, 18H
data     ends
code     segment
start    proc far
         assume  ss: stack, cs: code, ds: data
```

```
            push ds
            sub ax，ax
            push ax
            mov ax，data
            mov ds，ax
            MOV DX，OFFSET IBF          ；键入
            MOV AH，10
            INT 21H
AGANO：     MOV BP，OFFSET IBF+2        ；建立指针
            MOV AH，20H                 ；位指针代码
            MOV BH，0                   ；将键入数的ASCII码变为BCD数
AGANI：     MOV BL，DS：[BP]
            AND BL，0FH
            MOV AL，SEGPT [BX]          ；取BCD数的七段显示代码
            MOV DX，380H                ；输出段码
            OUT DX，AL
            MOV AL，AH                  ；输出位码
            MOV DX，384H
            OUT DX，AL
            MOV CX，1000                ；延时
            LOOP $
            INC BP                      ；调整BCD数存放指针
            SHR AH，1                   ；调整位指针
            AND AH，AH                  ；键入的6位数都输出否？
            JNZ AGANI                   ；若6位数都已输出则退出内循环
            MOV AH，11                  ；系统功能调用检查键盘有无输入
            INT 21H
            CMP AL，0                   ；键盘有输入AL=FFH，无输入AL=0
            JE AGANO                    ；有键入结束运行，无键入循环
            ret
start       endp
code        ends
            end start
```

2. 键盘接口

这里介绍的键盘是由若干个按键组成的开关矩阵，用于向计算机输入数字、字符等代码，是最常用的输入电路。在键盘的按键操作中，其开或闭均会产生10～20ms的抖动，可能导致一次按键被计算机多次读入的情况。通常采有RC吸收电路或RS触发器组成的闩锁电路来消除按键抖动；也可以采用软件延时的方法消除抖动。这里设开关为理想开关

即没有抖动。

图 6-13 是一个 4×4 键盘及其接口电路，用它向计算机输入 0～F 16 个十六进制数码。图中寄存器 74LS273 的输出接键盘矩阵的行线，缓冲器 74LS244 的输入接键盘矩阵的列线。列线还通过电阻接高电平。若将寄存器 74LS273（端口地址 380H）全部输出低电平，从缓冲器 74LS244（端口地址 384H）读入键盘的开关的状态为 1111，则无键闭合；否则有键闭合。有键闭合后，再逐行逐列检测，确定是哪个键闭合。确定的方法是：将按键的位置按行输出值和列输入值进行编码。编码（十六进制数）与按键的位置关系对应如下：

77	B7	D7	E7
7B	BB	DB	EB
7D	BD	DD	ED
7E	BE	DE	EE

若把该键盘矩阵的按键定义为十六进制数：

7	8	9	A
4	5	6	B
1	2	3	C
0	F	E	D

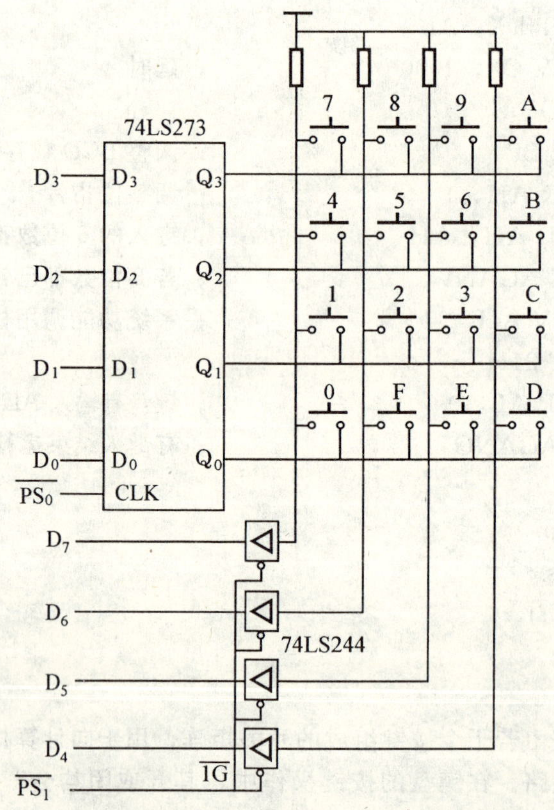

图 6-13　4×4 键盘及其接口电路

按上述定义的对应关系和十六进制数的顺序，将按键的编码排成数据表，放在数据区中。再根据这种编码规则将扫描键盘的列值和行值组合成一代码。将该代码与数据区中的数据表比较，即可确定闭合键。按上述思路确定闭合键所代表的十六进制数字，并将其送PC机的显示器显示的程序如下：

```
stack     segment stack 'stack'
          dw 32 dup (0)
stack     ends
data      segment
KEYTAB    DB 7EH, 7DH, 0BDH, 0DDH, 7BH, 0BBH, 0DBH, 77H
          DB 0B7H, 0D7H, 0E7H, 0EBH, 0EDH, 0EEH, 0DEH, 0BEH
data       ends
code       segment
start      proc far
          assume ss: stack, cs: code, ds: data
          push ds
          sub ax, ax
          push ax
          mov ax, data
          mov ds, ax;
LOP1:     MOV DX, 380H              ; 检测全键盘
          MOV AL, 0
          OUT DX, AL
          MOV DX, 384H
          IN AL, DX
          AND AL, 0F0H
          CMP AL, 0F0H
          JE LOP1
          MOV BX, 0                 ; 数据区的位移量送 BX
          MOV AH, 0EEH              ; 检测键盘的行的输出值（1110B）
LOP2:     MOV DX, 380H              ; 检测键盘的一行
          MOV AL, AH
          OUT DX, AL
          MOV DX, 384H
          IN AL, DX
          AND AL, 0F0H
          CMP AL, 0F0H
          JE LOP3
          ROR AH, 1                 ; 该行无键闭合检测另一行
          JMP LOP2
LOP3:     AND AH, 0FH
```

```
        OR AL, AH               ；闭合键的列值与行值组合编码
LOP4:   CMP AL, KEYTAB [BX]     ；将闭合键的编码转换为该键代表的
        JE LOP5                 ；十六进制数字
        INC BX
        JMP LOP4
LOP5:   ADD BL, 30H             ；将十六进制数字转换为ASCII码
        CMP BL, 3AH
        JC LOP6
        ADD BL, 7
LOP6:   MOV DL, BL              ；将闭合键代表的数送显示器显示
        MOV AH, 2
        INT 21H
        ret
start   endp
code    ends
        end start
```

3. BCD 码拨盘及其接口

拨盘种类很多，使用最方便的是十进制数输入，BCD 码输出的 BCD 码拨盘。这种拨盘具有 0～9 等 10 个位置，每个位置都有相应的数字显示，代表拨盘输入的十进制数。每片拨盘都有 5 个接点，其中 A 为输入控制线，另外 4 个接点 8、4、2、1 是 BCD 码输出信号线。拨盘拨到不同位置时，输入控制线 A 分别与 BCD 码输出线中某根或某几根接通。例如，拨盘拨到 0，A 与 4 根线都不通；拨到 1，A 与输出线 1 接通；拨到 2，A 与输出线 2 接通；拨到 3，A 与输出线 2 和 1 接通……拨到 9，A 与输出线 8 和 1 接通。由此可看出，若将拨盘的 A 接高电平，则输出线输出的即是 8421 码。图 6-14 是 2 位十进制数输入拨盘组及其接口电路。图 6-15 是 8 位十进制数输入拨盘组及其接口电路。

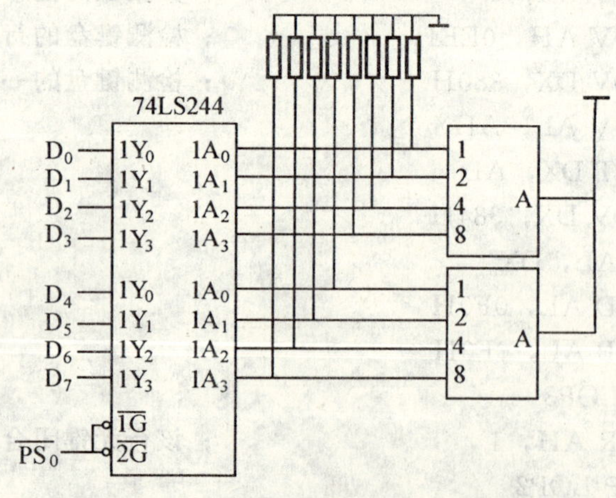

图 6-14　2 位拨盘组及其接口电路

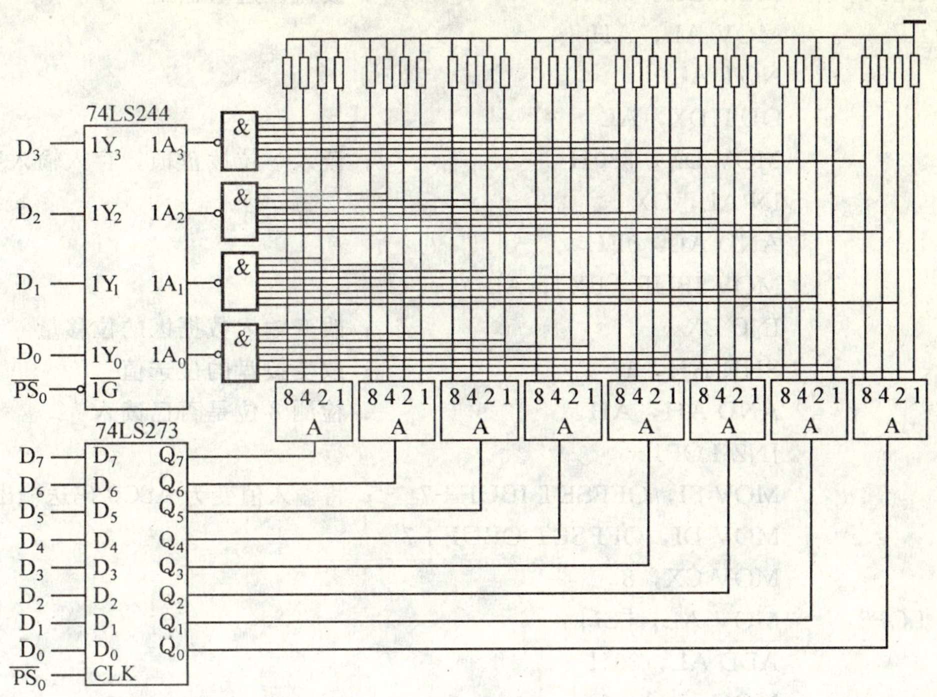

图 6-15　8 位拨盘组及其接口电路

将图 6-15 拨盘组输入的 8 位十进制数读入数据区并送 PC 机的显示器显示的程序如下：

```
stack      segment stack 'stack'
           dw 32 dup (0)
stack      ends
data       segment
KEYTAB     DB 7EH, 7DH, 0BDH, 0DDH, 7BH, 0BBH, 0DBH, 77H
           DB 0B7H, 0D7H, 0E7H, 0EBH, 0EDH, 0EEH, 0DEH, 0BEH
data       ends
code       segment
start      proc far
           assume ss: stack, cs: code, ds: data
           push ds
           sub ax, ax
           push ax
           mov ax, data
           mov ds, ax
           MOV BX, 0          ; 拨盘输入数据区的位移量
           MOV AH, 80H        ; 拨盘位选值
```

```
LOP1:   MOV DX, 384H                ;拨盘位选值输出
        MOV AL, AH
        NOT AL
        OUT DX, AL
        MOV DX, 380H                ;读入一位拨盘值，存入输入数据区
        IN AL, DX
        AND AL, 0FH
        MOV IBUF [BX], AL
        INC BX                      ;改变输入数据区的位移量
        SHR AH, 1                   ;改变拨盘的位选值
        AND AH, AH                  ;检测8位是否已读入
        JNZ LOP1
        MOV SI, OFFSET IBUF+7       ;将输入值变为ASCII码送输出数据区
        MOV DI, OFFSET OBUF+7
        MOV CX, 8
LOP2:   MOV AL, [SI]
        ADD AL, 30H
        MOV [DI], AL
        DEC SI
        DEC DI
        LOOP LOP2
        MOV OBUF+8,'$'
        MOV DX, OFFSET OBUF         ;将8位拨盘值送显示器显示
        MOV AH, 9
        INT 21H
        ret
start   endp
code    ends
        end start
```

6.3.5 打印机适配器

较早期的打印机适配器是以板卡形式插在主机板的总线槽中的，随着芯片集成度的提高，主机板集成了越来越多的部件和相应功能，打印机适配器也因此作为一个部件集成于主机板中，但原理和对外信号连接仍然相同。本节介绍较早期的打印机适配器的工作原理，该适配器不仅可以用作连接打印机的接口电路，也可以作为通用输入/输出接口。较早期的打印机适配器有两种，一种是独立的打印机适配器板卡，该板卡有两组端口地址378H～37AH和278H～27AH；另一种是和显示器适配电路组合在一起的打印机适配器，该板卡的端口地址为3BCH～3BEH。这两种板卡上的打印机适配电路相同，两者的差别

仅在于端口地址不同。现在集成于主机板上的打印机适配器只有一个并行口（25 芯 D 型连接器），该并行口可以使用其中的任意一组端口地址。

打印机适配器由输入电路、输出电路、地址译码电路和数据总线隔离电路 4 部分组成。

1. 地址译码电路和数据总线隔离电路

打印机适配器的地址译码电路和数据总线隔离电路如图 6-16 所示。打印机适配器的译码电路采用直接译码与跳线开关相结合的方法提供两个地址区域的端口地址，其地址为 378H～37FH 和 278H～27FH（两个地址区域的区别仅在于 A_8 的变化，A_2 未参加译码）。地址线 A_9～A_3 和地址允许信号 AEN 经 8 输入的与非门 74LS30 与译码器 74LS155 相连，地址线 A_1 和 A_0 直接与译码器 74LS155 相连。译码器 74LS155 为双 2-4 译码器，输入/输出读写控制信号 $\overline{IOR}$、$\overline{IOW}$ 以及组选输入与译码器 74LS155 的使能端相连，以选择地址为 378H～37FH 或 278H～27FH 的读或写寄存器。$\overline{WPA}$ 和 $\overline{WPC}$ 是两个写寄存器选通信号，$\overline{RPA}$、$\overline{RPB}$ 和 $\overline{RPC}$ 是三个读寄存器选通信号。

数据总线隔离电路使用的是双向总线驱动器 74LS245，74LS245 的输入由地址译码电路的输出信号和 $\overline{IOR}$ 控制，仅在对端口 378H～37FH 或 278H～27FH 进行输入或输出操作时，74LS245 才将双向三态门单方向打开。

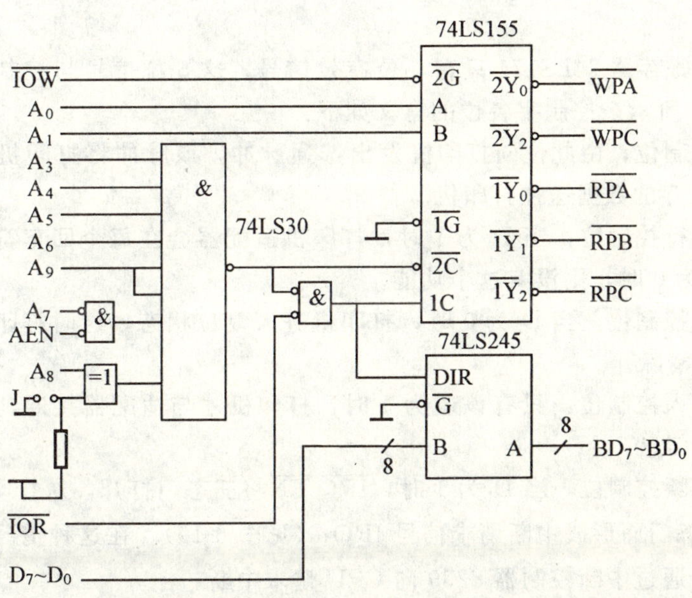

图 6-16　打印机适配器的地址译码电路和数据总线隔离电路

2. 输出电路和命令字

打印机适配器的输出电路包括数据输出电路和命令输出电路，如图 6-17 所示。数据输出电路由 74LS374 组成，地址译码电路的 $\overline{WPA}$ 将打印数据送到外部数据线 $DATA_7$～$DATA_0$。命令输出电路由输出控制字寄存器 74LS174 组成，地址译码电路的 $\overline{WPC}$ 将打印机适配器的输出控制字送输出控制字寄存器 74LS174 锁存。

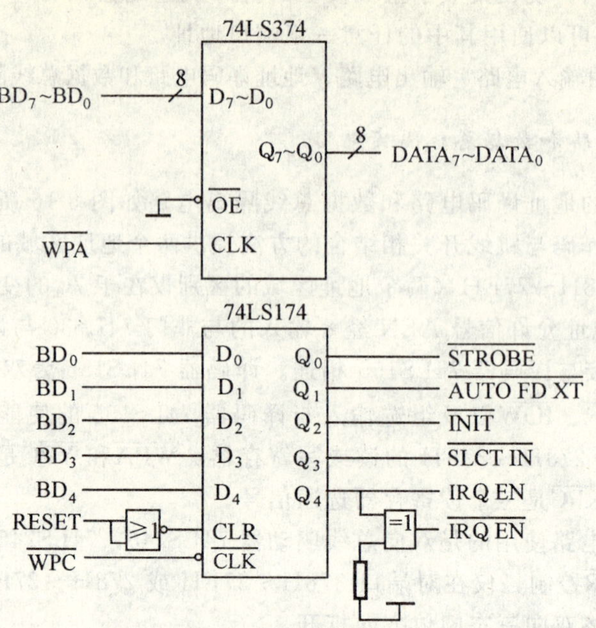

图 6-17 打印机适配器的输出电路

输出控制字寄存器 74LS174 只有 5 位有效信号，这 5 位信号与控制命令字各位一一对应，如图 6-18 所示。控制字各位的意义如下：

D_0为选通控制位，由此位向打印机发出选通脉冲，该脉冲将打印机适配器的数据寄存器 74LS374 锁存的数据送往打印机。

D_1为自动换行控制位，当 D_1为 1 时，打印机适配器会在每个回车符后面自动加一个换行符。若 D1 为 0 时，则没有这个功能。

D_2为初始化控制位，当 D_2为 0 时，打印机进入复位状态，这时打印机内部的打印行缓冲器被逐字节清除。

D_3为选择输入控制位，只有该位为 1 时，打印机才与适配器接通，此时适配器才可以和打印机交换信息。

D_4为允许中断控制位，当 D_4为 1 时，$\overline{\text{IRQ EN}}$将三态门打开，从打印机来的应答信号（$\overline{\text{ACK}}$）通过三态门而形成中断请求信号 IRQ_7（见图 6-19）。在这种情况下，有效的应答信号（$\overline{\text{ACK}}$）会通过中断控制器 8259 向 CPU 请求中断。

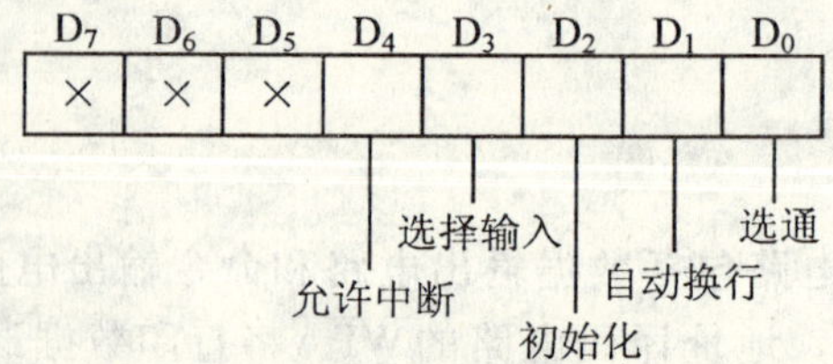

图 6-18 打印机适配器的控制命令字

3. 输入电路和状态字

输入电路包括状态输入电路、命令输入电路和数据回送电路，如图 6-19 所示。数据 $DATA_7 \sim DATA_0$ 通过 74LS244 回送，由 $\overline{RPA}$ 选通。而状态信号和回送命令都通过 74LS240 送到数据线 $BD_7 \sim BD_0$ 上，状态信号由 $\overline{RPB}$ 选通输入，命令由 $\overline{RPC}$ 选通回送。5 位状态信号与状态输入字各位一一对应如图 6-20 所示。状态字各位的意义如下：

D_7 是打印机忙（$\overline{BUSY}$）状态位，$\overline{BUSY}$ 为 0，表示打印机处于忙状态，不能接收新的数据。只有当 $\overline{BUSY}$ 为 1 时，计算机才能对 $\overline{STROBE}$ 置位，从而使数据由打印机适配器送到打印机。以下几种原因都会使打印机处于忙状态：打印机适配器正在往打印机送字符；打印机正在打印；打印机处于脱机状态（SLCT 为 0）；打印出错。

D_6 为打印机应答（$\overline{ACK}$）信息位，$\overline{ACK}$ 为 0，表示打印机接收或打印了刚才送来的字符，现在可以接收新的字符。每接收一个字符，打印机都会发一个 $\overline{ACK}$，$\overline{ACK}$ 的上升沿使 $\overline{BUSY}$ 成为低电平。

D_5 是表示打印机纸用完（PE）的状态位，该位为 1 表示打印机当前没有打印纸。

D_4 表示打印机是否处于联机（SLCT）状态，该位为 1 表示打印机处于联机状态；该位为 0 表示打印机处于脱机状态。

D_3 是打印出错（$\overline{ERROR}$）位，该位为 0 表示打印机工作不正常，其中包括打印纸用完和打印机处于脱机状态两种情况。若该位为 1，则表示打印机工作正常。

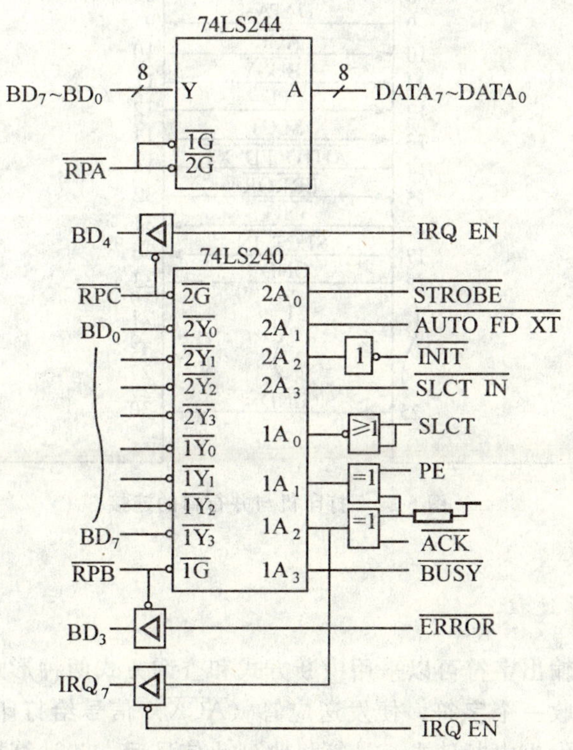

图 6-19　打印机适配器的输入电路

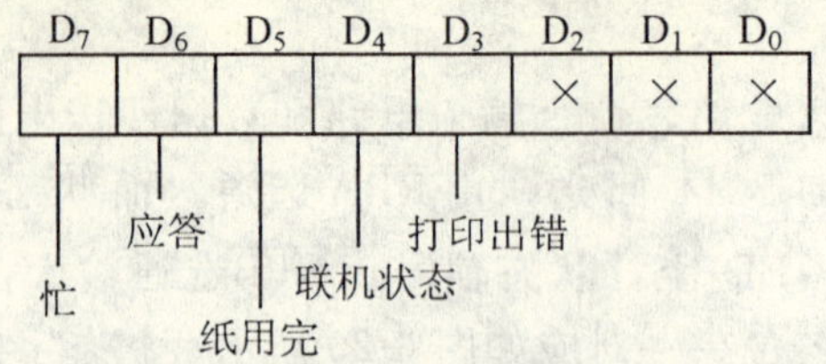

图 6-20　打印机适配器的状态输入字

4. 打印机适配器与打印机的连接

打印机适配器通过并行口（25 芯 D 型插座）与打印机（36 芯 D 型插座）的连接如图 6-21 所示。

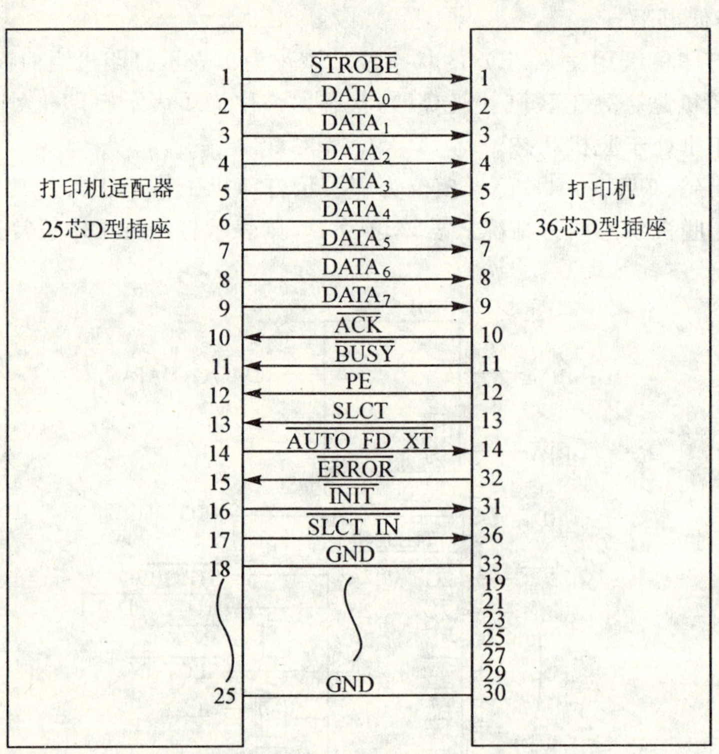

图 6-21　打印机与并行口的连接

5. 打印机的操作过程

计算机往打印机输出字符可以采用中断方式和查询方式两种形式。采用中断方式输出字符时，打印机每接收一个字符，便发送应答（$\overline{\text{ACK}}$）信号给打印机适配器，$\overline{\text{ACK}}$信号经输入电路向计算机发出中断请求。计算机收到此信号后，若计算机是开中断状态，则在执行完本条指令之后，响应中断，从而往打印机发送下一个字符。采用查询方式输出字符

时，计算机要不断地测试打印机的忙（$\overline{BUSY}$）信号，当$\overline{BUSY}$为 0 时，说明打印机处于忙状态，即打印机正在接收字符或者正在打印字符，此时计算机必须等待。当忙信号消失即$\overline{BUSY}$为 1 时，计算机便往打印机发送一个字符。

采用查询方式打印寄存器 AL 内的一个字符的子程序如下：

```
PRINT   PROC
        PUSH AX
        PUSH DX
        MOV DX，378H
        OUT DX，AL          ；输出 AL 中的字符
        MOV DX，379H
WAIT：  IN AL，DX           ；读入打印机的状态
        TEST AL，80H        ；测试打印机是否“忙”
        JZ WAIT
        MOV DX，37AH
        MOV AL，0DH         ；输出 0DH 和 0CH，即为一个选通脉冲
        OUT DX，AL
        MOV AL，0CH
        OUT DX，AL
        POP DX
        POP AX
        RET
PRINT   ENDP
```

在 PC 机系统中，由 BIOS 用 INT 17H 形式提供了打印机服务程序，该服务程序的调用方法请见其他参考书。

6.4　模拟通道接口

微型计算机只能处理数字形式的信息，但是在实际工程中大量遇到的是连续变化的物理量。例如温度、压力、流量、光通量、位移量以及连续变化的电压、电流等。对于非电信号的物理量，必须先由传感器（transducer）进行检测，并且转换为电信号，然后经过放大器放大为 0～5V 电平的模拟量。模拟通道接口的作用就是实现模拟量和数字量之间的转换。模/数（A/D）转换就是把输入的模拟量变为数字量，供微型计算机处理。数/模（D/A）转换就是将微型计算机处理后的数字量转换为模拟量输出。

本节着重介绍 D/A、A/D 与微型计算机的接口以及它们的使用。A/D 和 D/A 的重要技术指标有：

1. 分辨率（resolution）

分辨率是指转换器对输出的数字量与输入的模拟量或输出的模拟量与输入的数字量的

分辨能力，通常用二进制数的位数来表示转换器的分辨率，如 8 位、10 位、12 位等。位数越多分辨率也就越高。对于 n 位转换器，其分辨率为整个模拟量的 $1/2^n$。

2. 转换时间

转换时间指转换器完成一次模拟量与数字量转换所花的时间。这个参数直接影响到系统的速度。

3. 量化误差

量化误差是指实际输出值与理论值之间的误差，量化误差是由转换器的转换分辨率直接造成的。

具有 8 位分辨率的 A/D 转换器，当输入 0～5V 电压时，对应的数字输出为 00H～FFH，即输入每变化 0.0196V 时，输出就变化 1。由于输入模拟量是连续变化的，只有当它的值为 0.0196V 的整数倍时，模拟量值才能准确转换成对应的数字量，否则模拟量将被“四舍五入”后由相近的数字量输出。例如 0.025V 被转换成 01H 输出，0.032V 被转换成 02H 输出，最大误差为 1/2 个最低有效位，这就是量化误差。

6.4.1 数模转换器及其与微型计算机的接口

由于 D/A 转换器与微型计算机接口时，微型计算机是靠输出指令输出数字量供 DAC 转换之用，而输出指令送出的数据在数据总线上的时间是短暂的（不足一个输出周期），所以 DAC 和微型计算机间，需有数据寄存器来保持微型计算机输出的数据，供 DAC 转换用。目前生产的 DAC 芯片可分为两类，一类芯片内部设置有数据寄存器，不需外加电路就可直接与微型计算机接口。另一类芯片内部没有数据寄存器，输出信号（电流或电压）随数据输入线的状态变化而变化，因此不能直接与微型计算机接口，必须通过并行接口与微型计算机接口。下面分别介绍这两类 DAC 芯片与微型计算机的接口方法。

1. 8 位数模转换器 DAC0832

（1）DAC0832 的结构。

DAC0832 是具有 20 条引线的双列直插式 CMOS 器件，其内部具有两级数据寄存器，完成 8 位电流 DA 转换。其结构框图及信号引线如图 6-22 所示。各引线信号可分为：

① 输入/输出信号。

D_0～D_7：8 位数据输入线。

I_{OUT1} 和 I_{OUT2}：I_{OUT1} 为 DAC 电流输出 1，I_{OUT2} 为 DAC 电流输出 2，I_{OUT1} 与 I_{OUT2} 之和为一常量。

R_{FB}：反馈信号输入端，反馈电阻在片内。

② 控制信号。

ILE：允许输入锁存信号，高电平有效。

$\overline{WR_1}$ 和 $\overline{WR_2}$：写信号，低电平有效。$\overline{WR_1}$ 为锁存输入数据的写信号，$\overline{WR_2}$ 为锁存从输入寄存器到 DAC 寄存器数据的写信号。

$\overline{XFER}$：传送控制信号，低电平有效。

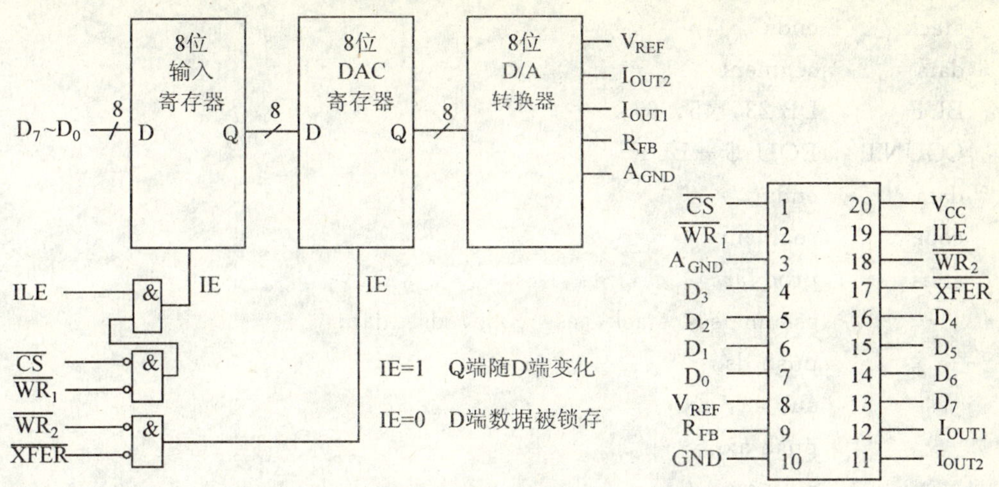

图 6-22　DAC0832 内部结构框图和引线

$\overline{CS}$：片选信号，低电平有效。

③ 电源和地。

V_{CC}：主电源，其范围为＋5～＋15V。

V_{REF}：参考输入电压，其范围为－10～＋10V。

A_{GND}和 D_{GND}：地线，A_{GND}为模拟信号地；D_{GND}为数字信号地，通常将 A_{GND}和 D_{GND}相连。

(2) DAC0832 与微型计算机的接口。

由于 DAC0832 内部有输入寄存器和 DAC 寄存器，所以它不需要外加其他电路便可以与微型计算机的数据总线直接相连。根据 DAC0832 的 5 个控制信号的不同连接方式，使得它可以有 3 种工作方式。

① 直通方式。

将$\overline{WR_1}$、$\overline{WR_2}$、$\overline{XFER}$和$\overline{CS}$接地，ILE 接高电平，就能使得两个寄存器跟随输入的数字量变化，DAC 的输出也同时跟随变化。直通方式常用于连续反馈控制的环路中。

② 单缓冲工作方式。

将其中一个寄存器工作在直通状态，另一个处于受控的锁存器状态。在实际应用中，如果只有一路模拟量输出，或虽有几路模拟量但并不要求同步输出，就可采用单缓冲方式。

单缓冲方式连接的方法有 3 种，如图 6-23 所示。第 1 种方法为使 DAC 寄存器处于直通方式，应使$\overline{WR_2}$＝0 和$\overline{XFER}$＝0。为此把这两个信号固定接地。为使输入寄存器处于受控锁存方式，应把$\overline{WR_1}$接$\overline{IOW}$，ILE 接高电平。此外还应把$\overline{CS}$接高位地址线或译码器的输出，并由此确定 DAC0832 的端口地址。第 2 种方法是使输入寄存器处于直通方式，第 3 种方法是使输入寄存器和 DAC 寄存器同时处于受控的锁存器状态。输入数据线直接与数据总线相连。将数据区 BUFF 中的数据转换为模拟电压输出的程序如下：

```
stack       segment stack 'stack'
```

```
        dw 32 dup (0)
stack   ends
data    segment
BUF     DB 23, 45, 67, …
COUNT   EQU $-BUF
data    ends
code    segment
start   proc far
        assume ss: stack, cs: code, ds: data
        push ds
        sub ax, ax
        push ax
        mov ax, data
        mov ds, ax
        MOV BX, OFFSET BUF
        MOV CX, COUNT
AGAIN:  MOV DX, 380H
        MOV AL, [BX]
        OUT DX, AL
        INC BX
        LOOP AGAIN
        ret
start   endp
code    ends
        end start
```

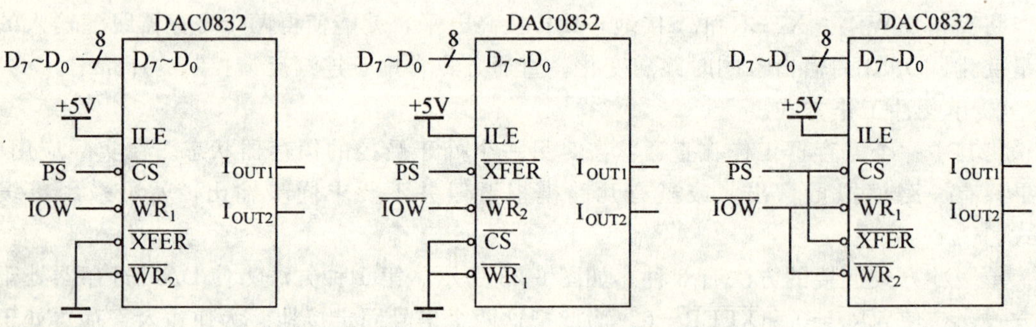

图 6-23　DAC0832 的单缓冲方式连接

【例 6.1】　产生锯齿波。

在许多应用中，要求有一个线性增长的锯齿波电压来控制检测过程、移动记录笔或移动电子束等。对此可通过 DAC0832 的输出端接运算放大器来实现，其电路连接如图 6-24

所示。产生锯齿波的程序如下：

```
stack     segment stack 'stack'
          dw 32 dup (0)
stack     ends
code      segment
start     proc far
          assume ss: stack, cs: code
          push ds
          sub ax, ax
          push ax
          mov ax, data
          mov ds, ax
          MOV DX, 380H
AGAIN:    INC AL
          OUT DX, AL
          PUSH AX
          MOV AH, 11                    ; 11 号功能调用
          INT 21H
          CMP AL, 0                     ; 有键入 AL=FFH, 无键入 AL=0
          POP AX
          JE AGAIN                      ; 无键入继续
          ret
start     endp
code      ends
          end start
```

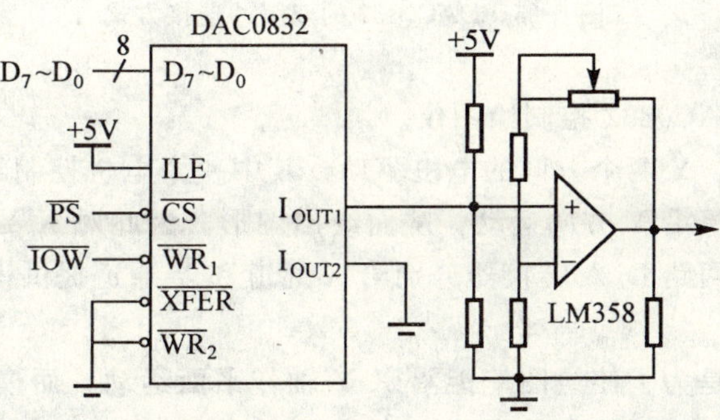

图 6-24　锯齿波产生电路

从锯齿波产生的程序可看出：

- 程序每循环一次 DAC0832 的输入数字量增 1，因此实际上锯齿波的上升是由 256 个小阶梯构成的，但由于阶梯很小，所以宏观上看就是线性增长的锯齿波。

- 可通过循环程序段的机器周期数计算出锯齿波的周期，并可根据需要，通过延时的办法来改变锯齿波的周期。当延迟时间较短时，可用指令 LOOP $ 来实现；当延迟时间较长时，可以使用一个延时子程序，也可以使用定时器来定时。
- 通过 DAC0832 输入数字量增量，可得到正向的锯齿波；如要得到负向的锯齿波，改为减量即可实现。
- 程序中数字量的变化范围是从 0～255，因此得到的锯齿波是满幅度的。如果要得到非满幅度的锯齿波，可通过计算求得数字量的初值和终值，然后在程序中通过置初值判终值的办法即可实现。

③ 双缓冲工作方式。

两个寄存器都处于受控方式。为了实现两个寄存器的可控，应当给它们各分配一个端口地址，以便能按端口地址进行操作。数/模转换采用两步写操作来完成。可在 DAC 转换输出前一个数据的同时，将下一个数据送到输入寄存器，以提高 DA 转换速度。还可用于多路数/模转换系统，以实现多路模拟信号同步输出的目的。

图 6-25 为 DAC0832 与微型计算机接口的双缓冲方式连接电路。这时，输入寄存器和 DAC 寄存器分别控制，故占用两个端口地址：380H 和 384H。380H 选通输入寄存器，384H 选通 DAC 寄存器。

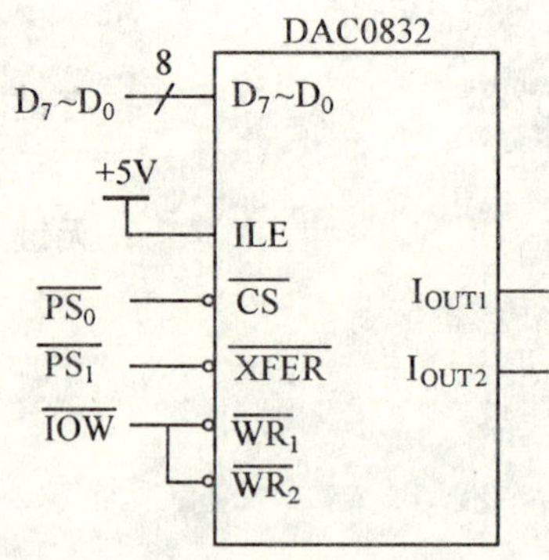

图 6-25 DAC0832 的双缓冲连接方式

【例 6.2】 用 DAC0832 控制绘图仪。

X-Y 绘图仪由 X、Y 两个方向的电机驱动，其中一个电机控制绘图笔沿 X 方向运动，另一个电机控制绘图笔沿 Y 方向运动，从而绘出图形。因此对 X-Y 绘图仪的控制有两点基本要求：一是需要两路 D/A 转换器分别给 X 通道和 Y 通道提供模拟信号，二是两路模拟量要同步输出。

两路模拟量输出是为了使绘图笔能沿 X-Y 轴作平面运动，而模拟量同步输出则是为了使绘制的曲线光滑。否则绘制出的曲线就是台阶状的。为此就要使用两片 DAC0832，并采用双缓冲方式连接，如图 6-26 所示。两片 DAC0832 共占据 3 个端口地址，其中两个输入寄存器各占一个地址，而两个 DAC 寄存器则合用一个地址。X 方向 DAC0832 输入寄存器的端口地址为 380H，Y 方向 DAC0832 输入寄存器的端口地址为 384H，两个 DAC 寄存器公用的端口地址为 388H。

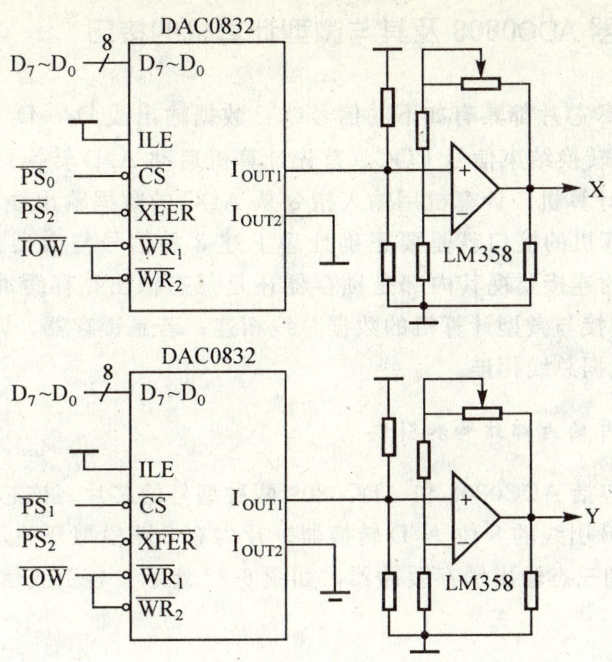

图 6-26　DAC0832 控制绘图仪的接口电路

程序中，先使用一条输出指令把 X 坐标数据送到 X 向转换器的输入寄存器。然后又用一条输出指令把 Y 坐标数据送到 Y 向转换器的输入寄存器。最后再用一条输出指令将前面两次写入输入寄存器的数据，同时打入两个转换器的 DAC 寄存器，进行数模转换。即可实现 X 和 Y 两个方向坐标量的同步输出。X 向坐标数据和 Y 向坐标数据存于 AX 中，则绘图仪的驱动子程序为：

```
HTY     PROC
        PUSH CX
        PUSH DX
        MOV DX，380H
        OUT DX，AL                    ；输出 X
        MOV DX，384H
        XCHG AH，AL
        OUT DX，AL                    ；输出 Y
        MOV DX，388H                  ；X、Y 送 DAC 寄存器
        OUT DX，AL
        POP DX
        POP CX
HTY     ENDP
```

6.4.2 模数转换器 ADC0808 及其与微型计算机的接口

各种型号的 ADC 芯片都具有如下的信号线：数据输出线 D_0～D_7（8 位 ADC），启动 A/D 转换信号 SC 与转换结束信号 EOC。首先计算机启动 A/D 转换；转换结束后，ADC 送出 EOC 信号通知计算机；计算机用输入指令从 ADC 的数据输出线 D_0～D_7 读取转换数据。ADC 与微型计算机的接口就是要正确处理上述 3 种信号与微型计算机的连接问题。ADC 的数据输出端的连接要视其内部是锁存器还是三态输出锁存缓冲器。若是三态输出锁存缓冲器，则可直接与微型计算机的数据总线相连；若是锁存器，则应将其数据输出端通过三态缓冲器与数据总线相连。

1. ADC0808 芯片的内部结构和引线

ADC0808 系列包括 ADC0808 和 ADC0809 两种型号的芯片。该芯片是用 CMOS 工艺制成的双列直插式 28 引线的 8 位 A/D 转换器。片内有 8 路模拟开关及地址锁存与译码电路、8 位 A/D 转换和三态输出锁存缓冲器，如图 6-27 所示。各引线信号意义如下：

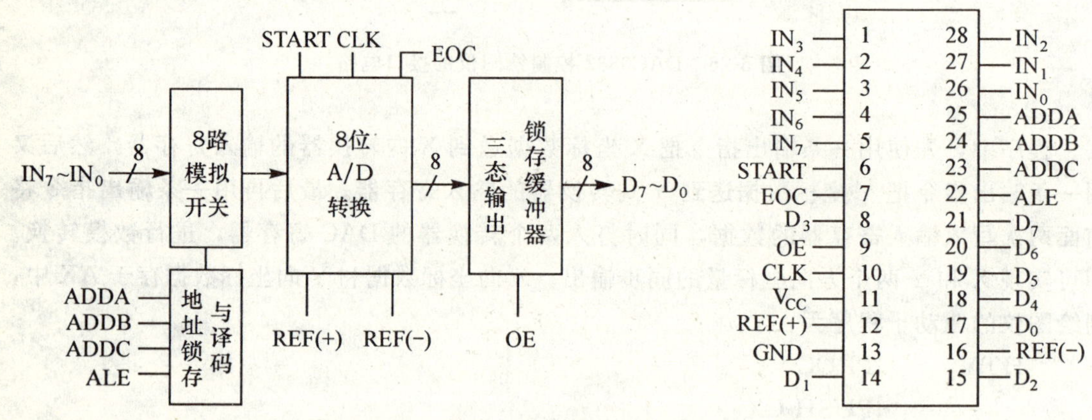

图 6-27 ADC0808 内部结构框图和引线

(1) ADDA、ADDB、ADDC：模拟通道选择线。

(2) IN_0～IN_7：8 路模拟通道输入，由 ADDA、ADDB 和 ADDC 3 条模拟通道选择线选择。

(3) DB_0～DB_7：数据线，三态输出，由 OE 输出允许信号控制。

(4) OE：输出允许，该引线上的高电平，打开三态缓冲器，将转换结果放到 DB_0～DB_7 上。

(5) ALE：地址锁存允许，其上升沿将 ADDA、ADDB 和 ADDC 3 条引线的信号锁存，经译码选择对应的模拟通道。ADDA、ADDB 和 ADDC 可接计算机的地址线，也可接数据线。ADDA 接低位线，ADDC 接高位线，它们的状态即与模拟通道输入 IN_0～IN_7 对应。

(6) START 转换启动信号，在模拟通道选通之后，由 START 上的正脉冲启动

A/D 转换过程。

(7) EOC (end of conversion)　转换结束信号，在 START 信号之后，A/D 开始转换，EOC 变为低电平，表示转换在进行中。当转换结束，数据已锁存在输出锁存器之后，EOC 变为高电平。EOC 可作为被查询的状态信号，亦可用来申请中断。

(8) REF (+)、REF (−)　基准电压输入。

(9) CLOCK　时钟输入，时钟频率为 640KHz。

2. ADC0808 与微型计算机的接口

由于 ADC0808 芯片内部集成了数据锁存三态缓冲器，其数据输出线可以直接与计算机的数据总线相连。所以，设计 ADC0808 与微型计算机的接口，主要是对模拟通道的选择、转换启动的控制和读取转换结果的控制等方面的设计。

可以用中断法传送，也可以用查询法传送，还可以用无条件传送。无条件传送即启动转换后等待 100 μs (ADC0808 的转换时间) 再读取转换结果的接口较简单。用 ADC0808 对 8 路模拟信号进行循环采集，各采集 100 个数据分别存入 8 个数据区中的无条件传送的接口电路如图 6-28 所示。无条件传送的采集程序如下：

```
stack     segment stack 'stack'
          dw 32 dup (0)
stack     ends
data      segment
COUNT     EQU 100
BUFF      DB COUNT×8 DUP (0)
data      ends
code      segment
start     proc far
          assume ss: stack, cs: code, ds: data
          push ds
          sub ax, ax
          push ax
          mov ax, data
          mov ds, ax
          MOV BX, OFFSET BUFF
          MOV CX, COUNT
OUTLP:    PUSH BX
          MOV DX, 380H          ；指向 0 通道地址
INLOP:    OUT DX, AL            ；启动转换，锁存模拟通道地址
          MOV AX, 50000         ；延时，等待转换结束
WT:       DEC AX
          JNZ WT
          IN AL, DX             ；读取转换结果
```

```
            MOV [BX], AL
            ADD BX, COUNT        ; 指向下一通道的存放地址
            INC DX               ; 指向下一通道的地址
            CMP DX, 388H         ; 8个通道都采集了吗?
            JB INLOP
            POP BX               ; 0通道存放地址弹出
            INC BX               ; 指向0通道的下一存放地址
            LOOP OUTLP
            ret
    start   endp
  code      ends
            end start
```

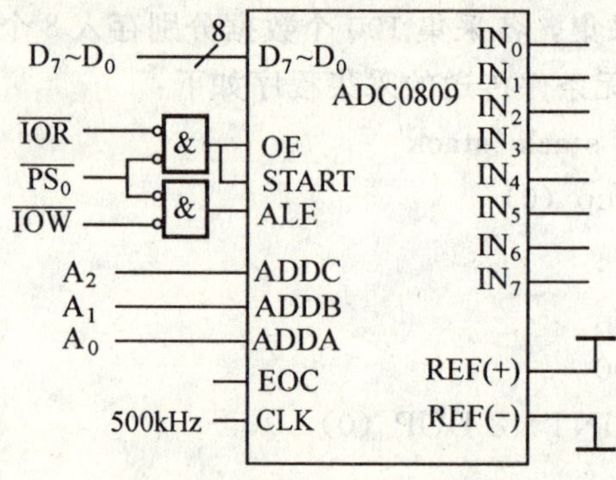

图 6-28　ADC0808 与微型计算机的接口

习题与思考题

1. 试画出 8 个 I/O 端口地址 260H～267H 的译码电路（译码电路有 8 个输出端）。
2. CPU 要实现对 16 个 I/O 端口 380H～38FH 的寻址，试画出地址译码电路。
3. 设某接口要求端口地址的范围为 2A0H～2BFH，试仅用 138 译码器设计端口译码电路，并写出各输出端的地址。
4. 试用图 6-8 接口电路的信号$\overline{PS}$、$\overline{IOR}$、$\overline{IOW}$、A_4～A_0实现对 SRAM 6116 芯片的 2048 个单元的读和写，设计接口电路图和控制程序。
5. 用一片 74LS244 做 ASCII 码（七位二进制数）的输入接口，输入 100 个字符在显示器上显示出来。试设计接口电路和控制程序。
6. 设计接口电路和控制程序，将 8 个理想开关输入的十进制数（0～255）送显示器显示。
7. 将键盘输入的十进制数（0～255）转换为二进制数，在 8 只发光二极管上显示出来。试设计这一输出的接口电路和控制程序（要求用除 2 取余实现十进制到二进制的转换）。
8. 直接用图 6-9 的$\overline{PS}$、$\overline{IOR}$和$\overline{IOW}$作图 6-15 和图 6-17 的读和写选通信号，应如何与

74LS273 的 CLK、74LS244 的 $\overline{1G}$ 相连？画出连接图。

9. 设计一监视 2 台设备状态的接口电路和监控程序：若发现某一设备状态异常（由低电平变为高电平），则发出报警信号（指示灯亮），一旦状态恢复正常，则将其报警信号撤除。

10. 设计接口电路和控制程序，用 8 个理想开关输入二进制数，8 只发光二极管显示二进制数。设输入的二进制数为原码，输出的二进制数为补码。

11. 设计一个 64 个按键的键盘及其接口。画出该接口电路的原理图，并编写用查询方式扫描键盘得到某一按下键的行和列值的程序。

12. 用代表 A，B，…，H 的 8 只理想按键和 1 只七段显示器分别输入和显示 A，b，C，d，E，F，g，H 等 8 个字符，当其中 1 只按键按下后立即更新显示器的显示。请设计接口电路和控制程序。

13. 从端口 260H 和 261H 分别读入某数字仪表给出的两位压缩型 BCD 数，进行法运算，结果从端口 263H 以同样的 BCD 形式输出。用 74LS244 作输入口，用 74LS273 作输出口，用 74LS138 译码，试设计其接口电路和控制程序段。

14. 一片内没有数据锁存器 8 位 D/A 接口芯片的 I/O 端口地址为 260H，画出接口电路图（包括地址译码电路）编写输出 15 个台阶的正向阶梯波的控制程序。

15. 利用 DAC 0832 输出周期性的方波、三角波、正弦波，画出原理图并写出控制程序。

16. 12 位 D/A 接口芯片 DAC1210 的工作原理与 DAC0832 基本相似，其内部结构如图 6-29 所示。画出 DAC1210 与 8 位数据线的接口电路图，写出输出周期性锯齿波的程序。

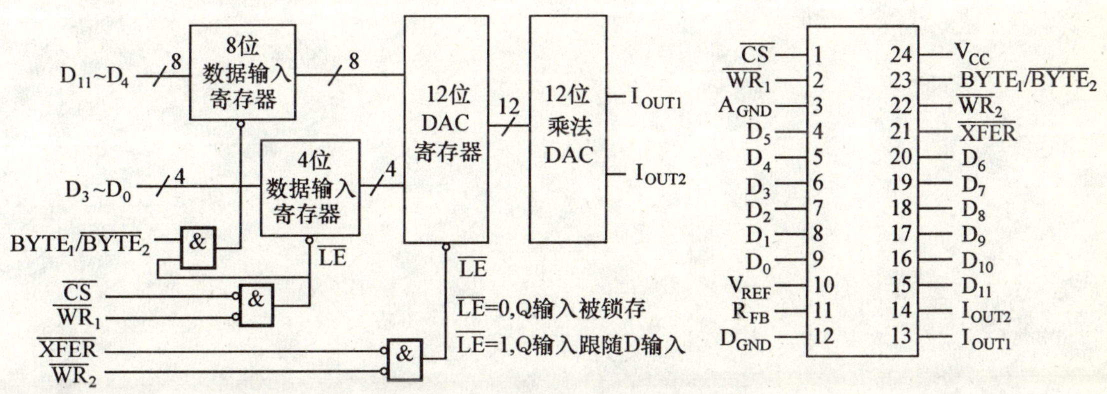

图 6-29　DAC1210 的内部结构

17. A/D 芯片 ADC 0816 与 ADC 0808/0809 基本相似，但 ADC 0816 为 16 个模拟输入通道（通道选择引线为 ADDD～ADDA）。请用查询方式设计一数据采集接口电路，并编写对 16 路模拟量循环采样一遍的程序，采集数据存入数据区 BUFF 中。要求设计地址译码电路，I/O 端口地址为 260H～26FH。

18. ADC1210 是片内没有三态输出缓冲器的 12 位 A/D 芯片，引线如图 6-30 所示。D_{11}～D_0 为数字量输出引线，它们输出锁存在输出锁存器中的转换结果，但输出锁存器不带三态缓冲器。CLK 为时钟信号输入端，其最高频率可达 260 kHz，转换速度为 100 μs。$\overline{SC}$是转换启动信号，低电平有效。$\overline{CC}$是转换结束信号，转换期间输出高电平，转换结束后输出变为低电平。当 R_{25} 和 R_{26} 输入的模拟电压的范围为 0～V_{REF} 时，V＋和 R_{27} 接＋5～＋15V；V－、R_{28} 和 GND 接地。请采用查询方式设计 ADC1210 与 ADC8088 的接口电路以及采集 100 个数据，并将其送数据区 BUFF 存放的控制程序。

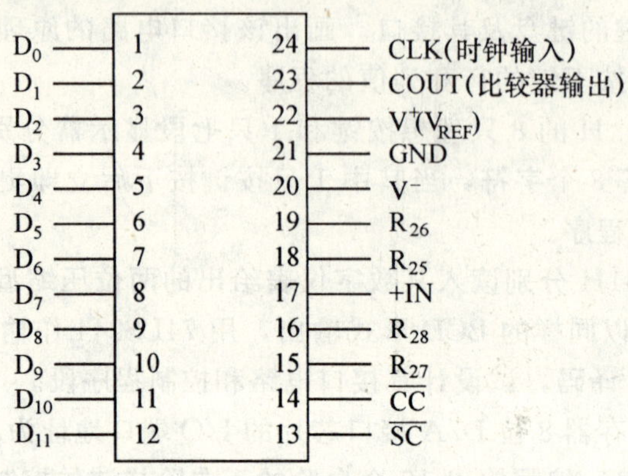

图 6-30　ADC1210 引线图

第 7 章　中断技术

7.1　中断和中断系统

7.1.1　中断的概念

早期的计算机没有中断功能，CPU 和外设之间的信息交换采用的是查询方式，CPU 的大部分时间都浪费在反复查询上。这就妨碍了计算机高速性能的充分发挥，产生了快速的 CPU 与慢速的外设之间的矛盾，这也是计算机在发展过程中遇到的严重问题之一。为解决这个问题，一方面要提高外设的工作速度；另一方面引入了中断。所谓中断，是指计算机在正常执行的过程中，由于种种原因，使 CPU 暂时停止当前程序的执行，而转去处理临时发生的事件，处理完毕后，再返回去继续执行暂停的程序。也就是说，在程序执行过程中，插入另外一段程序执行，这就是中断。使用中断技术，使得外部设备与 CPU 不再是串行工作，而是分时操作，从而大大提高了计算机的效率。所以，在微型计算机中，利用中断来处理外部设备的数据传送。随着计算机的发展，中断被不断赋予新的功能。例如，计算机的故障检测与自动处理，人机联系，多机系统，多道程序分时操作和实时信息处理等。这些功能均要求 CPU 具有中断功能，能够立即响应加以处理。这样的及时处理在查询的工作方式下是做不到的。

计算机所具有的上述功能，称为中断功能。为了实现中断功能而设置的各种硬件和软件，统称为中断系统。高效率的中断系统，能以最少的响应时间和内部操作去处理所有外部设备的服务请求，使整个计算机系统的性能达到最佳状态。中断系统已成为现代计算机不可缺少的组成部分。

7.1.2　中断源

引起中断的原因或发出中断申请的来源，称为中断源。通常中断源有以下几种：

(1) 一般的输入、输出设备，如键盘、打印机等。

(2) 数据通道中断源，如磁带等。

(3) 定时时钟。在控制中，常要遇到时间控制，若用 CPU 执行一段程序来实现延时的方法，则在这段时间内，CPU 不能干别的工作，降低了 CPU 的利用率，所以，常用外部时钟电路。当需要定时时，CPU 发出命令，命令时钟电路（这样的电路的定时时间通常是可编程的，即可用程序来确定和改变的）开始工作，待规定的时间到了后，时钟电路发出中断申请，由 CPU 加以处理。

(4) 故障源。例如电源掉电，就要求把正在执行的程序的状态——IP、CS、各个寄存器的内容和标志位的状态保留下来，以便重新供电后能从断点处继续运行。另外，目前绝大部分微型机，RAM 是使用半导体存储器，故电源掉电后，必须接入备用的电池供电电路，以保护存储器中的信息。所以在直流电源上，并上大电容，使其因掉电、电压下降到一定值时就发出中断申请，由计算机的中断系统执行上述的各项操作。

(5) 为调试程序而设置的中断源。一个新的程序编好以后，必须经过反复调试才能可靠地工作。在程序调试时，为了检查中间结果，或为了寻找毛病所在，往往要求在程序中设置断点或进行单步操作（一次只执行一条指令），这些就要由中断系统来实现。

7.1.3 中断系统的功能

为了满足上述各种情况下的要求，中断系统应具有如下功能：

1. 实现中断及返回

当某一中断源发出中断申请时，CPU 能决定是否响应这个中断请求。当 CPU 在执行更紧急、更重要的工作时，可以暂不响应中断；若允许响应这个中断请求，CPU 必须在现行的指令执行完后，把断点处的 IP 和 CS 值（即下一条应执行的指令的地址），各个寄存器的内容和标志位的状态，推入堆栈保留下来，称保护断点和现场。然后才能转到需要处理的中断源的服务程序（interrupt service routine）的入口，同时清除中断请求触发器。当中断处理完后，再恢复被保留下来的各个寄存器和标志位的状态（称为恢复现场），最后恢复 IP 和 CS 值（称为恢复断点），使 CPU 返回断点，继续执行被中断的程序。

2. 实现优先权排队

通常，在系统中有多个中断源，会出现两个或多个中断源同时提出中断请求的情况，这样就必须要设计者事先根据轻重缓急给每个中断源确定一个中断级别，即优先权（priority）。当多个中断源同时发出中断申请时，CPU 能找到优先权级别最高的中断源，响应它的中断请求；在优先权级别高的中断源处理完了以后，再响应级别较低的中断源。

3. 高级中断源能中断低级的中断处理

当 CPU 响应某一中断请求，在进行中断处理时若有优先权级别更高的中断源发出中断申请，则 CPU 要能中断正在进行的中断服务程序，保留这个程序的断点和现场（类似于子程序嵌套），响应高级中断，在高级中断处理完以后，再继续执行被中断的中断服务程序。而当发出新的中断申请的中断源的优先级别与正在处理的中断源同级或更低时，CPU 就先不响应这个中断申请，直至正在处理的中断服务程序执行完以后才去响应这个新的中断申请。

7.1.4 CPU对中断的响应及中断过程

CPU在现行指令结束后响应中断，即运行到最后一个机器周期的最后一个T状态时，CPU才检测INTR线。若发现有中断请求，CPU就响应中断，转入中断响应周期。在中断响应周期，CPU做以下几件事：

1. 关中断

在CPU响应中断后，发出中断响应信号$\overline{INTA}$的同时，内部自动地关中断。

2. 保留断点

CPU响应中断后把IP和CS推入堆栈保存，以备中断处理完毕后，能返回被中断程序。

3. 保护现场

为了使中断处理程序不影响被中断程序的执行，故要把断点处有关的各个寄存器的内容和标志位的状态推入堆栈保护起来。80x86是由软件（即在中断服务程序中）把要用到的寄存器的内容用PUSH指令推入堆栈，而标志位的状态是在保留断点的同时由硬件推入堆栈的。

4. 给出中断入口地址，转入相应的中断服务程序

80x86是根据中断源提供的中断向量类型码读取中断向量表得到中断服务程序入口地址的。

5. 恢复现场

把所保存的各个内部寄存器的内容和标志位的状态，从堆栈弹出，送回CPU中的原来位置。这个操作是用POP指令来完成的。80x86的标志位的状态由硬件恢复。

6. 中断返回

在中断服务程序的最后要安排一条中断返回指令，将堆栈内保存的IP和CS值弹出，运行就恢复到被中断程序。80x86、Pentium的中断返回指令还将堆栈内保存的标志状态弹出给标志寄存器，使系统恢复中断前的开中断状态。

7.2 中断控制器8259A

Intel 8259A是8080/8085以及80x86、Pentium的可编程的中断控制器，80x86、Pentium是通过它来管理中断的。它具有8级优先权控制，通过级联可扩展至64级优先权控制。每一级中断都可以屏蔽或允许。在中断响应周期，8259A可提供相应的中断向量，从而能迅速地转至中断服务程序。

7.2.1　8259 的组成和接口信号

8259A 是 28 条引线双列直插式封装的芯片。其内部组成如图 7-1 所示。

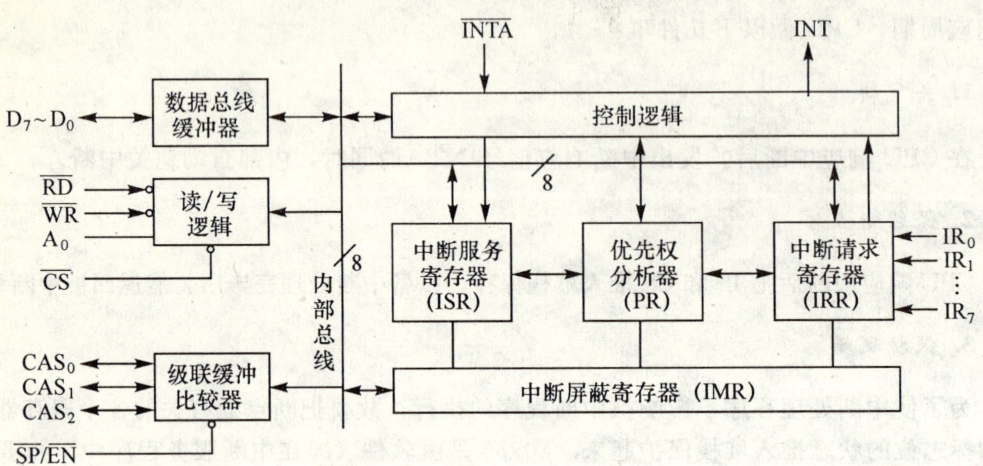

图 7-1　8259A 的内部组成

各引线及电路的功能如下：

1. 中断请求寄存器（IRR）和中断服务寄存器（ISR）

在中断输入线 $IR_7 \sim IR_0$ 上的中断请求，由两个相级联的寄存器——中断请求寄存器和中断服务寄存器来管理。IRR 用来寄存正在请求服务的所有中断，而 ISR 则用来寄存已响应的正在服务中和被挂起的中断。

2. 优先权电路

这个逻辑部件确定中断请求寄存器中的各个中断请求位的优先权。选择出优先权最高的中断。并由 $\overline{INTA}$ 脉冲将它存入中断服务寄存器的对应位中。

$IR_7 \sim IR_0$ 的优先级，通常按 $IR_0 > IR_1 > \cdots > IR_7$ 的顺序，通过程序也可以改为循环方式。

3. 中断屏蔽寄存器（IMR）

中断屏蔽寄存器的每一位对中断请求寄存器中相应的中断请求位的中断进行屏蔽，被屏蔽了的位对应的中断请求就不能送入优先权判定电路。

4. INT 中断

这个输出端直接送到 CPU 的中断请求输入端，向 CPU 请求中断。

5. $\overline{INTA}$ 中断响应

系统送来的中断响应信号 $\overline{INTA}$ 将使 8259A 向数据总线上送出中断向量（类型码）。

6. 数据总线缓冲器

数据总线缓冲器是三态、双向、8位的缓冲器，用来连接8259A和系统数据总线。控制字和状态信息都通过数据总线缓冲器进行传输。

7. 读/写控制逻辑

这个部件的功能是接收来自CPU的输出命令。它包含有初始化命令字寄存器和操作命令字寄存器。这两组寄存器用来寄存操作的各种控制字。这种功能也允许把8259A的状态传送到数据总线上。

A_0这根输入信号线配合$\overline{RD}$、$\overline{WR}$来向各个命令寄存器写入命令，也用来读取该片中各个状态寄存器。可将该线直接连到一根地址线上。

$\overline{CS}$片选信号线。该信号有效选中8259A。

8. 级联缓冲/比较器

这个功能块寄存并比较在系统中所使用的全部8259A的级联地址。在8259A作为主片使用时，CAS_2～CAS_0作为输出端使用，输出级联地址。而当8259A作为从片使用时，CAS_2～CAS_0则作为输入端使用，输入级联地址。这3条线与$\overline{SP}/\overline{EN}$（控制器程序控制/允许）相配合，实现8259A的级联，此时$\overline{SP}/\overline{EN}$为输入线，用来区分主/从芯片。在带总线缓冲器的系统中，$\overline{SP}/\overline{EN}$为输出线，用于开启总线缓冲器。

7.2.2 8259A处理中断的过程

8259A每次处理中断包括下述过程：

(1) 在中断请求输入端IR_7～IR_0上接受中断请求。

(2) 中断请求锁存在IRR中，并与IMR相"与",将未屏蔽的中断送给优先级判定电路。

(3) 优先级判定电路检出优先级最高的中断请求位，并置位该位的ISR。

(4) 控制逻辑接收中断请求，输出INT信号。

(5) CPU接收INT信号，进入连续两个中断响应周期。单片使用或是由CAS_2～CAS_0选择的从片8259A，就在第2个中断响应周期，将中断类型向量从D_7～D_0线输出；如果是作主片使用的8259A，则在第1个中断响应周期，把级联地址从CAS_2～CAS_0送出。

(6) CPU读取中断向量，转移到相应的中断处理程序。

(7) 中断的结束是通过向8259A送一条EOI（中断结束）命令，使ISR复位来实现的。在中断服务过程中，在EOI命令使ISR复位之前，不再接受由ISR置位的中断请求。

7.2.3 8259A的级联连接

8259A单片使用，如图7-2所示，在IR_7～IR_0上输入中断请求，INT和$\overline{INTA}$与CPU相连接。这时，中断请求输入共计有IR_0～IR_7，共8个级别。

8259A可以进行级联连接，图7-3为8259A的级联连接方法。在级联连接中，把一

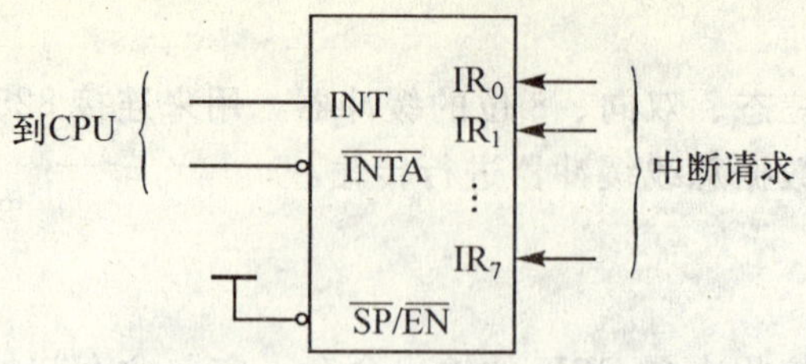

图 7-2　8259A 单独使用情况

个 8259A 作为主控制器芯片，该芯片的 IR_i 端连到从属控制器 8259A 的 INT 输出端。没有连接从属控制器的主控制器的 IR_i 输入端，可以直接作为中断请求输入端使用。一个主控制器最多可以连接 8 个从属控制器，中断请求最多可为 8×8=64 级。

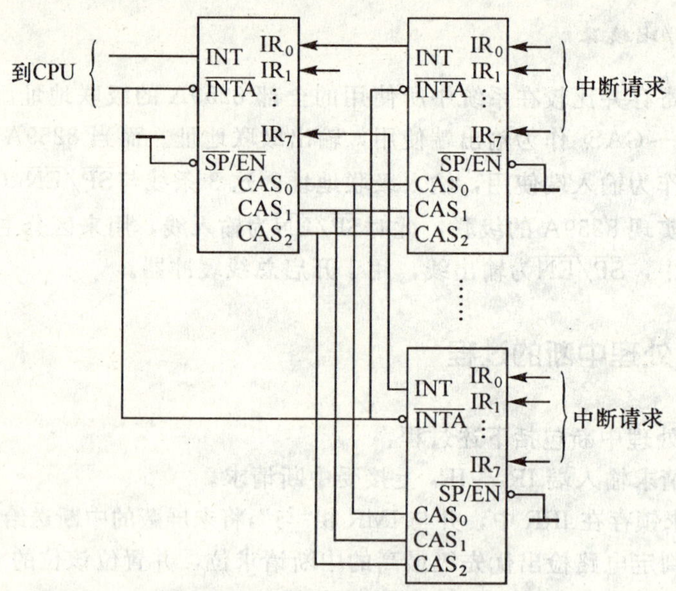

图 7-3　8 个从属控制器的级联连接

7.2.4　8259A 的命令字

8259A 的命令字包括初始设定的初始化命令字 ICW 和操作过程中给出的操作命令字 OCW。

1. 初始化命令字

初始化命令字 ICW 包括 ICW_1～ICW_4 4 个命令字，用于设定 8259A 的工作方式、中断类型码等。对于 80x86 CPU，ICW 命令字设置过程如图 7-4 所示。无论 8259A 处于什么状态，只要命令字的 D_4 位为“1”，地址位 A_0 为“0”，就是 ICW_1 命令字。而且将下面的1～3字节的命令作为 ICW_2～ICW_4 命令字，完成初始化设定操作。

图 7-4 中，LTIM：1 为电平触发中断，0 为边沿触发中断；

SNGL：1 为单独使用，0 为级连使用；

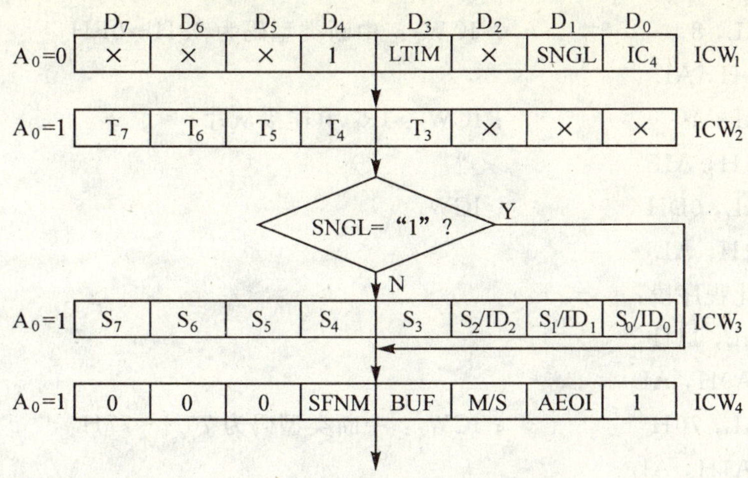

图 7-4 8259A 的 ICW 设置过程

IC_4：1 为设置 IC_4，0 为不设置 IC_4；

$T_7 \sim T_3$：中断类型码高 5 位（低 3 位为 $IR_7 \sim IR_0$ 编码后的值）；

$ID_2 \sim ID_0$：从片的识别地址（存放 $IR_7 \sim IR_0$ 编码后的值），从片使用；

$S_7 \sim S_0$：主片的 $IR_7 \sim IR_0$ 上连接从片 8259A 时，相对应的位为 1，主片使用；

SFNM：1 为特殊全嵌套方式，0 为全嵌套方式；

AEOI：1 为自动结束中断方式，0 为非自动结束中断方式；

BUF：1 为缓冲方式，0 为非缓冲方式；

M/S：1 为主片，0 为从片。

【例 7.1】 试按照如下要求对 8259A 设置初始化命令字：系统中仅用一片 8259A，中断请求信号采用边沿触发方式；中断类型码为 08H～0FH；用全嵌套、缓冲、非自动结束中断方式。8259A 的端口地址为 20H 和 21H。

该片 8259A 的初始化设置的程序段如下：

```
MOV AL，13H        ；ICW1：边沿触发，单片，设置 IC4
OUT 20H，AL
MOV AL，8          ；ICW2：中断类型码为 8～FH
OUT 21H，AL
MOV AL，0DH        ；ICW4：全嵌套、缓冲、非自动结束中断方式
OUT 21H，AL
```

【例 7.2】 试对一个主从式 8259A 进行初始化命令字的设置。从片的 INT 与主片的 IR_2 相连。从片的中断类型码为 70H～77H，端口地址为 A0H 和 A1H；主片的中断类型码为 08H～0FH，端口地址为 20H 和 21H。中断请求信号采用边沿触发，采用全嵌套、缓冲、非自动结束中断方式。

主片初始化程序段：

```
MOV AL，11H        ；ICW1
```

```
    OUT 20H，AL
    MOV AL，8            ；ICW2：中断类型码为 08H～0FH
    OUT 21H，AL
    MOV AL，4            ；ICW3：IR2 上连接从片
    OUT 21H，AL
    MOV AL，0DH          ；ICW4
    OUT 21H，AL
```

从片初始化程序段：

```
    MOV AL，11H
    OUT 0A0H，AL
    MOV AL，70H          ；ICW2：中断类型码为 70H～77H
    OUT 0A1H，AL
    MOV AL，2            ；ICW3：从片的识别地址，即主片的 IR2
    OUT 0A1H，AL
    MOV AL，9
    OUT 0A1H，AL
```

80x86 PC 在上电初始化期间，BIOS 已设定 8259A 的初始化命令字，用户不必设定。

2. 操作命令字

操作命令字 OCW 是操作过程中给出的命令，初始设定结束后的命令字都是 OCW。OCW 包括 OCW_1～OCW_3 3 个命令字，如图 7-5 所示。

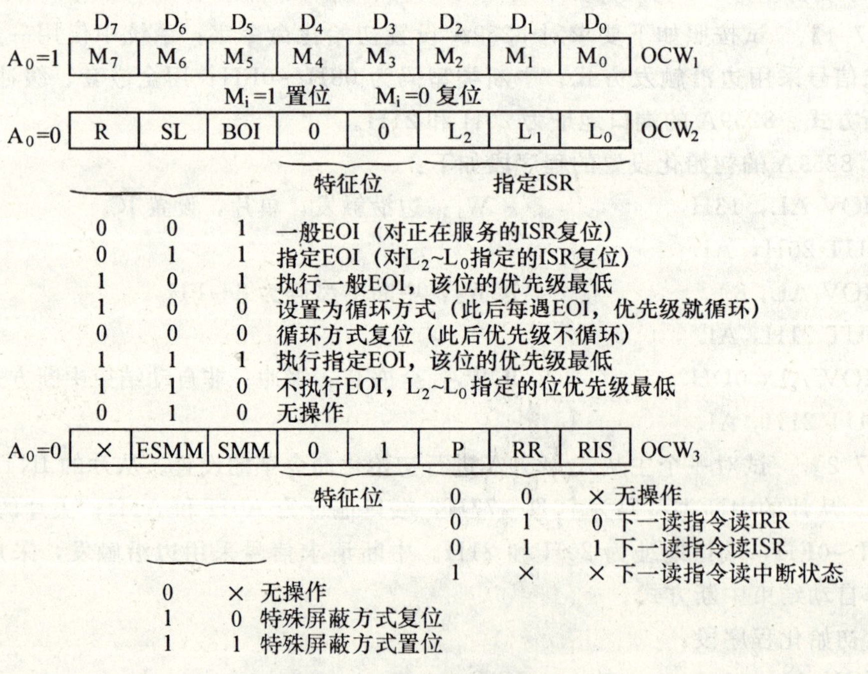

图 7-5　OCW 命令的格式

OCW_1 是对 IMR 置位、复位的命令，置位位对应的中断被屏蔽。以 $A_0=1$ 读/写 OCW_1 命令字，即读/写 IMR。

OCW_2 是中断结束（EOI）的命令字，用于复位 ISR 及改变优先级。以 $A_0=0$ 写 OCW_2 命令字。EOI 命令有 2 个，一个是一般 EOI，对正在服务的 ISR 复位，其命令字是 20H。另一个是指定 EOI，对 $L_2 \sim L_0$ 指定的 ISR 复位，对 8259A 的 $IR_7 \sim IR_0$ 对应的 ISR 复位的命令字分别是 67H～60H。

OCW_3 是读 ISR 和 IRR 以及指定设置特殊屏蔽方式的命令。以 $A_0=0$ 进行写入，由 D_4D_3 两位特征位来区别，00 为 OCW_2，01 为 OCW_3（注意，只要命令字的 D_4 位为“1”，地址位 A_0 为“0”，就是 ICW_1 命令字。所以，特征位若为 1×则是 ICW_1）。以 $A_0=0$ 来读 ISR 和 IRR 及中断状态。

在通常方式的中断服务过程中，ISR 设置期间对优先级更低的中断请求不响应。特殊屏蔽方式是可以解除这种禁止中断状态的方式。在这种方式时，除了由 ISR 设置的位和由 IMR 屏蔽的位对应的中断外，其他所有级别的中断均可响应。

7.3 PC 机的中断系统和中断指令

PC 机中断系统的功能极强，其结构简单而且灵活。它可以处理 256 种不同类型的中断，其中每一种中断都规定了一个唯一的中断类型编码，即中断向量。CPU 根据中断类型编码来识别中断源。80x86 有两类中断：内部（软件）中断，即由指令的执行所引起的中断；外部（硬件）中断，即由外部（主要是外设）的请求引起的中断。

7.3.1 外部中断

80x86 微处理器芯片均有两条外部中断请求线：NMI（non maskable interrupt 非屏蔽中断）和 INTR（可屏蔽中断）。

1. 可屏蔽中断

出现在 INTR 线上的请求信号是电平触发的，它的出现是异步的，在 CPU 内部是由 CLK 的上沿来同步的。在 INTR 线上的中断请求信号（即有效的高电平）必须保持到当前指令的结束。在这条线上出现的中断请求，CPU 是否响应要取决于标志位 IF 的状态，若 IF=1，则 CPU 就响应，此时 CPU 是处在开中断状态；若 IF=0，则 CPU 就不响应，此时 CPU 是处在关中断状态。而 IF 标志位的状态，可以用指令 STI 使其置位，即开中断；也可以用 CLI 指令来使其复位，即关中断。

要注意：在系统复位以后，标志位 IF=0；另外，任一种中断（内部中断、NMI、INTR）被响应后，IF=0。所以，若允许中断嵌套，就必须在中断服务程序中用 STI 指令开中断。

CPU 是在当前指令周期的最后一个 T 状态采样中断请求线，若发现有可屏蔽中断请求，且中断是开放的（IF 标志为“1”），则 CPU 转入中断响应周期。80x86 CPU 进入两个连续的中断响应周期，每个响应周期都由 4 个 T 状态组成，而且都发出有效的中断响应信号。请求中断的外设，必须在第二个中断响应周期的 T_3 状态，把中断向量（类型码）送到数据总线（通常通过 8259A 传送）CPU 在 T_4 状态的前沿采样数据总线，获取中断向量，接着就进入了中断处理程序。

2. 非屏蔽中断

出现在 NMI 线上的中断请求，不受标志位 IF 的影响，在当前指令执行完以后，CPU 就响应。NMI 线上的中断请求信号是边沿触发的，它的出现是异步的，由内部把它锁存。要求 NMI 上的中断请求脉冲的有效宽度（高电平的持续时间）要大于两个时钟周期。

非屏蔽中断的优先权高于可屏蔽中断。CPU 采样到有非屏蔽中断请求时，自动给出中断向量类型码 2，而不经过上述的可屏蔽中断那样的中断响应周期。

这两条中断请求线是远远不能满足实际需要的。80x86 微处理器用 8259A 作为外设向 CPU 申请中断和 CPU 对中断进行各种控制的接口，它把 80x86 的一条可屏蔽中断线 INTR 扩展成 8～64 条中断请求线。

7.3.2 内部中断

对于某些重要的中断事件，CPU 通过自己的内部逻辑，调用相应的中断服务程序，而不是由外部的中断请求来调用。这种由 CPU 自己启动的中断处理过程，称为内部中断。80x86 的内部中断有如下 3 种：

1. 除法错误中断——类型 0 中断

在执行除法指令时，若发现除数为 0 或商超过了目的寄存器所能表达的范围，则立即产生一个类型为 0 的内部中断。

2. 软件中断和中断指令

80x86 设置的中断指令和中断返回指令如下：

指定类型中断指令：INT N

溢出中断指令：INTO

中断返回指令：IRET

当程序需要转移到某一指定的中断服务程序时，可以设置一条中断指令，使程序转移到所指定的中断服务程序，通过中断指令实现的中断称为软件中断。

(1) INTN 指令中断——类型 N 中断。这条指令的执行引起中断，而且中断类型由指令中的 N 加以指定。

(2) INTO 指令中断——类型 4 中断。若上一条指令执行的结果，使溢出标志位 OF=1，则 INTO 指令引起类型为 4 的内部中断。否则，此指令不起作用，程序执行下一条指令。

IRET 是中断返回指令，它的作用与 RET 指令类似，都是使控制返回主程序。但是 IRET 是远返回，且除了从堆栈中弹出偏移地址（给 IP）和段地址（给 CS）外，还弹出中断

时进栈保护的标志寄存器的内容（给 F）。

3. 单步中断——类型 1 中断

若标志位 TF=1，则 CPU 在每一条指令执行完以后，引起一个类型为 1 的中断。这可以做到单步执行程序，是一种强有力的调试手段。

80x86 规定这些中断的优先权次序为：内部中断、NMI、INTR，优先权最低的是单步中断。

7.3.3 中断向量表

80x86 有一个简便而又多功能的中断系统。上述的任何一种中断，CPU 响应以后，都要保护标志寄存器的所有标志位和断点（现行的代码段寄存器 CS 和指令指针 IP），然后转入各自的中断服务程序。在 80x86 PC 机中各种中断如何转入各自的中断服务程序呢？

80x86 在内存的前 1K 字节（地址 00000H～003FFH）中建立了一个中断向量表，可以容纳 256 个中断向量（中断类型），每个中断向量占有 4 个字节。中断类型码 n 占有 4n、4n+1 和 4n+2、4n+3 四个字节单元或 4n 和 4n+2 两个字单元。在这 4 个字节中，存放着中断向量对应的中断源的服务程序的入口地址——前两个字节放服务程序的偏移地址 IP，后两个字节放服务程序的段地址 CS，如图 7-6 所示。

中断向量表中前 5 个中断向量（或中断类型）由 Intel 专用，系统又保留了若干个中断向量，余下的就可以由用户用，可作为外部中断源的向量。外部中断源，只要先将中断服务程序的入口地址填入中断向量表，在第二个中断响应周期，向数据总线送出一个字节的中断类型码 N，即可以转至该中断源的中断服务程序。

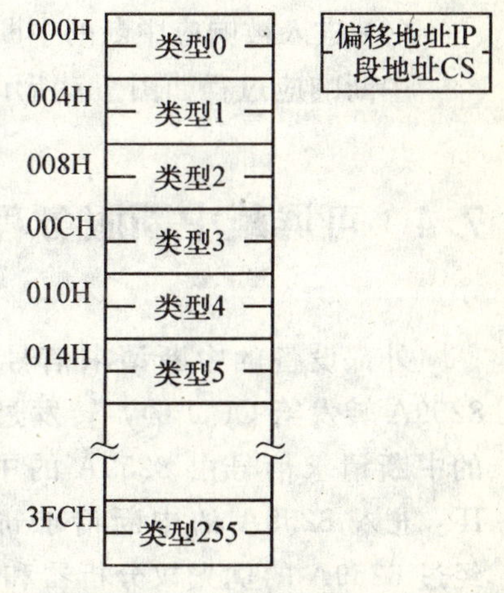

图 7-6 中断向量表

【例 7.3】 若 80x86 系统采用的 8259A 的中断类型码为 88H，试问这个中断源的中断请求信号应连向 8259A 的哪个中断输入端？中断服务程序的段地址和偏移地址应分别填入哪两个字单元？

根据图 7-9 中的 ICW_2 可知，中断类型码的低 3 位即是 8259A IR_i 的 i 值，而 88H 的低 3 位为 000，故中断源的中断请求信号连接到 8259A 的 IR_0 输入端。

中断服务程序的偏移地址和段地址分别填入 4n 和 4n+2 两个字单元，而 4×88H=220H，故段地址填入 00222H 字单元（即 00222H 和 00223H 两个字节单元），偏移地址填入 00220H 字单元（即 00220H 和 00221H 两个字节单元）。

7.3.4 中断响应和处理过程

80x86 对各种中断的响应和处理过程是不相同的，其主要区别在于如何获取相应的中断类型码（向量）。

对于硬件（外部）中断，CPU 是在当前指令周期的最后一个 T 状态采样中断请求输入信号。如果有可屏蔽中断请求，且 CPU 处在开中断状态（IF 标志为 1），则 CPU 转入两个连续的中断响应周期，在第二个中断响应周期的 T_4 状态前沿，读取数据线获取由外设输入的中断类型码。若是非屏蔽中断请求，则 CPU 不经过上述的两个中断响应周期，而在内部自动产生中断类型码 2。

软件（内部）中断的响应过程与非屏蔽中断类似，中断类型码也是自动形成的。软件中断的类型码及中断功能如表 7-1。

80x86 CPU 在取得了类型码后的处理过程是一样的，其顺序为：

(1) 将类型码乘以 4，作为中断向量表的指针；

表 7-1　软件中断的类型码及中断功能

中断类型码	中断功能
0	除法错误中断
1	单步中断
4	INT0 中断
N	INT N 中断

(2) 把 CPU 的标志寄存器进栈，保护各个标志位，此操作类似于 PUSH 指令；

(3) 清除 IF 和 TF 标志，屏蔽 INTR 中断和单步中断；

(4) 保存被中断程序的断点，即把被中断程序断点处的 CS 和 IP 推入堆栈保护，先推入 CS，再推入 IP；

(5) 从中断向量表中取中断服务程序的入口地址，分别送至 CS 和 IP 中；

(6) 进入被响应中断的中断服务程序。

中断响应过程如图 7-7 所示。

7.4　可屏蔽中断服务程序的设计

外部设备的中断请求信号是由中断控制器 8259A 转发给 CPU 的，转发过程为：外部设备的中断请求信号由 8259A 的中断输入线 IR_7～IR_0 进入 8259A 的中断请求寄存器 IRR 寄存，经过 8259A 的优先权分析器和中断屏蔽寄存器的分析处理，由 8259A 的中断输出线 INT 输出给 CPU 的 INTR 线，向 CPU 申请中断。CPU 响应中断后，向 8259A 发回中断响应信号 $\overline{INTA}$ 并读取 8259A 送出的中断类型码。所以 PC 机的可屏蔽中断服务程序的设计主要有两个方面。第一，根据 8259A 中断输入线对应的中断类型码，将中断服务程序的入口地址填入中断向量表；第二，向 8259A 写入操作命令字（初始化命令字系统已设置），对中

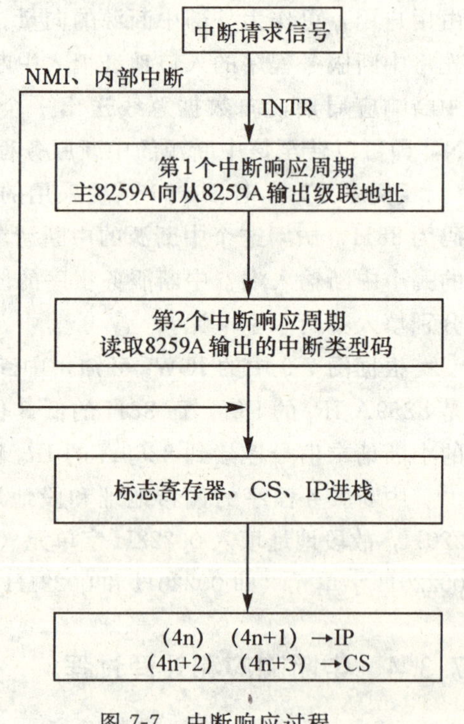

图 7-7　中断响应过程

断屏蔽与中断结束进行处理。

7.4.1 中断服务程序入口地址的装入

根据中断类型码将其中断服务程序入口地址装入中断向量表中，有直接装入和调用系统功能调用装入两种方法。下面以 PC XT 机为例说明装入的方法。PC XT 微机系统仅使用 1 片 8259A，它的 8 个中断输入端 IR_0～IR_7 分别定义为 IRQ_0～IRQ_7。PC XT 机留给用户使用的可屏蔽中断为 IRQ_2，从其总线插座的 B_4 引出。PC XT 机初始化 8259A 时写入的中断类型码为 08H～0FH，分别对应 IRQ_0～IRQ_7，所以 IRQ_2 的中断类型码为 0AH。

1. 直接装入

假定中断服务程序为 INT-SUB，直接装入程序段为：

```
SUB AX, AX
MOV ES, AX              ；中断向量表的段地址为0
MOV AX, OFFSET INT-SUB
MOV ES: 28H, AX         ；IRQ2 的中断类型码为0AH,
MOV AX, SEG INT-SUB     ；0AH×4=28H
MOV ES: 2AH, AX
```

2. 系统功能调用装入

功能调用号为 25H；入口参数为 AL 置中断类型码，DS：DX 置入口地址。装入程序段如下：

```
MOV AX, SEG INT-SUB
MOV DS, AX
MOV DX, OFFSET INT-SUB
MOV AX, 250AH
INT 21H
```

7.4.2 中断屏蔽与中断结束的处理

8259A 内有一个中断屏蔽寄存器 IMR，它的每一位对应着一个中断输入线，即 M_i 与 IR_i 对应。当 $M_i=1$ 就屏蔽对应的 IR_i，禁止它的输入信号产生中断输出信号 INT，$M_i=0$ 则允许对应的 IR_i 的中断输入信号产生中断输出信号 INT，向 CPU 申请中断。80x86 PC 机为了系统的工作稳定，在初始化 8259A 即送完 ICW 后，写入了中断屏蔽操作控制字 OCW_1，将它自身没有用的 8259A 的中断输入线全部屏蔽。因此在中断前后要修改 PC 机系统设置的中断屏蔽字，中断后应恢复系统原来设置的中断屏蔽字。修改和恢复的方法是用奇地址读取中断屏蔽寄存器 IMR 的内容，将所用的中断输入线 IR_i 的对应位 M_i 置 0（修改）或者置 1（恢复）后，再用奇地址写入中断屏蔽寄存器。修改和恢复时，不要改变 IMR 其他位的状态，故只能用与操作置 0，用或操作置 1。

PC 机对机内的 8259A 都初始化为非自动结束中断方式，该方式要求 CPU 发出中断结束命令使 8259A 中的中断服务寄存器 ISR 中的对应位复位。中断结束命令有一般结束命令和指定结束命令两种，具体内容请看 7.3.4 节 8259A 的命令字 OCW_2。

IBM PC 机系统是开中断的，CPU 响应中断时会自动关中断，并将中断前的标志寄存器进栈保护，中断返回时又会恢复它。所以若不需要中断嵌套，在用户程序中就可以不使用开中断指令 STI 和关中断指令 CLI。

7.4.3 286、386、486、Pentium PC 机的外部中断

在 PC XT 微机系统中使用一片 8259A；在 PC AT 微机系统中使用 2 片 8259A；而在 386、486、Pentium 等微机系统中，其外围控制芯片（82C206 等）都集成有与 AT 机的 2 片 8259A 相当的中断控制器电路。2 片 8259A 的级联连接如图 7-8 所示。2 片 8259A 中，主片的端口地址和中断类型码与 XT 微机系统相同，分别为 20H、21H 和 08H～0FH；从片的端口地址为 A0H 和 A1H，中断类型码为 70H～77H。在 ISA 总线 B_4 引脚上连接的是 IRQ_9。

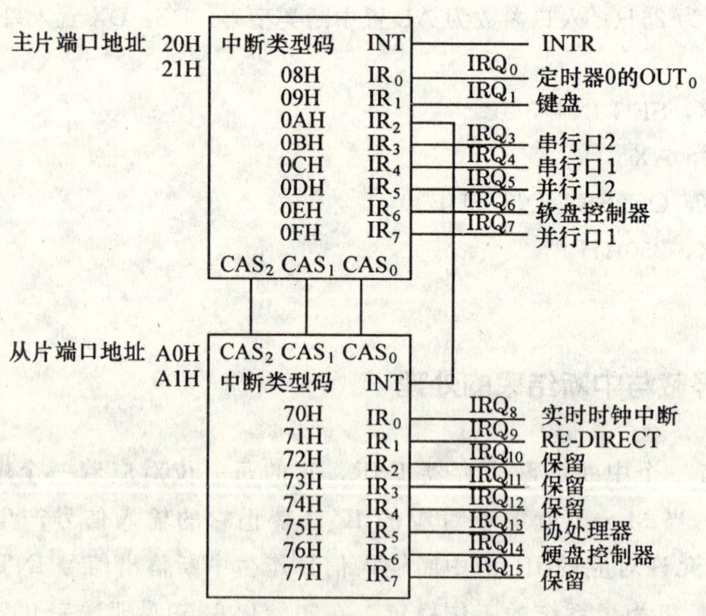

图 7-8 PC 机的硬中断结构

习题与思考题

1. 什么叫中断？采用中断有哪些优点？
2. 什么叫中断源？微型计算机中一般有哪几种中断源？识别中断源一般有哪几种方法？
3. 断分为哪几种类型？它们的特点是什么？
4. 什么叫中断向量、中断优先权和中断嵌套？
5. CPU响应中断的条件是什么？CPU如何响应中断？
6. 如果在中断处理时要用不能破坏的寄存器应如何处理？
7. TF＝0时，将禁止什么中断？编写程序段将TF置0。
8. 中断返回指令的功能是什么？
9. 试叙述INT N指令的执行过程。
10. 已知中断向量表中，001C4H中存放2200H，001C6H中存放3040H，则其中断类型码是______H，中断服务程序的入口地址的逻辑地址和物理地址分别为______H：______H和______H。
11. 中断向量表的功能是什么？如何利用中断向量表获得中断服务程序的入口地址？
12. 自定义一个类型码为79H的软中断完成ASCII码到BCD数的转换。编写程序将键入的一串十进制数存放到以BCDMM为首地址的存储区中。
13. 为什么INTR中断有两个中断响应周期，而NMI和内部中断却没有中断响应周期？

第 8 章 常用可编程接口芯片

随着大规模集成电路技术的发展，接口电路也被集成在单一的芯片上，许多接口芯片可以通过编程方法设定其工作方式，以适应多种功能要求，这种接口芯片被称为可编程接口芯片。

IBM PC 系列微机不仅采用了功能强大的微处理器 80x86 作为其中央处理器，还使用了多种接口芯片以提高系统性能。除了第 7 章介绍的可编程中断控制器 8259A 外，还有可编程并行接口 8255、可编程计数/定时器接口 8253、可编程异步串行接口 8250 和可编程 DMA 控制器 8237 等。本章介绍 8255、8253 和 8250 及其在 PC 机中的应用，还介绍常用的键盘显示器接口芯片 8279。

8.1 可编程并行接口 8255A

Intel 8255 是为 8080、8085 和 8088 微型机系统设计的并行 I/O 接口芯片。

8.1.1 8255 的组成与接口信号

8255 的引线与内部组成如图 8-1 所示。

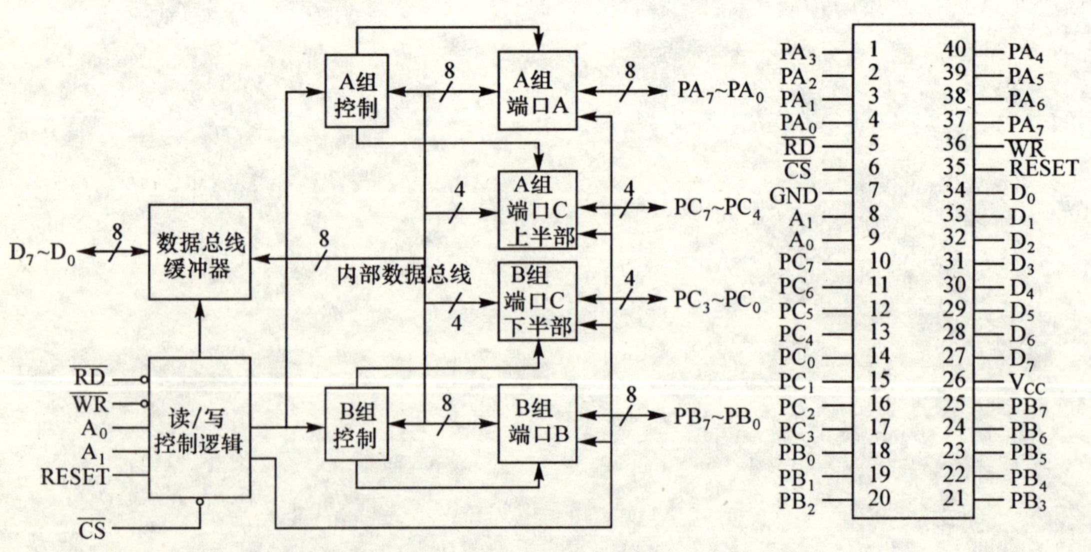

图 8-1 8255 的引线和逻辑框图

8255 由以下几部分组成：

1. 端口 A、端口 B 和端口 C

端口 A（Port A）、端口 B（Port B）和端口 C（Port C）都是 8 位的端口，都可以选择作为输入或输出。还可以将端口 C 的高 4 位和低 4 位分开使用，分别作为输入和输出。当端口 A 和端口 B 作为选通输入或输出的数据端口时，端口 C 的指定位与端口 A 和端口 B 配合使用，用作控制信号或状态信号。

2. A 组和 B 组控制电路

这是两组根据 CPU 的方式命令字控制 8255 工作方式的电路。它们的控制寄存器，接收 CPU 输出的方式命令字，由该命令字决定两组（3 个端口）的工作方式，还可根据 CPU 的命令对端口 C 的每一位实现按位复位或置位。

A 组控制电路控制端口 A 和端口 C 的上半部（PC_7～PC_4）。

B 组控制电路控制端口 B 和端口 C 的下半部（PC_3～PC_0）。

3. 数据总线缓冲器

这是一个三态双向的 8 位缓冲器，它是 8255 与系统数据总线的接口。输入/输出的数据以及 CPU 发出的命令控制字和外设的状态信息，都是通过这个缓冲器传送的。

4. 读/写控制逻辑

它与 CPU 的地址总线中的 A_1、A_0 以及有关的控制信号（$\overline{RD}$、$\overline{WR}$、RESET）相连，由它控制把 CPU 的控制命令或输出数据送至相应的端口，也由它控制把外设的状态信息或输入数据通过相应的端口送至 CPU。这些控制信号是：

(1) A_1、A_0端口选择，用来选择 A、B、C 3 个端口和控制字寄存器。通常，它们与 PC 微机的地址线 A_1 和 A_0 相连。

(2) $\overline{CS}$选片信号，低电平有效，由它启动 CPU 与 8255 之间的通信。通常，它与 PC 微机地址线的译码电路的输出线相连，并由该译码电路的输出线来确定 8255 的端口地址。

(3) $\overline{RD}$读信号，低电平有效，它控制 8255 送出数据或状态信息至系统数据总线。通常，它与 PC 微机的 $\overline{IOR}$相连。

(4) $\overline{WR}$写信号，低电平有效，它控制把 CPU 输出到系统数据总线上的数据或命令写到 8255。通常，它与 PC 微机的$\overline{IOW}$相连。

(5) RESET 复位信号，高电平有效，它清除控制寄存器，并置 A、B、C 3 个端口为输入方式。通常，它与微机的复位信号相连，与微机同时复位；也可以接一独立的复位信号，必要时即可复位 8255。图 8-2 的复位电路是实验中常用的复位信号产生电路。

A_1、A_0 和 $\overline{CS}$、$\overline{RD}$、$\overline{WR}$及组合所实现的各种功能如表 8-1 所列。

表 8-1　　8255 的内部操作与选择表

$\overline{CS}$	$\overline{RD}$	$\overline{WR}$	A_1	A_0	操作
0	1	0	0	0	写端口 A
0	1	0	0	1	写端口 B
0	1	0	1	0	写端口 C
0	1	0	1	1	写控制字寄存器
0	0	1	0	0	读端口 A
0	0	1	0	1	读端口 B
0	0	1	1	0	读端口 C
0	0	1	1	1	无操作

8255 与 PC 微机的连接如图 8-2 所示。

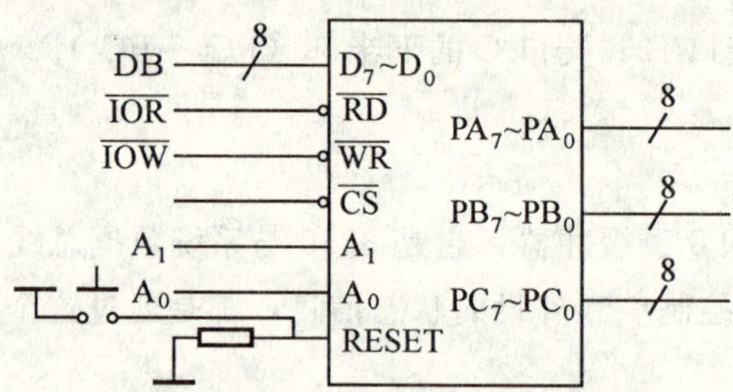

图 8-2　8255 与 PC 微机的连接

8.1.2　8255 的工作方式与控制字

8255 有 3 种工作方式，由方式选择控制字来选用：

(1) 方式 0 (Mode 0) ——基本输入/输出。

(2) 方式 1 (Mode 1) ——选通输入/输出。

(3) 方式 2 (Mode 2) ——双向传送。

1. 方式选择控制字

8255 的工作方式，可由 CPU 写一个方式选择控制字到 8255 的控制字寄存器来选择。控制字的格式如图 8-3 所示，可以分别选择端口 A、端口 B 和端口 C 上下两部分的工作方式。端口 A 有方式 0、方式 1 和方式 2 等 3 种，端口 B 只能工作于方式 0 和 1，端口 C 仅工作于方式 0。

2. 按位置位/复位控制字

端口 C 的 8 位中的任一位，可用按位置位/复位控制字来置位或复位（其他位的状态不变）。这个功能主要用于控制。能实现这个功能的控制字如图 8-4 所示。

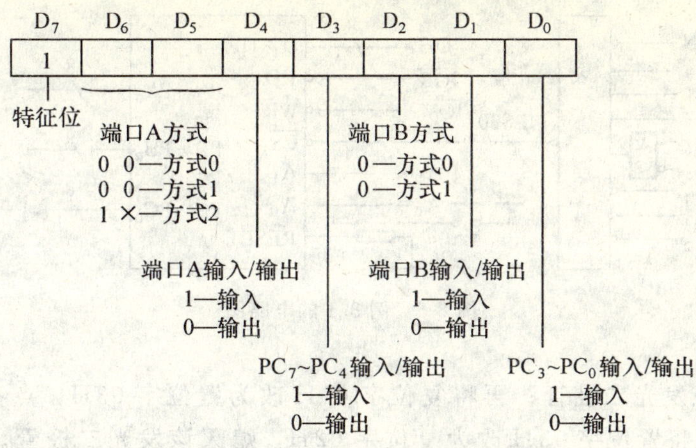

图 8-3 8255 的方式选择控制字

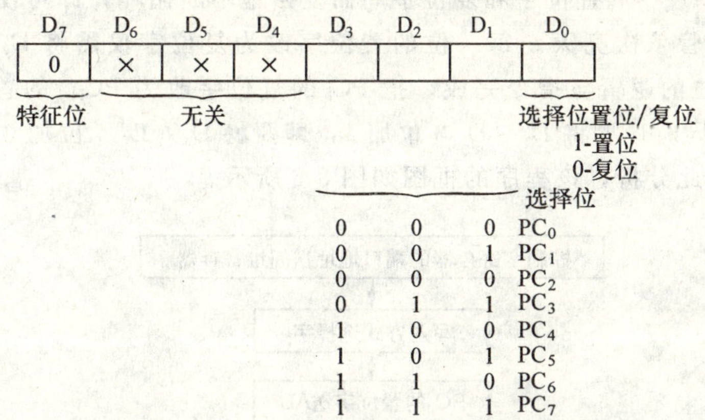

图 8-4 端口 C 按位置位/复位控制字

若要使端口 C 的 bit3（PC_3）置位的控制字为 00000111B（07H），而使它复位的控制字为 00000110B（06H）。

应注意的是，C 端口的按位置位/复位控制字须跟在方式选择控制字之后写入控制字寄存器。即使仅使用该功能，也应先选送一方式控制字。

【例 8.1】 将 8255 C 端口的 8 根 I/O 线接 8 只发光二极管的正极（8 个负极均接地），用按位置位/复位控制字编写使这 8 只发光二极管依次亮、灭的程序。设 8255 的端口地址为 380H～383H。

8255 与 PC 微机的连接及 8255 C 端口与 8 只发光二极管的连接如图 8-5 所示。本程序要使用 8255 的 2 个控制字——方式选择字和按位置位/复位字。这 2 个控制字都写入 8255 的控制字寄存器，由它们的 D_7 位为 1 或 0 来区别写入的字是方式选择字还是置位/复位字。8255 的控制字寄存器的端口地址为 383H。方式选择字只写入一次，其后写入的都是置位/复位字。

首先用置位字 01H 点亮 PC_0 所连接的发光二极管，然后将置位字 01H 改为复位

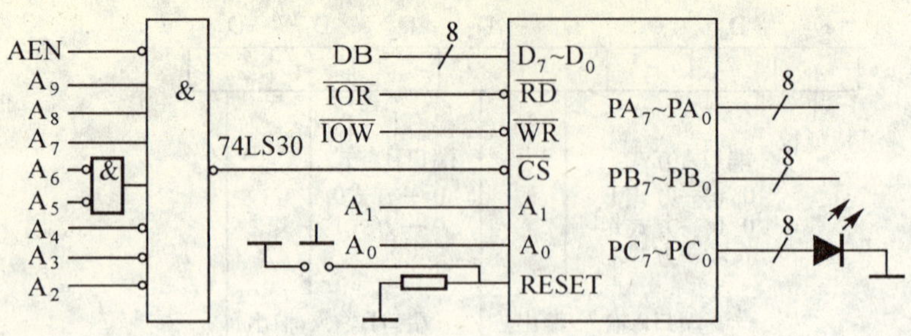

图 8-5　例 8.1 的电路图

字 00H，熄灭该发光二极管；再将复位字 00H 改为置位字 03H，点亮 PC_1 所连接的发光二极管，又将置位字 03H 改为复位字 02H，熄灭该发光二极管。置位字和复位字就这样交替变化如下：01H→00H→03H→02H→05H→04H→07H→06H→…→0FH→0EH→01H→…。置位字和复位字周而复始地不断循环，即可使 8 只连接在 PC 端口的发光二极管依次亮灭。每一位的置位字改为复位字仅需将 D_0 位由 1 变为 0，这可用屏蔽 D_0 位的逻辑与指令完成。把 PC_i 的复位字改为 PC_{i+1} 的置位字，要将 D_0 位由 0 变为 1，同时还要将 D_3～D_1 3 位加 1，即要将 D_3～D_0 4 位加 3，这可以用加 3 的指令实现。据此分析，该程序的框图如图 8-6 所示。

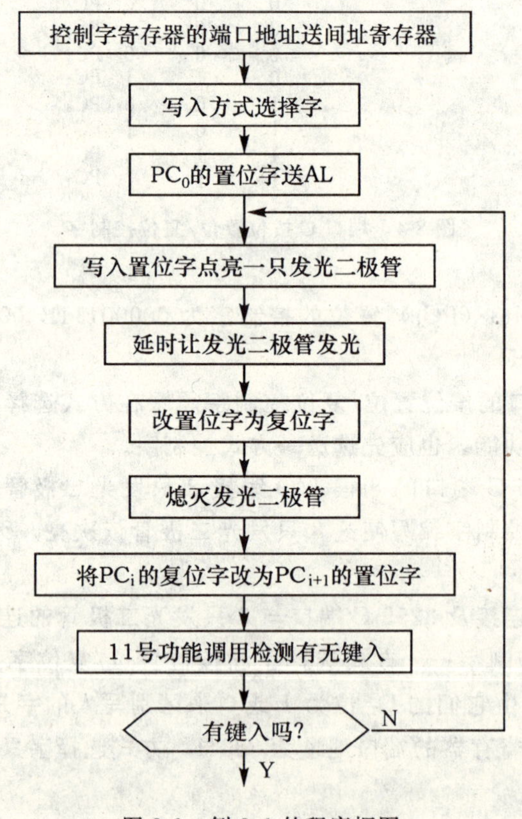

图 8-6　例 8.1 的程序框图

程序如下：

```
stack    segment stack'stack'
         dw 32 dup (0)
stack    ends
code     segment
begin    proc far
         assume ss：stack，cs：code
         push ds
         sub ax，ax
         push ax
         MOV DX，383H            ；383H 为控制字寄存器的端口地址
         MOV AL，80H             ；方式选择字
         OUT DX，AL
         MOV AL，1               ；PC0 的置位控制字
AGAIN：  OUT DX，AL              ；点亮一只发光二极管
         LOOP $                  ；延时
         LOOP $
         AND AL，0EH             ；置位字改为复位字
         OUT DX，AL              ；熄灭点亮的发光二极管
         ADD AL，3               ；PCi→PCi+1，复位字改为下一位的置位字
         PUSH AX
         MOV AH，11              ；检查键盘有无输入
         INT 21H                 ；无，0 送 AL；有，－1 送 AL
         INC AL
         POP AX
         JNZ AGAIN
         ret
begin    endp
code     ends
         end begin
```

8.1.3　3 种工作方式的功能

1. 方式 0

这是一种基本的 I/O 方式。在这种工作方式下，3 个端口都可由程序选定作输入或输出。它们的输出是锁存的，输入是不锁存的。

在这种工作方式下，可以由 CPU 用简单的输入或输出指令来进行读或写。因而当方式 0 用于无条件传送方式的接口电路时是十分简单的，这时不需要状态端口，3 个端口都可作为数据端口。

若将例 8.1 改为 C 端口方式 0 输出，则控制程序为：

```
stack   segment stack 'stack'
        dw 32 dup (0)
stack   ends
code    segment
begin   proc far
        assume ss: stack, cs: code
        push ds
        sub ax, ax
        push ax
        MOV DX, 383H
        MOV AL, 80H
        OUT DX, AL
        MOV DX, 382H            ; C端口的端口地址送DX
        MOV AL, 1               ; C端口的输出值
AGAIN:  OUT DX, AL
        LOOP $                  ; 延时
        LOOP $
        PUSH AX
        MOV AH, 11              ; 11号功能调用：检查键盘有无输入
        INT 21H                 ; 无，0送AL；有，-1送AL
        INC AL                  ; 有键入，AL=-1，AL增1，AL=0
        POP AX
        JZ BACK
        ROL AL, 1               ; 改变C端口的输出值
        JMP AGAIN
BACK:   ret
begin   endp
code    ends
        end begin
```

方式 0 也可作为查询式输入或输出的接口电路，此时端口 A 和 B 分别可作为一个数据端口，而取端口 C 的某些位作为这两个数据端口的控制和状态信息。

2. 方式 1

这是一种选通的 I/O 方式。它将 3 个端口分为 A、B 两组，端口 A 和端口 C 中的 PC_3～PC_5 或 PC_3、PC_6、PC_7 3 位为 A 组；端口 B 和端口 C 的 PC_2～PC_0 3 位为 B 组。端口 C 中余下的两位，仍可作为输入或输出用，由方式控制字中的 D_3 来设定。端口 A 和 B 都可以由程序设定为输入或输出。此时端口 C 的某些位为控制状态信号，用于联络和中断，其

各位的功能是固定的，不能用程序改变。

方式1输入的状态控制信号及其时序关系如图8-7所示。

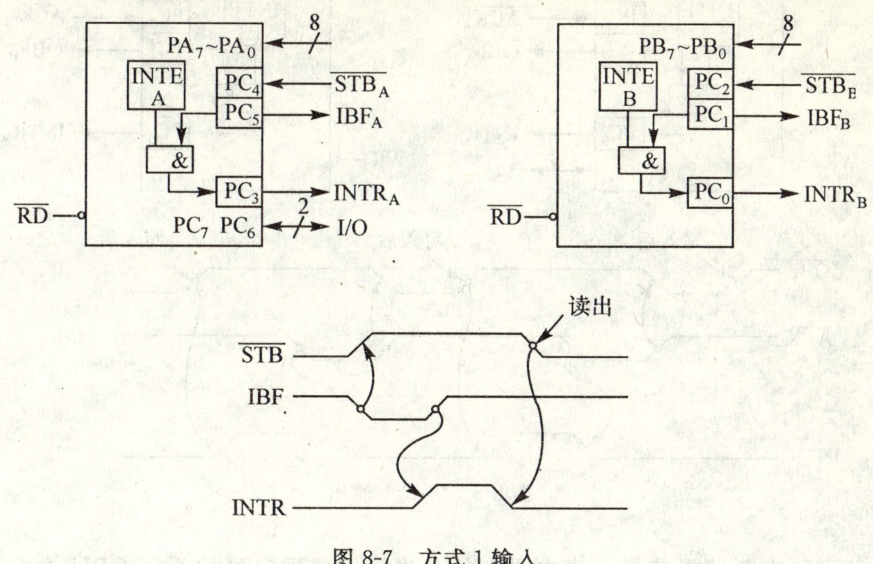

图8-7 方式1输入

各控制信号的作用及意义如下：

(1) $\overline{STB}$ (strobe) 选通信号，低电平有效。这是由外设发出的输入信号，信号的前沿（下降沿），把输入装置送来的数据送入输入缓冲器；信号的后沿（上升沿）使INTR有效（置1）。

(2) IBF (input buffer full) 输入缓冲器满信号，高电平有效。这是8255输出给外设的联络信号。外设将数据送至输入缓冲器后，该信号有效；$\overline{RD}$信号的上升沿将数据送至数据线后，该信号无效。

(3) INTR (interrupt request) 中断请求信号，高电平有效。这是8255的一个输出信号，可用作向CPU申请中断的请求信号，以要求CPU服务。当IBF为高和INTE（中断允许）为高时，由$\overline{STB}$的上升沿（后沿）使其置为高电平。由$\overline{RD}$信号的下降沿（CPU读取数据前）清除为低电平。

(4) INTE (interrupt enable) 中断允许信号，端口A中断允许$INTE_A$可由用户通过对PC_4的按位置位/复位来控制。而$INTE_B$由PC_2的置位/复位控制。INTE置位允许中断。INTE复位禁止中断。

方式1输出的状态控制信号及其时序关系如图8-8所示。

各控制信号的作用及意义如下：

(1) $\overline{OBF}$输出缓冲器满信号，低电平有效。这是8255输出给外设的一个联络信号。CPU把数据写入指定端口的输出锁存器后，该信号有效，表示外设可以把数据取走。它由$\overline{ACK}$的前沿（下降沿）即外设取走数据后，使其恢复为高。

(2) $\overline{ACK}$ (acknowledge) 低电平有效。这是外设发出的响应信号，该信号的前沿取走数据并使$\overline{OBF}$无效，后沿使INTR有效。

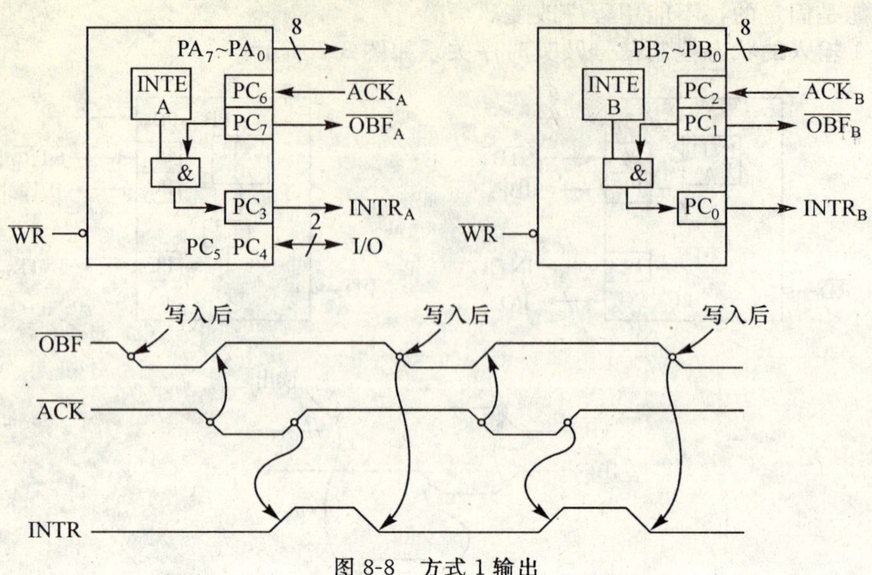

图 8-8 方式 1 输出

(3) INTR 中断请求信号，高电平有效。当输出装置已经接受了 CPU 输出的数据后，它用来向 CPU 提出中断请求，要求 CPU 继续输出数据。$\overline{\text{OBF}}$为“1”（高电平）和 INTE 为“1”（高电平）时，由$\overline{\text{ACK}}$的后沿（上升沿），使其置位（高电平），$\overline{\text{WR}}$信号的前沿（下降沿）使其复位（低电平）。

(4) INTE_A 由 PC_6 的置位/复位控制，而 INTE_B 由 PC_2 置位/复位控制，INTE 置位允许中断。

3. 方式 2

这种工作方式，使外设可在单一的 8 位数据总线上，既能发送，又能接收数据（双向总线 I/O）。方式 2 只限于 A 组使用，它用双向总线端口 A 和控制端口 C 中的 5 位进行操作，此时，端口 B 可用于方式 0 或方式 1。端口 C 的其他 3 位作 I/O 用或作端口 B 控制状态信号线用。

方式 2 状态控制信号如图 8-9 所示，各信号的作用及意义与方式 1 相同。

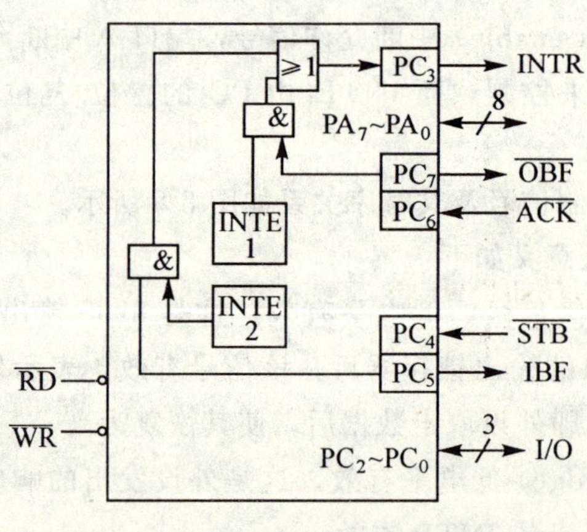

图 8-9 8255 方式 2

$INTE_1$ 是输出的中断允许信号，由 PC_6 的置位/复位控制。

$INTE_2$ 是输入的中断允许信号，由 PC_4 的置位/复位控制。

其他信号的作用及意义与方式 1 相同。

8.2 可编程计数器/定时器 8253

在控制系统中，常常要求有一些实时时钟以实现定时或延时控制，如定时中断、定时检测、定时扫描等等，也往往要求有计数器能对外部事件计数。

要实现定时或延时控制，有 3 种主要方法：软件定时、不可编程的硬件定时和可编程的硬件定时器定时。

软件定时，即让机器执行一个程序段，这个程序段本身没有具体的执行目的，但由于执行每条指令都需要时间，则执行一个程序段就需要一个固定的时间。通过正确地挑选指令和安排循环次数很容易实现软件定时，但软件定时占用 CPU，降低了 CPU 利用率。

不可编程的硬件定时可以采用如小规模集成电路器件 555，外接定时部件（电阻和电容）构成。这样的定时电路简单，而且通过改变电阻和电容，可以使定时在一定的范围内改变。这种定时电路在硬件连接好以后，定时值及定时范围不能由程序（软件）来控制和改变，由此就产生了可编程的定时器电路。

可编程计数器/定时器是为方便微型计算机系统的设计和应用而研制的，很容易和系统总线连接。它的定时值及其范围，可以很容易地由软件来确定和改变，能够满足各种不同的定时和计数要求，因而在微型计算机系统的设计和应用中得到广泛的应用。

Intel 系列的计数器/定时器电路为可编程序间隔定时器 PIT（programmable interval timer），型号为 8253，改进型为 8254。8253 具有 3 个独立的功能完全相同的 16 位计数器，每个计数器都有 6 种工作方式，这 6 种工作方式都可以由其控制字设定，因而能以 6 种不同的工作方式满足不同的接口要求。CPU 还可以随时更改它们的方式和计数值，并读取它们的计数状态。

8.2.1 8253 的组成与接口信号

8253 是 24 条引线双列直插式封装的芯片。其外部引线和内部结构如图 8-10 所示。各电路及引线的功能如下。

1. 数据总线缓冲器

数据总线缓冲器是三态、双向、8 位的缓冲器。这个数据总线缓冲器用作系统总线和 8253 的接口，缓冲器根据 CPU 的输入或输出指令实现数据传送。这个数据缓冲器具有下面 3 个基本功能。

(1) CPU 向 8253 所写的控制字经数据总线缓冲器和 8253 的内部数据总线传送给控制

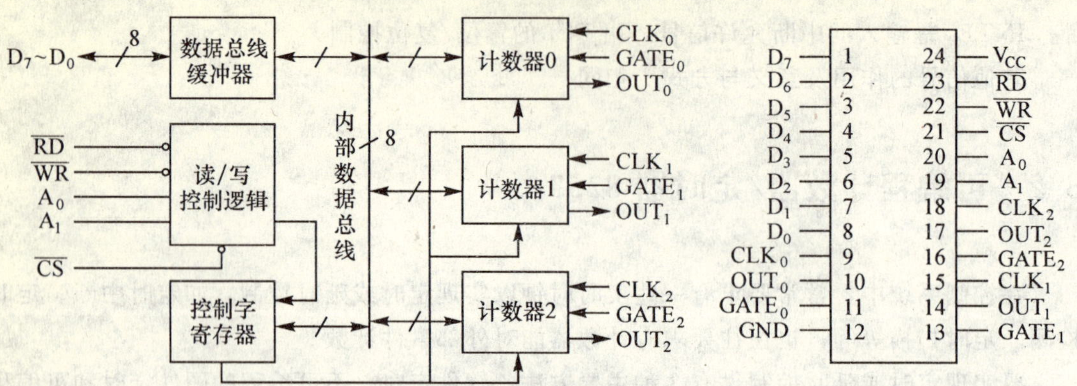

图 8-10　8253 的引线和内部结构

字寄存器寄存。

(2) CPU 向某计数器所写的计数初值经它和内部总线送到指定的计数器。

(3) CPU 读取某个计数器的现行值时，该现行值经内部总线和缓冲器传送到系统的数据总线上，被 CPU 读入。

2. 读/写逻辑

读/写逻辑接收系统总线的 5 个输入信号，根据这 5 个信号产生整个器件操作的控制信号。通过片选信号$\overline{CS}$来控制读/写逻辑的工作，在没有被系统逻辑选中时，读/写逻辑操作功能不会发生变化。根据 A_1A_0 的输入选择 3 个计数器和控制字寄存器。通过$\overline{RD}$或$\overline{WR}$完成指定的读或写操作。

$\overline{CS}$、$\overline{RD}$、$\overline{WR}$、A_1 和 A_0 组合起来所产生的选择与操作功能如表 8-2 所列。

表 8-2　　8253 的内部操作与选择表

$\overline{CS}$	$\overline{RD}$	$\overline{WR}$	A_1	A_0	操　作
0	1	0	0	0	写计数器 0
0	1	0	0	1	写计数器 1
0	1	0	1	0	写计数器 2
0	1	0	1	1	写控制字寄存器
0	0	1	0	0	读计数器 0
0	0	1	0	1	读计数器 1
0	0	1	1	0	读计数器 2
0	0	1	1	1	无操作

3. 控制字寄存器

控制字寄存器寄存数据缓冲器传送来的控制字。控制字寄存器有 3 个，都是 8 位的寄

存器，分别对应于 3 个计数器。写入的控制字由该控制字的最高 2 位确定送入哪个计数器的控制字寄存器寄存。各自的控制字寄存器决定各自计数器的工作方式和所执行的操作。控制字寄存器只能写入，其值不能读出。

4. 计数器 0、计数器 1 和计数器 2

计数器 0、计数器 1 和计数器 2 是 3 个独立的计数器，它们的内部结构相同，其逻辑框图如图 8-11 所示。

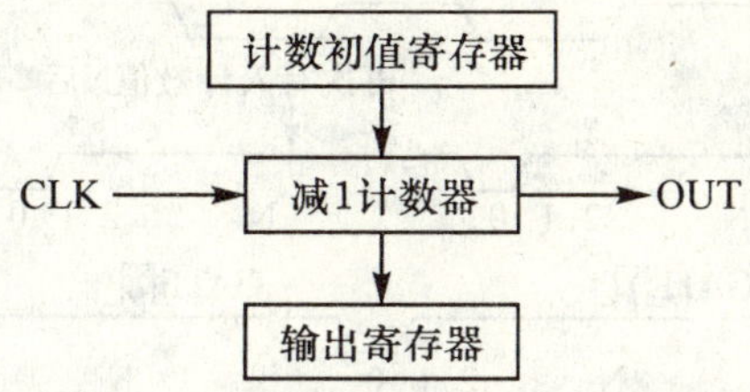

图 8-11 计数器内部结构的逻辑框图

写入计数器的初始值保存在计数初值寄存器中，由 CLK 脉冲的一个上升沿和一个下降沿将其装入减 1 计数器。减 1 计数器在 CLK 脉冲（GATE 允许）作用下进行递减计数，直至计数值为 0，输出 OUT 信号。输出寄存器的值跟随减 1 计数器变化，仅当写入锁存控制字时，它锁存减 1 计数器的当前计数值（减 1 计数器可继续计数），CPU 读取后，它自动解除锁存状态，又跟随减 1 计数器变化。所以在计数过程中，CPU 随时可以用指令读取任一计数器的当前计数值，这一操作对计数没有影响。计数初值寄存器，减 1 计数器和输出寄存器都可看做是 8 位的寄存器对。

每个计数器都是对输入的 CLK 脉冲按二进制或十进制的预置值开始递减计数。若输入的 CLK 是频率精确的时钟脉冲，则计数器可作为定时器。在计数过程中，计数器受门控信号 GATE 的控制。计数器的输入 CLK 与输出 OUT 以及门控信号 GATE 之间的关系，取决于计数器的工作方式。

8.2.2 计数器的工作方式及其与输入/输出的关系

8253 的计数器有 6 种工作方式：

(1) 方式 0——计数结束中断；
(2) 方式 1——硬件触发单拍脉冲；
(3) 方式 2——频率发生器；
(4) 方式 3——方波发生器；
(5) 方式 4——软件触发选通；
(6) 方式 5——硬件触发选通。

1. 计数器的输出 OUT

计数器的输出与工作方式有关，6 种方式的输出信号波形如图 8-12 所示。

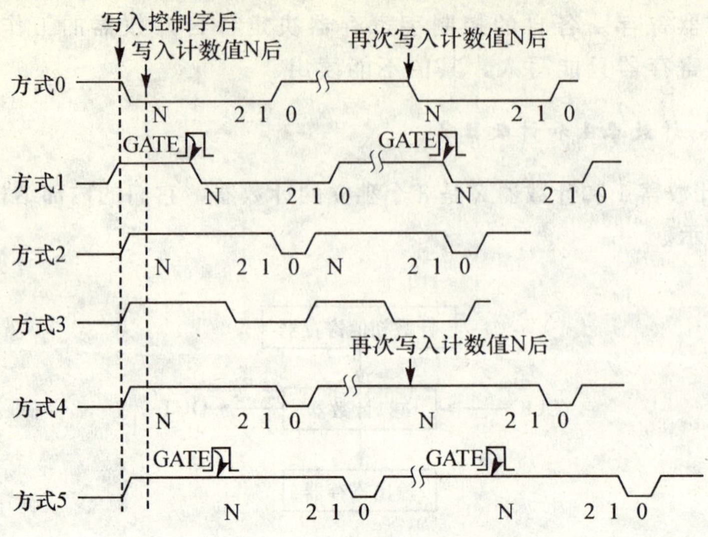

图 8-12　6 种工作方式的输出信号

由图 8-12 可知，在 6 种工作方式中，只有方式 0 在写入控制字后输出为低，其他 5 种方式，都是在写入控制字后输出为高。

方式 2、方式 4、方式 5 的输出波形是相同的，都是宽度为一个 CLK 周期的负脉冲。但方式 2 是连续工作，方式 4 由软件（设置计数值）触发启动，而方式 5 由门控脉冲触发启动。

方式 5 与方式 1 的工作方式基本相同，但输出波形不同，方式 1 的输出为宽度是 N 个 CLK 脉冲的低电平脉冲（计数过程中输出为低），而方式 5 的输出为宽度是 1 个 CLK 脉冲的负脉冲（计数过程中输出为高）。

方式 3 和方式 2 的输出都是周期性的，它们的主要区别是，方式 2 在计数过程中输出始终为高，直至计数器减到 1 时，输出一个 CLK 负脉冲后又恢复为高；方式 3 在计数过程中输出有一半时间为高，另一半时间为低。所以，若计数值为 N，则方式 3 的输出为周期是 N 个 CLK 脉冲的方波。如果计数值 N 是奇数，则输出（N+1）/2 个 CLK 脉冲周期为高，（N−1）/2 个脉冲周期为低，即 OUT 为高，将比其为低多一个 CLK 周期时间。

方式 0 之所以称为计数结束中断，是因为方式 0 是专为 8253 工作在中断方式而设计的，它的输出 OUT 一经确定方式以后就马上变低，直到计数到 0 才变高，而其他方式的输出就不是这种情况。8253 用于中断方式并不仅限于方式 0，其他方式也是可以用于中断方式的。8253 内部没有中断控制电路，也没有专用的中断请求引线，所以若要用于中断，则可用 OUT 信号作为外部中断请求信号。

2. 计数器的工作与启动

任一种方式，只有写入计数值后才能开始计数，方式 0、方式 2、方式 3 和方式 4 都是在写入计数值后，计数过程就开始了，而方式 1 和方式 5 需要外部触发启动，才开始计数。

6 种方式中，只有方式 2 和方式 3 是连续计数，其他 4 种方式都是一次计数，要继续工作需要重新启动，方式 0、方式 4 由写入计数值（软件）启动，方式 1、方式 5 要由外部信号（硬件）启动。

3. 门控信号 GATE 的作用

在方式 0 和方式 4 中，GATE 是电平起作用。计数过程受 GATE 信号的控制，GATE 为高电平计数，低电平停止计数。

在方式 1 和方式 5 中，GATE 是上升沿起作用。在计数过程中，只要 GATE 出现由低到高的跳变，计数的初值就被装入减 1 计数器，并从初值起继续计数。

在方式 2 和方式 3 中，GATE 信号的上升沿和电平均起作用。高电平计数，低电平停止计数。上升沿则重新装入计数初值，继续计数。

4. 在计数过程中改变计数值

8253 可以在计数过程中写入计数值，但它的作用在不同方式时有所不同。方式 0 和方式 4 是立即有效（即新的计数值写入减 1 计数器），方式 1 和方式 5 是外部触发后有效，方式 2 和方式 3 是本次计数结束后有效。

8.2.3　8253 的控制字和初始化编程

8253 的工作方式由 CPU 向 8253 的控制字寄存器写入控制字来规定，其格式如图 8-13 所示。

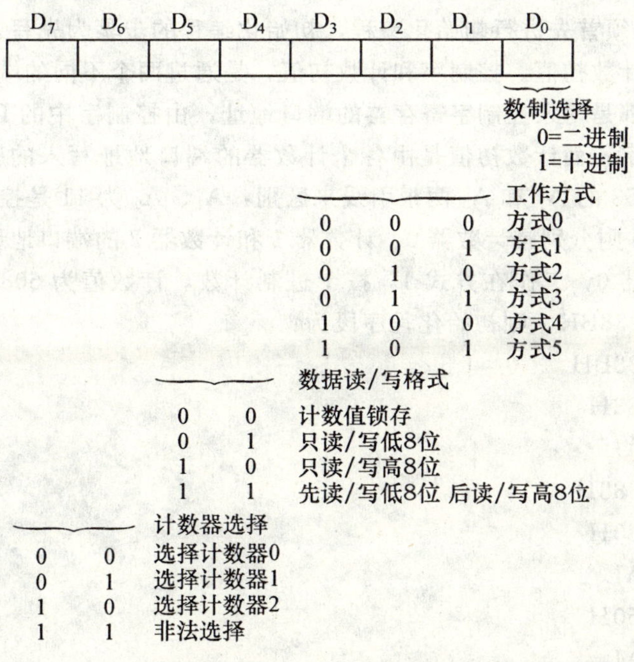

图 8-13　8253 的控制字

1. 计数器选择（D_7、D_6）

控制字的最高两位决定这个控制字是哪一个计数器的控制字。由于 3 个计数器的工作是完全独立的，所以每个计数器都有 1 个控制字。而 3 个控制字都由同一地址（控制字寄存器地址）写入，因而由控制字的 D_7、D_6 两位来指定该控制字是哪个计数器的控制字。在控制字中的计数器选择与计数器的地址是两回事，不能混淆。计数器的地址用作 CPU 向计数器写初值，或从计数器读取计数器的当前值。

2. 数据读/写格式（D_5、D_4）

CPU 向计数器写入初值和读取它们的当前状态时，有几种不同的格式。读/写数据时，是读/写 8 位数据还是 16 位数据；若是 8 位数据，可以令 $D_5D_4=01$ 只读/写低 8 位，则高 8 位自动置 0；若是 16 位数据，而低 8 位为 0，则可令 $D_5D_4=10$，只读/写高 8 位，低 8 位就自动为 0；若令 $D_5D_4=11$ 时，就先读/写低 8 位，后读/写高 8 位。在读取 16 位计数值时，可令 $D_5D_4=00$，则把写控制字时的计数值锁存，以后再读取。

3. 工作方式（D_3、D_2、D_1）

8253 的每个计数器的 6 种不同的工作方式，由这 3 位决定。

4. 数制选择（D_0）

8253 的每个计数器有两种计数制：二进制和十进制，由这位决定。在二进制计数时，写入的初值的范围为 0000H～FFFFH，其中 0000H 是最大值，代表 65536。在十进制计数时，写入的初值的范围为 0000H～9999H，其中 0000H 是最大值，代表 10000。

要使用 8253 必须首先进行初始化编程，初始化编程的步骤为先写入计数器的控制字，然后写入计数器的计数初值。控制字和计数初值，是通过两个不同的端口地址写入的。任一计数器的控制字都是写入控制字寄存器的端口地址，由控制字中的 D_7、D_6 来确定是哪一个计数器的控制字；而计数初值是由各个计数器的端口地址写入的。一片 8253 具有 4 个端口地址，由 8253 的 A_1 和 A_0 两根引线来区别：A_1、A_0 为 11 是控制字寄存器的端口地址，00、01 和 10 则分别是计数器 0、计数器 1 和计数器 2 的端口地址。

例如：用计数器 0，工作在方式 1，按十进制计数，计数值为 5080。若该片 8253 的端口地址为 388H～38BH，则初始化程序段为：

```
MOV DX，38BH
MOV AL，33H
OUT DX，AL
MOV DX，388H
MOV AL，80H
OUT DX，AL
MOV AL，50H
OUT DX，AL
```

8253 任一计数器的计数值，CPU 可用指令读取。CPU 读到的是执行读取指令瞬间计

数器的现行值。但 8253 的计数器是 16 位的，所以要分两次读至 CPU，因此，若不设法锁存的话，则在读数过程中，计数值可能已变化了。要锁存有两种办法：

（1）利用 GATE 信号使计数过程暂停。

（2）向 8253 输送一个控制字，令 8253 的计数值在输出寄存器锁存。

例如：读取计数器 1 的 16 位计数值，存入 CX 中，其程序段为：

```
MOV DX，38BH
MOV AL，40H            ；计数器 1 的锁存命令
OUT DX， AL
MOV DX，389H
IN AL，DX
MOV CL，AL
IN AL，DX
MOV CH，AL
```

8.2.4　8253 的应用

【例 8.2】　8253 在 IBM PC XT 中的应用。

8253 芯片在 IBM PC XT 微型计算机系统中的连接如图 8-14 所示。由译码电路可知计数器和控制字寄存器的端口地址为 40H～5FH，BIOS 取为：计数器 0：40H，计数器 1：41H,计数器 2：42H，控制字寄存器：43H。

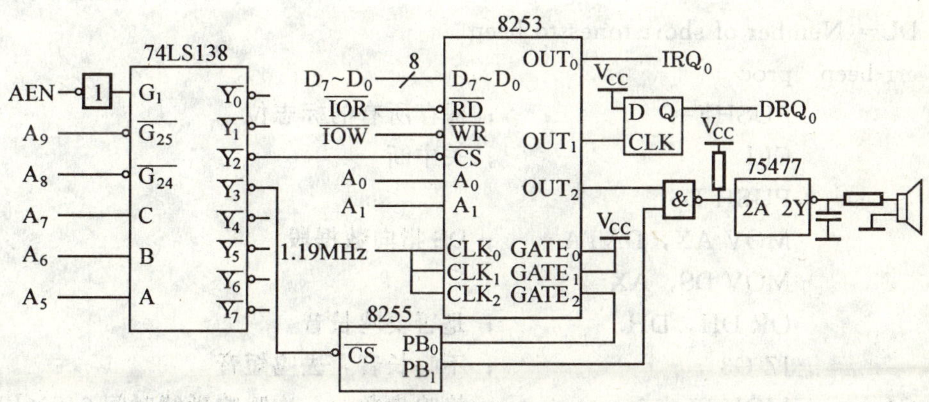

图 8-14　IBM PC XT 微型计算机中 8253 的部分线路

3 个计数器的输入时钟频率均为 1.19 MHz。

计数器 0 输出作为 18.2 Hz 方波发生器。用来输出方波作为中断控制器 8259 的第 0 号中断信号线（IRQ_0）的输入。其作用是提供 IBM PC XT 系统计时器的基本时钟。计数器 0 的计数值为：

$$1.19\ M/18.2=65384=2^{16}$$

亦即送 16 位的 0，故其控制字为 36H。对计数器 0 初始化的程序段如下：

```
MOV AL，36H
OUT 43H，AL
MOV AL，0
OUT 40H，AL
OUT 40H，AL
```

计数器 1 输出间隔为 15 μs 的负脉冲。该脉冲的上升沿触发 D 触发器。使它对 DMA 控制器 8237 的第 0 号 DMA 请求信号线 DRQ_0 发出 DMA 请求信号，8237 则依据这个请求信号对动态 RAM 进行刷新。计数器 1 的计数值为：

$$1.19\times10^{6}/\ (1/15)\ \times10^{-6}=18$$

故其控制字为 54H。对计数器 1 的初始化程序段如下：

```
MOV AL，54H
OUT 43H，AL
MOV AL，18
OUT 41H，AL
```

计数器 2 输出不同频率的方波，经电流驱动器 75477 放大，推动扬声器发出不同频率的声响。计数器 2 的计数值为可变值。随蜂鸣器声响频率的高低而变，程序设计中让它的取值范围为 1～65535，即 16 位二进制数，故其控制字为 B6H。

下面是 IBM PC XT 机 BIOS 中的开机诊断子程序。该子程序让蜂鸣器鸣一声长音(3 s)和一声短音（0.5 s)，以指出系统板或 RAM 模块或者 CRT 显示器有错。

```
entry parameters：
DH= Number of long tones to beep
DL= Number of short tones to beep
err-beep  proc
          PUSHF                 ；保存所有的标志位
          CLI                   ；关中断
          PUSH DS
          MOV AX，DATA          ；DS 指向数据段
          MOV DS，AX
          OR DH，DH             ；是否要鸣长音
          JZ G3                 ；不鸣长音，去鸣短音
G1：      MOV BL，6             ；蜂鸣常数，一次鸣响延续时间 0.5×BL
          CALL BEEP             ；调用鸣响子程序
G2：      LOOP G2               ；鸣响间隔，等待 500 ms
          DEC DH
          JNZ G1                ；长音没鸣响完，继续
          CMP MFG-TST，1        ；为制造测试模式?
          JNZ G3                ；为制造测试模式，继续鸣响短音
          MOV AL，0DH           ；停止 LED 闪
          OUT PORT-B，AL        ；PORT−B=61H，即 8255B 端口
```

```
        JMP G1
G3:     MOV BL, 1           ; 短音鸣响时间为 0.5×1=0.5 s
        CALL BEEP
G4:     LOOP G4
        DEC DL
        JNZ G3              ; 短音没鸣响完，继续
G5:     LOOP G5             ; 短音鸣响完，延迟 1 s 返回
G6:     LOOP G6
        POP DS
        POPF
        RET
err-beep endp
```

鸣响子程序

```
beep    proc
        MOV AL, 0B6H        ; 计数器 2 的控制字
        OUT 43H, AL
        MOV AX, 533H        ; 1000 Hz 分频值，分高低字节两次送入
        OUT 42H, AL
        MOV AL, AH
        OUT 42H, AL
        IN AL, 61H          ; 读取 8255B 端口的状态
        MOV AH, AL
        OR AL, 3
        OUT 61H, AL         ; 打开蜂鸣器
        SUB CX, CX          ; 设置等待 500 ms 的常数值
G7:     LOOP G7
        DEC BL              ; 等 0.5 s×BL
        JNZ G7
        MOV AL, AH          ; 恢复 8255B 端口的原来值，关蜂鸣器
        OUT 61H, AL
        RET
beep    endp
```

【例 8.3】　对外部事件计数 10 次。

计数电路如图 8-15 所示。由图 8-15 可知，使用的是计数器 0。外部事件用单稳电路输入，单稳电路的输出接至 CLK，GATE 接+5V。由于计数器的 CLK 接至单稳电路，因而计数初值写入计数器后要由外接的单稳电路输入一个脉冲把计数初值装入减 1 计数器，才能对外部事件进行计数。所以，外部事件（即单稳电路输入）要输入 11 次。

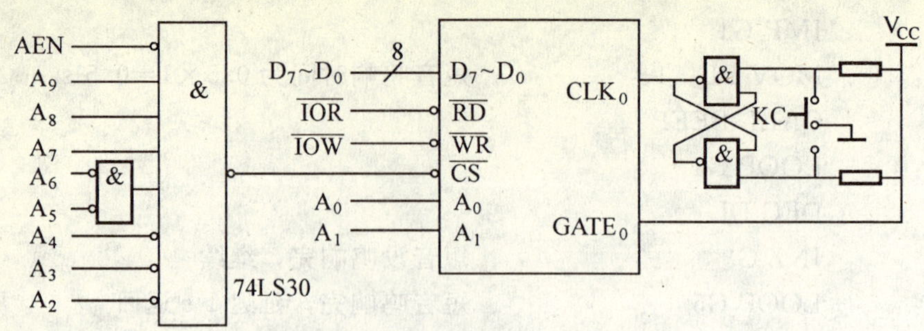

图 8-15 8253 对外部事件计数电路

用查询计数器的初值和最终值编制的程序如下：

```
stack   segment stack 'stack'
        dw 32 dup (0)
stack   ends
data    segment
DA1     DB 'WAIT LOAD', 0AH, 0DH,'$'
DA2     DB 'PLEASE INPUT', 0AH, 0DH,'$'
DA3     DB 'PROGRAM TERMINATED NORMALLY', 0AH, 0DH,'$'
data    ends
code    segment
begin   proc far
        assume ss: stack, cs: code, ds: data
        push ds
        sub ax, ax
        push ax
        mov ax, data
        mov ds, ax
        MOV DX, 383H                    ；8253 计数器的方式 0，BCD 计数
        MOV AL, 11H
        OUT DX, AL
        MOV DX, 380H
        MOV AL, 10H
        OUT DX, AL
        MOV DX, OFFSET DA1
        MOV AH, 9
        INT 21H
        MOV DX, 380H
LOAD:   IN AL, DX
        CMP AL, 10H                     ；等待单稳输入脉冲，装入计数初值
        JNE LOAD
        MOV DX, OFFSET DA2
        MOV AH, 9
```

```
        INT 21H
        MOV DX，380H
CONTIN：IN AL，DX
        CMP AL，0                 ；等待单稳输入 10 个脉冲
        JNZ CONTIN
        MOV DX，OFFSET DA3
        MOV AH，9
        INT 21H
        ret
egin    endp
code    ends
        end begin
```

8.3　串行通信与异步通信控制器 8250

微型计算机系统内部的数据传送方式都是并行传送。而微型计算机与外部设备之间的数据传送有并行传送和串行传送两种。若是采用并行传送，则只需要在微型计算机与外部设备之间设置一个并行接口电路即可。若是采用串行传送方式，则需要在微型计算机与外部设备之间设置一个串行接口电路。串行接口电路的作用是将微型计算机输出的并行数据转换成串行（位串）数据发送出去，以及接收外部的串行数据，并将其转换成并行数据送入微型计算机。PC 机采用的串行接口电路是可编程异步通信控制器 8250（或 NS16450）。

8.3.1　PC 机的串行口

可编程异步通信控制器 8250 仅完成 TTL 电平的并串或串并转换。为了增大传输距离，可在串行接口电路与外部设备之间增加信号转换电路。目前常用的转换电路有 RS-232 收发器、RS-485 收发器和 MODEM。RS-232 收发器将微型计算机的 TTL 电平转换为±15V 电压进行传送，最大通信距离为 15 m。RS-485 收发器将微型计算机的 TTL 电平转换为差分信号进行传送，最大通信距离为 1.2 km（在 100 KB/s 传输速率以下）MODEM 将电平信号调制成频率信号送上电话网，如同音频信号一样在电话网中传送。

PC 机的串行口就是使用可编程异步通信控制器 8250 和 RS-232 电平转换电路将微型计算机并行的逻辑 0 和逻辑 1 电平信号转换为串行的＋15V 和－15V 脉冲波形，通过 25 针（或 9 针）D 型插座与外部进行串行通信的。

1. 电平转换电路——RS-232 收发器

国际上有多家厂商生产 RS-232 收发器，例如，美国 MAXIM、TI 和 Motorla 等公司。MAXIM 公司生产的 RS-232 收发器处于领先地位。它在 1985 年首创的 RS-232 IC 只需使用＋5V 单电源。在由＋5V 单电源供电的 RS-232 收发器中，片内设有 2 个倍压充电泵，把＋5V 变成驱动器所需的±10V 电源电压。双充电泵需用 4 个电容器，这些电容器一种是外加的，一种被集成在 IC 内部。MAXIM 的 RS-232 收发器共计有 70 多种型号，这里仅介绍两种常用的 RS-232 收发器。

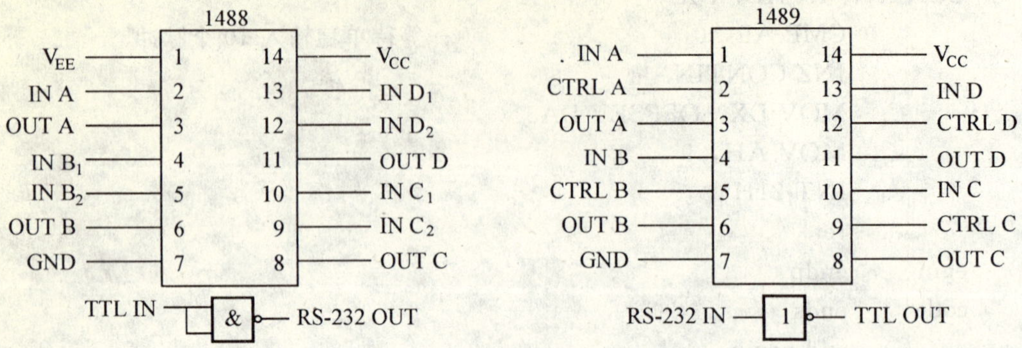

图 8-16　RS-232 发送器 1488 和 RS-232 接收器 1489

2. RS-232 发送器 1488 和 RS-232 接收器 1489

RS-232 发送器 1488 和 RS-232 接收器 1489 的引线排列和逻辑功能如图 8-16 所示。

3. MAX202 和 MAX203

MAX202 是使用＋5V 单电源供电的 RS-232 收发器。片内包括 2 个驱动器和 2 个接收器以及 1 个将＋5V 变换成 RS-232 所需的±10V 输出电压的双充电泵电压变换器。仅需外加 4 只 0.1μF 的小电容器，其外部引线和典型工作电路如图 8-17 所示。MAX203 片内也包括 2 个驱动器和 2 个接收器，不需要外接电容器。

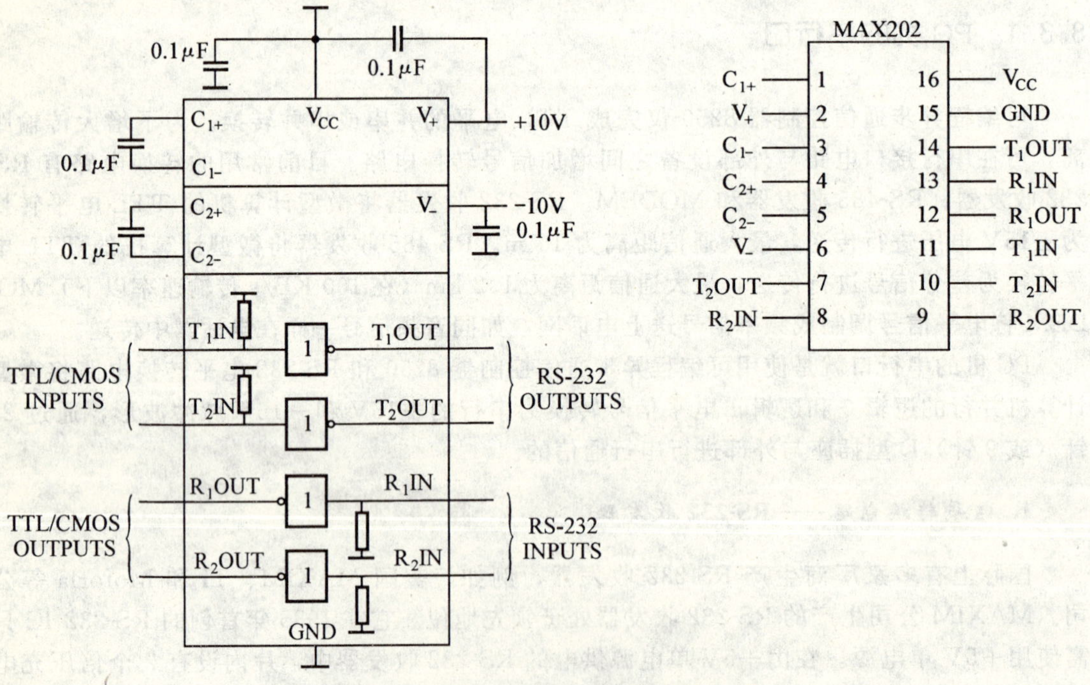

图 8-17　MAX 引线排列和典型工作电路

4. PC 机串行口的串行通信信号

PC 机通过 25 线或 9 线转插 D 型插座引出的 9 个常用的 RS-232 接口信号及其在 D 型插座中的引脚如表 8-3 所列。

表 8-3　　微型计算机中常用的 RS-232 接口信号

9 线引脚	25 线引脚	符号	方向	功能
③	②	TXD	O	发送数据
②	③	RXD	I	接收数据
⑦	④	RTS	O	请求传送
⑧	⑤	CTS	I	允许传送
⑥	⑥	DSR	I	数据装置就绪
⑤	⑦	GND		信号地
①	⑧	DCD	I	数据载波检测
④	(20)	DTR	O	数据终端就绪
⑨	(22)	RI	I	响铃指示

串行通信信号引脚分为两类：一类为基本的数据传送信号引脚，另一类是用于 MODEM 控制的信号引脚。

(1) 基本的数据传送信号。

基本的数据传送信号引脚有 TXD、RXD、GND 3 个。

- TXD 为数据发送信号引脚。数据由该脚发出，送上通信线，在不传送数据时，异步串行通信接口维持该脚为逻辑 1。
- RXD 为数据接收信号引脚。来自通信线的数据从该脚进入。在无接收信号时，异步串行通信接口维持该脚为逻辑 1。
- GND 为地信号引脚。GND 是其他引脚信号的参考电位信号。

“在零调制解调器”连接中，最简单的形式就是只使用上述 3 个引脚。其中，收发端的 TXD 与 RXD 交错相连，GND 与 GND 相连。一般两台微机之间的串行通信，都采用这种连接方法。

(2) MODEM 控制信号引脚。

从计算机到 MODEM 的信号引脚包括 DTR 和 RTS 两个：

DTR 信号引脚用于通知 MODEM，计算机已经准备好。

RTS 信号引脚用于通知 MODEM，计算机请求发送数据。

从 MODEM 到计算机的信号包括 DSR、CTS、DCD 和 RI 4 个。

- DSR 信号引脚用于通知计算机，MODEM 已经准备好。
- CTS 信号引脚用于通知计算机，MODEM 可以接收传送数据。
- DCD 信号引脚用于通知计算机，MODEM 已与电话线路连接好。
- RI 信号引脚为振铃指示，用于通知计算机有来自电话网的信号。

8.3.2 异步通信控制器 8250

可编程串行异步通信控制器 8250 是 PC 机串行通信控制器接口电路的核心。8250 将外部设备或 MODEM 通过 RS-232 接口的串行数据接收进来，并转换成并行的 8 位数据送往 PC 机，或者将 PC 机的并行数据转换成串行数据送往外部设备或 MODEM。

1. 8250 的组成与接口信号

8250 由各种控制逻辑和寄存器组成，主要包括 6 部分：数据总线缓冲器与选择和控制逻辑，接收控制电路，发送控制电路，传输速度控制电路，调制解调器控制电路，中断控制电路，如图 8-18 所示。下面分别加以介绍。

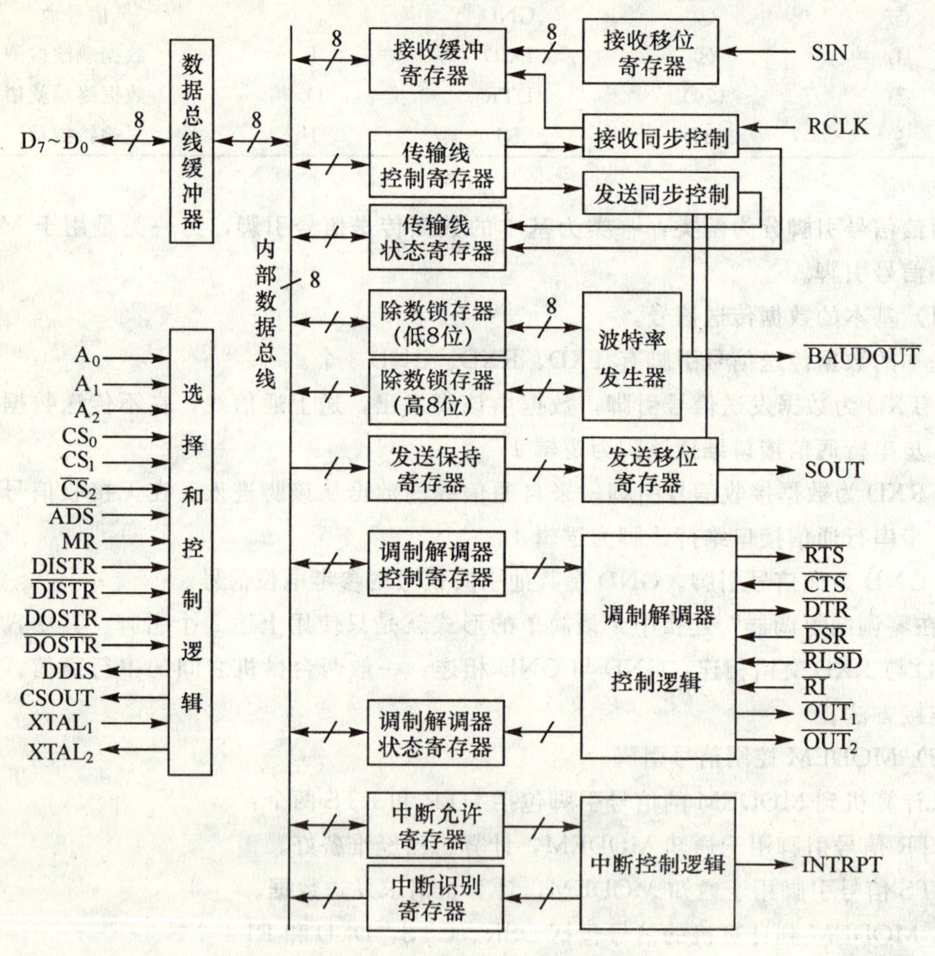

图 8-18 8250 内部结构方框图

(1) 数据总线缓冲器与选择和控制逻辑。

数据总线缓冲器接收中央处理器发给 8250 的命令和数据，8250 接收的数据和通信状

态信息也通过数据总线缓冲器送到中央处理器。选择和控制逻辑接收来自系统地址总线的译码信号，选择芯片内部寄存器。控制逻辑用于对 8250 各寄存器的读/写操作进行控制。

①数据输入选通脉冲 DISTR（高电平有效）、$\overline{\text{DISTR}}$（低电平有效）。当 8250 芯片被选中期间，若 DISTR 为高电平或$\overline{\text{DISTR}}$为低电平（两者中只要有一个有效），则允许 CPU 从 8250 读取状态信息或数据。通常情况下，可以仅用一个信号作为选通控制信号，另一个接固定的无效电平（若固定$\overline{\text{DISTR}}$，则令其接低电平，若固定 DISTR 则为令其接高电平）。

②数据输出选通脉冲 DOSTR（高电平有效）、$\overline{\text{DOSTR}}$（低电平有效）。当 8250 芯片被选中期间，若 DOSTR 为高电平，或$\overline{\text{DOSTR}}$为低电平（两者中只要有一个有效），允许 CPU 向 8250 写入控制命令或数据。通常，两个控制信号中只需要用一个，另一个控制端可以固定在无效状态。

③驱动器禁止信号 DDIS（高电平有效）。每当 CPU 从 8250 读取信号时，DDIS 变为低电平，平时 DDIS 输出高电平，禁止外部的收发器与 8250 通信。

④地址线 A_0～A_2。这 3 条引线一般与系统地址总线 A_0～A_2 相连，CPU 用这 3 条引线来寻址 8250 内部的寄存器。

⑤片选控制信号 CS_0、CS_1、$\overline{CS_2}$，这是 8250 的 3 个片选控制信号。CS_0、CS_1 为高电平有效，$\overline{CS_2}$为低电平有效，必须当这 3 个信号都有效时，8250 才能正常工作。CPU 一般用访问外设控制线和高位地址组成片选信号。

⑥地址选通脉冲 $\overline{\text{ADS}}$（低电平有效）。当其有效时，锁存地址（A_0、A_1、A_2）和片选信号（CS_0、CS_1、$\overline{CS_2}$）。

⑦主复位信号 MR（高电平有效）。此信号线接至系统的复位信号 RESET，当其有效时，清除所有寄存器（除了接收缓冲器、发送缓冲器和除数锁存器外）和 8250 的控制逻辑以及有关的输出信号。

⑧片选输出 CSOUT（高电平有效）。当 8250 的 3 个片选输入端 CS_0、CS_1 和 $\overline{CS_2}$都有效时，CSOUT 输出高电平，此时才能开始数据传送。

⑨外部时钟引线 $XTAL_1$、$XTAL_2$。这两条引线把串行通信的主定时基准信号（晶体振荡器或时钟信号）接到 8250。

(2) 接收控制电路。

接收控制电路由接收缓冲寄存器、接收移位寄存器和接收同步控制电路组成。来自传输线控制寄存器的命令，控制将接收的串行数据移入接收移位寄存器，满 8 位后送入缓冲寄存器。同步控制电路控制对输入信号的采样。

①串行数据输入信号 SIN。接收由通信设备（外设或调制解调器）送来的串行的输入数据。

②接收时钟 RCLK。从这条引线向 8250 输入 16 倍波特率的时钟信号，以作为接收器的时钟。

(3) 发送控制电路。

发送控制电路由发送保持寄存器、发送移位寄存器和发送同步控制电路组成。来自传输线控制寄存器的命令，控制将发送保持寄存器中的数据送入发送移位寄存器，在发送同步控制电路控制下，将发送移位寄存器中的数据逐位移出，并送上通信线SOUT。

接收电路和发送电路的工作状态都可以从传输状态寄存器中读出。

(4) 传输速度控制电路。

传输速度控制电路由除数锁存器和波特率发生器组成，编程设定送到除数锁存器中的数值应是通信速率与8250输入时钟的比率，这个比率经波特率发生器产生输入时钟的分频信号，由$\overline{\text{BAUDOUT}}$输出。

(5) 调制解调器控制电路。

调制解调器控制电路由控制寄存器、状态寄存器和控制逻辑组成，用于控制调制解调器的工作。如果8250与MODEM相连，则其控制信号由调制解调控制电路产生。

①数据终端准备就绪$\overline{\text{DTR}}$（低电平有效）。当8250已准备好通信后，$\overline{\text{DTR}}$输出有效信号，通知通信设备或调制调解器。此信号可通过CPU将调制解调器的位0（DTR位）置“1”而变为有效（输出低电平），主复位信号MR把它置为高电平。

②发送请求$\overline{\text{RTS}}$（低电平有效）。当8250已准备好通信后，$\overline{\text{RTS}}$输出有效信号以通知通信设备8250已准备发送。此信号可通过CPU将调制解调控制器的位1（RTS位）置“1”而变为有效（输出低电平），主复位信号MR把它置为高电平。

③允许发送$\overline{\text{CTS}}$（低电平有效）。这是由调制解调器输送给8250的控制信号，通常是当调制解调器作好了通信准备后，向8250输入有效的$\overline{\text{CTS}}$信号，通知8250开始发送。它的状态可由读调制解调状态寄存器的位4得到。调制解调器状态寄存器的位0，指示自上一次读以来，$\overline{\text{CTS}}$的输入状态是否发生了变化。如果在对8250的编程中，允许调制解调器状态中断，$\overline{\text{CTS}}$状态的变化就可产生中断请求。

④数据设备准备就绪$\overline{\text{DSR}}$（低电平有效）。这是通信设备输送给8250的控制信号。如果通信设备（或调制解调器）已准备好建立通信环路（链）并准备给8250传送数据，就向8250输送有效的$\overline{\text{DSR}}$信号。它的状态可由读调制解调状态寄存器的位5得到，此寄存器的位1指示了自上一次读以后，此信号是否发生了变化。若在对8250的编程中，允许调制解调器状态中断，$\overline{\text{DSR}}$状态的变化就可产生中断请求。

⑤接收线路检测$\overline{\text{RLSD}}$（低电平有效）和振铃指示$\overline{\text{RI}}$（低电平有效）它们为低电平时，表示通信设备已检测到数据串（$\overline{\text{RLSD}}$）或收到了振铃信号（$\overline{\text{RI}}$）。它们的状态可由读调制解调器状态寄存器的位7和位6得到，此寄存器的位3和位2分别表示自上一次读以后这些信号是否发生了变化。若对8250的编程中，允许调制解调器状态中断，则这两个信号中的任一个状态发生变化都将产生中断请求。

⑥输出信号$\overline{\text{OUT}_1}$、$\overline{\text{OUT}_2}$（低电平有效）。这是两个一般的输出信号，可通过对调制解调器控制寄存器的位2和位3进行编程使其输出有效信号。主复位信号使这两者处在高电平。

(6) 中断控制电路。

8250支持中断方式的数据传送。中断控制电路由中断允许寄存器、中断识别寄存器和中断控制逻辑组成。由于8250支持多种类型的中断，因此，由中断允许寄存器规定允

许的中断类型。中央处理器可以通过 8250 中断识别寄存器来判断当前的中断类型。8250 内部有 4 种类型的中断源，当这些中断源未被全部屏蔽时，则任一个未被屏蔽的中断源有请求时，中断请求信号 INTRPT 输出高电平。

8250 的各部分电路对其通信控制提供了很强的支持，中央处理器通过对 8250 各寄存器的编程来控制串行数据通信。

2. 8250 的内部寄存器

8250 内部有 10 个寄存器，如表 8-4 所示。这 10 个寄存器由 $A_2 \sim A_0$ 指定，而 3 位二进制数只能表示 8 个寄存器，所以其中有 2 个寄存器由通信线控制寄存器的最高位，即由除数锁存器访问（DLAB）来识别。

表 8-4　　8250 的内部寄存器

DLAB	A_2	A_1	A_0	寄存器
0	0	0	0	接收缓冲器（读），发送保持器（写）
0	0	0	1	中断允许寄存器
×	0	1	0	中断识别寄存器（只读）
×	0	1	1	传输线控制寄存器
×	1	0	0	调制解调器控制寄存器
×	1	0	1	传输线状态寄存器
×	1	1	0	调制解调器状态寄存器
×	1	1	1	
1	0	0	0	除数锁存器（低 8 位）
1	0	0	1	除数锁存器（高 8 位）

（1）数据发送保持寄存器和数据接收缓冲寄存器。

数据发送保持寄存器用于暂存将要发送到通信线的 1 个字节数据，该字节经发送移位寄存器串行发出。数据接收缓冲寄存器保存从接收移位寄存器移入的字节数据，该字节数据正由通信线进入串行接口。

（2）传输线控制寄存器。

传输线控制寄存器用于控制通信数据的格式，各位的意义如图 8-19 所示。

（3）传输线状态寄存器。

传输线状态寄存器提供串行数据传送和接收时的状态，供中央处理器判断，各位的意义如图 8-20 所示。

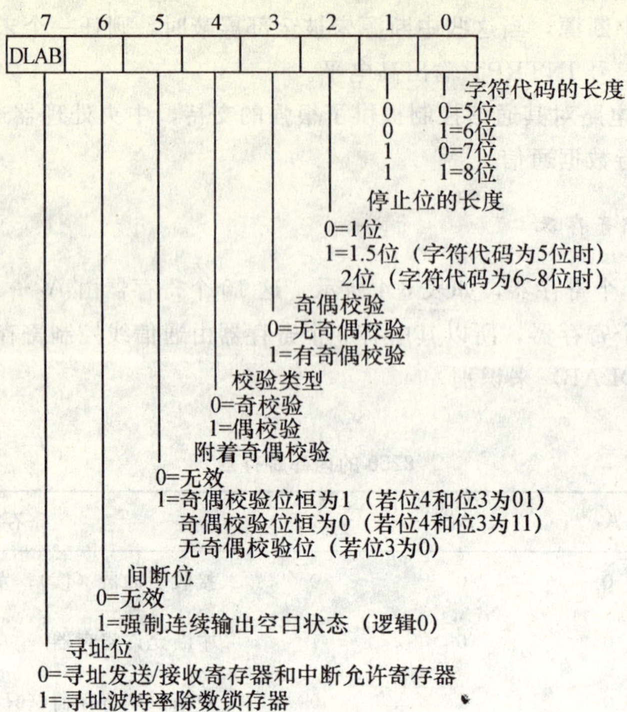

图 8-19 传输线控制寄存器

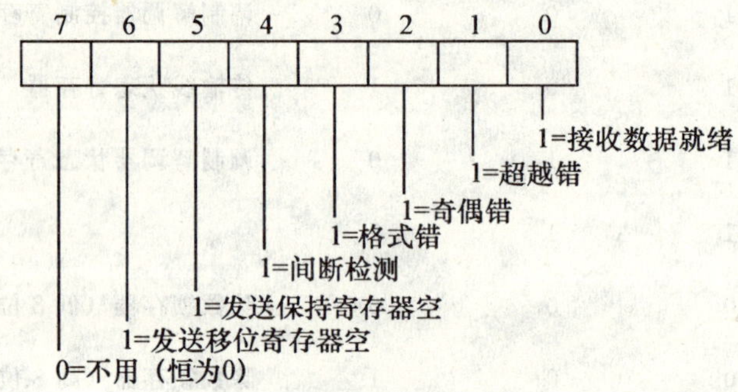

图 8-20 传输线状态寄存器

（4）除数锁存器。

当传输线控制寄存器最高位为 1 时，中央处理器通过 I/O 口访问除数锁存器的低 8 位和高 8 位。

由于 8250 使用频率为 1.8432MHz 的基准时钟输入信号，所以需要用分频的方法产生所需要的波特率。8250 发送或接收串行数据时，使用的时钟信号的频率是数据传送波特率的 16 倍，因此，除数锁存器的除数值可以用下式计算：

$$除数=\frac{1843200}{16\times 波特率}$$

8250 的输出波特率与除数锁存器的值之间的关系如表 8-5 所示。

表 8-5　　波特率除数锁存器的值与波特率的对应关系

波特率	波特率除数锁存器的值	
	高 8 位（H）	低 8 位（H）
50	09	00
75	06	00
110	04	17
134.5	03	59
150	03	59
300	01	80
600	00	C0
1200	00	60
1800	00	40
2000	00	3A
2400	00	30
3600	00	20
4800	00	18
7200	00	10
9600	00	0C

（5）中断允许寄存器。

8250 芯片本身可以处理 4 种类型的中断，按优先次序排列为：

①接收线路出错；

②接收数据就绪；

③发送保持寄存器已空；

④MODEM 中断。

中断允许寄存器的低 4 位分别对应上述 4 种中断，当对应位为 1 时，则允许对应中断信号输入，中断允许寄存器各位的意义如图 8-21 所示。

（6）中断识别寄存器。

当系统允许 8250 的一种或几种中断请求信号时，由于 8250 芯片仅能向外输出 1 个总的中断请求信号，为了能具体识别究竟是哪一种类型的中断，CPU 必须从中断识别寄存器输入 1 个中断识别字节。中断识别字节用于标志当前的中断类型。中断识别寄存器的低 3 位表示各种类型的中断，如图 8-22 所示。

（7）MODEM 控制寄存器与 MODEM 状态寄存器。

异步通信控制器可以通过连接一台调制解调器（MODEM）实现远程通信。图 8-23 是使用 MODEM 实现数据通信的示意图。8250 异步通信控制器经 MODEM 连入电话网络，8250 输出的电平信号经 MODEM 调制成频率信号，再经电话接口送上电话线网络。在接收端仍然通过 MODEM，电话网络上的音频信号经过解调送入 8250。

中央处理器通过 MODEM 控制器实现对 MODEM 的控制操作，通过 MODEM 状态

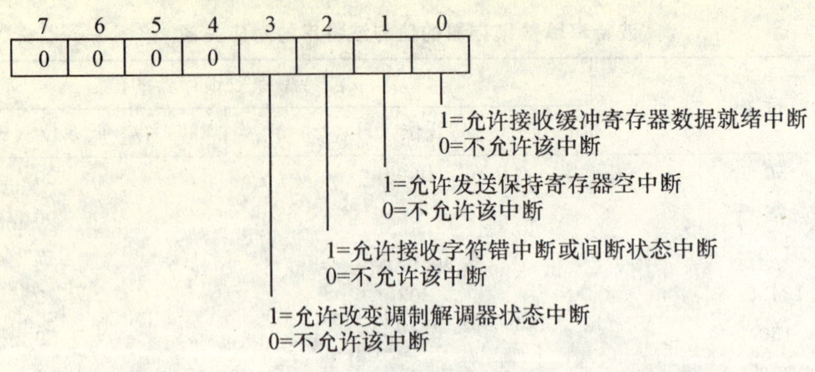

图 8-21 中断允许寄存器

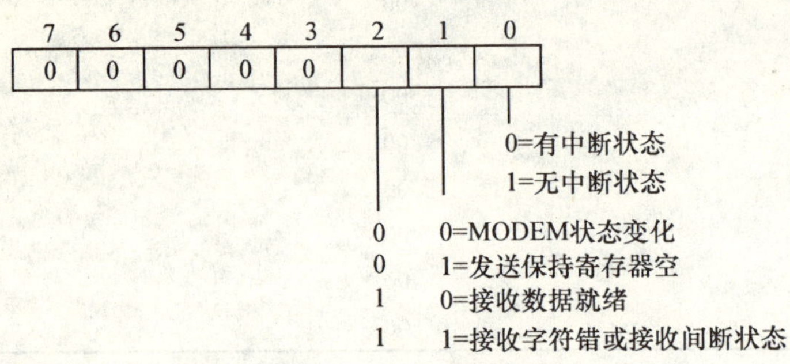

图 8-22 中断识别寄存器

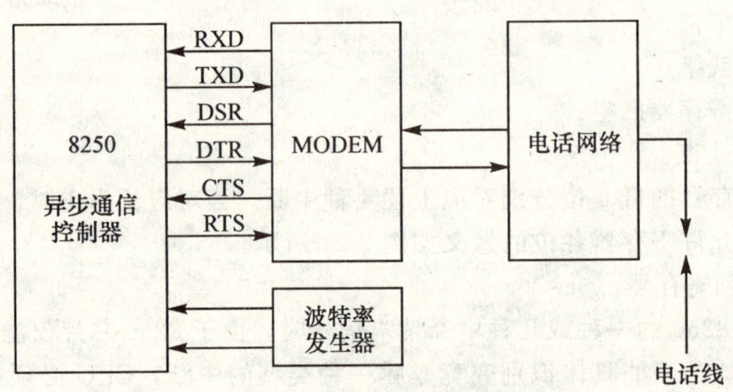

图 8-23 利用 MODEM 进行数据通信

寄存器了解工作状况，从而顺序地实现数据通信。

MODEM 控制寄存器各位的意义如图 8-24 所示。

MODEM 状态寄存器如图 8-25 所示。该寄存器低 4 位是控制输入信号发生变化的状态标志，其初值应置为 0。如果读入 MODEM 状态字节的过程中出现置 1 的位，则说明对应输入信号发生变化。MODEM 状态寄存器高 4 位保存 MODEM 控制信号。

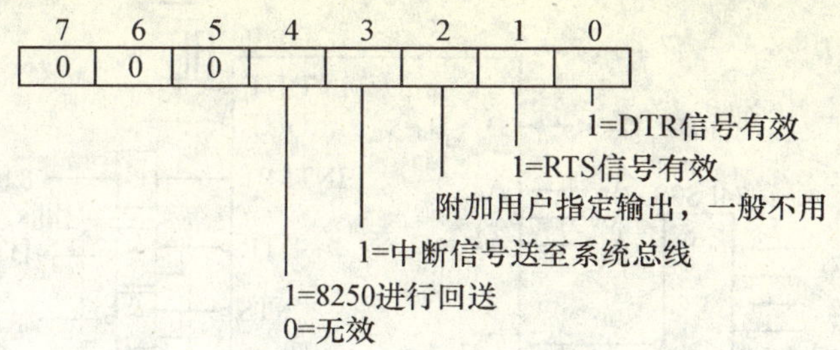

图 8-24　MODEM 控制寄存器

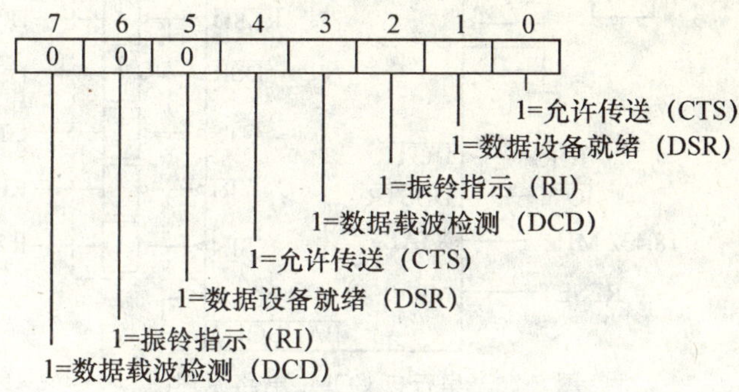

图 8-25　MODEM 状态寄存器

8.3.3　8250 与微型计算机及 RS-232 接口信号的连接

图 8-26 所示的是 PC 微型计算机串行口 COM_1 的电路原理图。8250 的 3 个片选端中 CS_0、CS_1 都接至＋5V，$\overline{CS_2}$与 8 输入“与非”门 74LS30 的输出端相连。74LS30 的 8 个输入端中，7 个连地址线 A_9～A_3，1 个连 AEN,若要选中 8250,则这些地址信号都必须为高电平。所以,在 COM_1 中 8250 的端口地址为 3F8H～3FFH。8250 的 A_2～A_0 接至系统的地址线 A_2～A_0,以选择 8250 的内部寄存器。与 COM_1 的端口地址相对应的选择寄存器如表 8-6 所示。

表 8-6　COM_1 端口地址

端口地址(H)	选择寄存器	DLAB 状态
3F8	发送保持器(写)	0
3F8	接收缓冲器(读)	0
3F8	除数锁存器(低 8 位)	1
3F9	除数锁存器(高 8 位)	1
3F9	中断允许寄存器	0
3FA	中断识别寄存器	
3FB	传输线控制寄存器	
3FC	调制解调器控制寄存器	
3FD	传输线状态寄存器	
3FE	调制解调器状态寄存器	

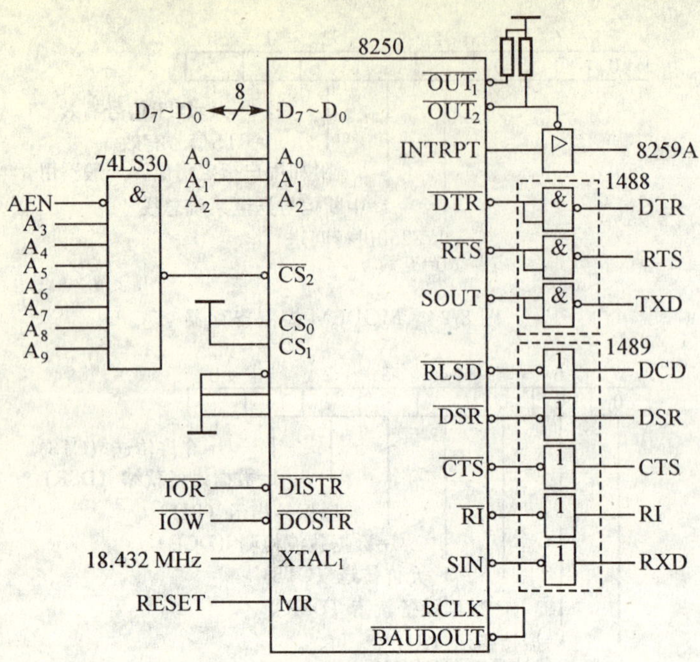

图 8-26 串行口 COM_1 电路原理图

若要选中 8250，要求 AEN 信号必须为低电平（CPU 掌握总线控制权），所以异步串行通信不能进行 DMA 方式的数据传送。

8250 的 $\overline{ADS}$、DISTR、DOSTR 信号都接地，$\overline{DISTR}$接至系统控制信号$\overline{IOR}$、$\overline{DOSTR}$接至系统的控制信号 $\overline{IOW}$，所以能很好地控制 8250 的读写操作。

8250 的中断请求信号 INTRPT 接至中断控制器 8259A 的 IRQ_4。

8.3.4 异步串行通信程序设计

在 BIOS 中有各种设备的驱动程序，同样也有异步通信的驱动程序，所以可以调用 BIOS 中的异步通信驱动程序来实现通信。通信驱动程序的功能及入口参数、出口参数如表 8-7 所示。

表 8-7 通信驱动程序（INT14H）

功能	入口参数	出口参数
AH=0 初始化串行口	AL=初始化参数 DX=串行口号码（0～2）	AX=串行口状态 AH 为通信线状态，AL 为 MODEM 状态
AH=1 发送数据字符	AL=欲发送字符 DX=串行口号码（0～2）	AH=通信线状态（AH_7=1 表示传送失败）
AH=2 接收字符	DX=串行口号码（0～2）	AH=通信线状态（AH_7=1 表示传送失败） AL=字符
AH=3 读串行口状态	DX=串行口号码（0～2）	AX=串行口状态

表中 AL 寄存器作为初始化参数时各位定义为：

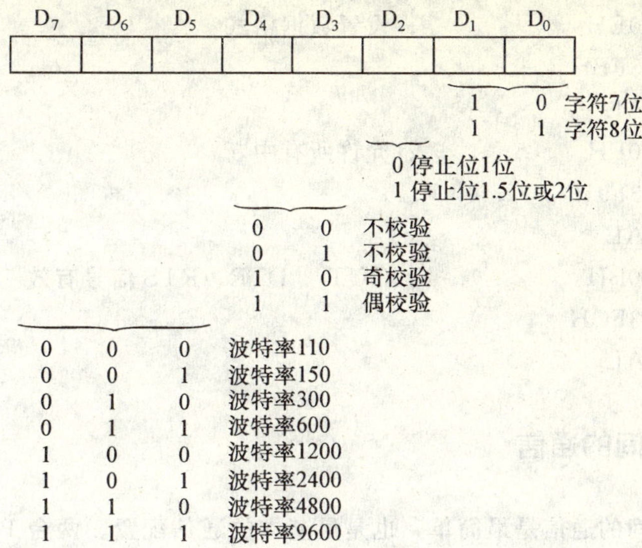

调用 BIOS 异步通信驱动程序实现异步通信是非常简单方便的。但在了解了异步通信接口的具体电路和 8250 的内部结构以后，也可以撇开 BIOS 而直接与 8250 打交道，这样就能够更多地利用 8250 的特点，而且可以不受 BIOS 的局限。

直接对 8250 进行初始化编程的主要步骤为：

(1) 为确定波特率设置除数锁存器。为了能对除数锁存器写入，要先使传输线控制寄存器的最高位置“1”。

(2) 对传输线控制寄存器进行编程，以确定通信的数据格式，而且要使它的最高位变为零，以便以后对接收缓冲器和发送保持器以及中断允许寄存器进行操作。

(3) 若要使用中断，则要设置中断允许寄存器的状态。若不采用中断，这个寄存器的值可以设置成 0。

(4) 设置调制解调器控制寄存器。通常情况下，这个寄存器设定的值为 03H，它使 8250 输出 DTR 和 RTS 这两个调制解调器控制信号。如果系统中不使用这两个信号，则这样的设置也不会带来问题。如果要使用中断，OUT2 位应置为“1”，这样，8250 产生的中断信号就可以通过系统总线传送给 8259 中断控制器。

例如，若要求以 9600 波特率进行异步通信，每字符 7 个数据位，2 个停止位，奇校验，允许所有中断，则初始化编程部分的程序段为：

```
MOV AL，80H            ；使传输线控制寄存器最高位置 1，即 DLAB=1
MOVDX，3FBH
OUT DX，AL
MOV AL，0CH            ；置除数锁存器
MOV DX，3F8H
OUT DX，AL
MOV AL，0
```

```
MOV DX, 3F9H
OUT DX, AL
MOV AL, 0EH              ;设置数据格式
MOV DX, 3FBH
OUT DX, AL
MOV AL, 0FH              ;允许所有中断
MOV DX, 3F9H
OUT DX, AL
MOV AL, 0BH              ;OUT2、DTR、RTS信号有效
MOV DX, 3FCH
OUT DX, AL
```

8.3.5 PC 机之间的通信

两台 PC 机之间的通信是最简单，也是最基本的通信配置。两台 PC 机采用三线零调制解调方式连接，如图 8-27 所示。下面给出配合该硬件配置的发送和接收程序。

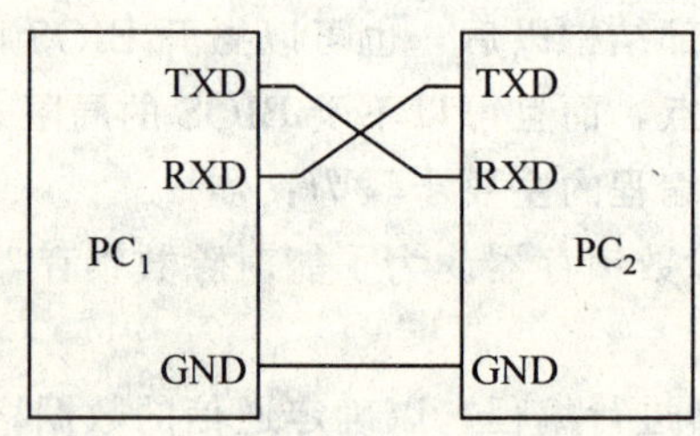

图 8-27 PC 机之间的通信连线

1. 发送程序

下面的程序接收键盘输入的 100 个字符，并通过 8250 发送到通信线上去。

```
stack   segment stack 'stack'
        dw 32 dup (0)
stack   ends
code    segment
begin   proc far
        assume ss: stack, cs: code
        push ds
        sub ax, ax
        push ax
        MOV DX, 38BH            ;初始化 8250
        MOV AL, 80H
        OUT DX, AL
```

```
            MOV DX，3F8H                    ；置除数锁存器
            MOV AL，17H
            OUT DX，AL
            MOV DX，3F9H
            MOV AL，04H
            OUT DX，AL
            MOV DX，3FBH                    ；设定数据格式
            MOV AL，0AH
            OUT DX，AL
            MOV DX，3FCH                    ；置调制解调器控制寄存器
            MOV AL，0FH
            OUT DX，AL
            OUT DX，AL
            MOV DX，3F9H                    ；置中断允许寄存器，禁止 8250 中断
            MOV AL，0
            OUT DX，AL
            MOV CX，100
  SEND:     MOV AH，1                       ；接收键入字符
            INT 21H
            MOV DX，3F8H                    ；发送键入字符
            OUT DX，AL
            MOV DX，3FDH                    ；输入传输线状态，判别
  SW:       IN AL，DX                       ；发送保持寄存器是否处于空闲状态
            TEST AL，20H
            JZ SW
            LOOP SEND
            ret
  start     endp
  code      ends
            end start
```

2. 接收程序

下面的程序接收来自通信线上的 100 个字符，并将这些字符在屏幕上显示出来。

```
  stack     segment stack 'stack'
            dw 32 dup (0)
  stack     ends
  data      segment
ERR         DB'ERRER! $'
  data      ends
```

```
code    segment
begin   proc far
        assume ss：stack，cs：code，ds：data
        push ds
        sub ax，ax
        push ax
        mov ax，data
        mov ds，ax
        MOV DX，38BH                ；初始化 8250
        MOV AL，80H
        OUT DX，AL
        MOV DX，3F8H                ；置除数锁存器
        MOV AL，17H
        OUT DX，AL
        MOV DX，3F9H
        MOV AL，04H
        OUT DX，AL
        MOV DX，3FBH                ；设定数据格式
        MOV AL，0AH
        OUT DX，AL
        MOV DX，3FCH                ；置调制解调器控制寄存器
        MOV AL，0FH
        OUT DX，AL
        OUT DX，AL
        MOV DX，3F9H                ；置中断允许寄存器，禁止 8250 中断
        MOV AL，0
        OUT DX，AL
        MOV DX，3F8H                ；空读一次
        IN AL，DX
        MOV CX，100
REC：   MOV DX，3FDH                ；判断输入状态
RW：    IN AL，DX
        TEST AL，01H
        JZ RW
        TEST AL，0EH
        JNZ ERRER
        MOV DX，3F8H                ；接收字符
        IN AL，DX
        MOV SL，AL                  ；显示接收字符
```

```
        MOV AH，2
        INT 21H
        LOOP REC
        RET
ERRER：MOV DX，OFFSET ERR
        MOV AH，9
        INT 21H
        ret
begin   endp
code    ends
        end begin
```

习题与思考题

1. 画出 8255 与 IBM PC XT 的系统总线的连接图，写出 A 端口作基本输入，B 端口作基本输出的初始化程序。
2. 编制一段程序，用 8255 的 C 端口按位置位/复位，将 PC7 置“0”，PC4 置“1”（端口地址为 380H～383H）。
3. 设计一个具有 8 个按键的电路，编写扫描键盘得到按下键键值的程序。
4. 用 8255 的两个端口设计一十六进制数码按键和 4 个七段显示器的接口电路，画出键盘、显示器及其接口电路的原理图，编写捕捉按键后立即改变显示数值的程序。
5. 用 8255 的 A 端口接 8 只理想开关输入二进制数，B 端口和 C 端口各接 8 只发光二极管显示二进制数。写出读入开关数据（原码）送 B 端口（补码）和 C 端口（绝对值）的发光二极管显示的程序段。
6. 用一片 8255 能否实现 8 个七段显示器与 64 个按键的键盘接口功能？若能试画出设计方框图，并略加说明。
7. 试用一片 8255 设计 3 只七段显示器的接口，将键盘输入的 3 位十进制数在这 3 只七段显示器上显示出来。设计这一输出电路和控制程序。
8. 使用 8255 的 B 端口驱动红色与绿色发光二极管各 4 只，且红绿管轮流发光各 2 秒钟，不断循环，试画出只包括地址译码器、8255 与发光管部分的接口简图，编写程序段。
9. 用 8255 作双机并行通信的接口，试设计接口电路和通信程序。
10. 画出 8253 与 IBM PC XT 的系统总线的连接图，写出 3 个计数器 6 种工作方式各自的初始化程序段。
11. 编制一程序使 8253 的计数器产生 600 Hz 的方波，经滤波后送至扬声器发声，当敲下任一键时发声停止。
12. 下列程序段可控制某芯片输出方波，请指出该芯片的型号。

```
MOV DX，267H
MOV AL，36H
OUT DX，AL
MOV DX，264H
MOV AL，0
OUT DX，AL
OUT DX，AL
```

13. 将 8253 的 3 个计数器级联，假设时钟输入为 2 MHz，画出级联框图，并回答下列问题：

(1) 各计数器均取最大的计数初值时，各计数器输出的定时脉宽是多少？

(2) 若要求得到毫秒、秒、时 3 种定标脉冲，3 个计数器的计数初值各为多少？

附录

附录 1　8086 指令系统表

1. 数据传送类指令

名称	指令格式	操作
数据传送	MOV dest，source	Source → dest
数据交换	XCHG dest，source	Source ↔ dest
查表转换	XLAT［source－table］	(BX+AL) → AL
传送偏移地址	LEA reg16，source	(source) → reg16
传送偏移地址及数据段的段地址	LDS reg16，source	(source) → reg16，(source+2) →DS
传送偏移地址及附加数据段的段地址	LES reg16，source	(source) → reg16，(source+2) →ES
进栈	PUSH source	source → stack top
出栈	POP dest	stack top → dest
标志寄存器进栈	PUSHF	flags → stack top
标志寄存器出栈	POPF	stack top → flags
标志寄存器的低 8 位送 AH	LAHF	Flags 的低 8 位 → AH
AH 送标志寄存器的低 8 位	SAHF	AH → Flags 的低 8 位
输入	IN acc，port	Port → AL 或 AX
输出	OUT port，acc	AL 或 AX → port

2. 算术运算指令

名称	指令格式	操作
加	ADD dest，source	dest＋source→dest
带进位加	ADC dest，source	dest＋source＋CF→dest
增量	INC dest	dest ＋1 →dest
ASCII BCD 数加法调整	AAA	(AL&0FH) ＞9 或 AF=1，(AL+6) &0FH →AL AH+1→AH
压缩 BCD 数加法调整	DAA	(AL&0FH) ＞ 9 或 AF ＝ 1，AL ＋ 6 → AL； (AL&F0H) ＞90 或 CF=1，AL+60→AL

续表

名称	指令格式	操作
减	SUB dest，source	dest－source→dest
带借位减	SBB dest，source	dest－source－CY→dest
比较	CMP dest，source	dest－source
减量	DEC dest	dest－1→dest
ASCII BCD 数减法调整	AAS	(AL&0FH)＞9 或 AF＝1，(AL－6)&0FH→AL AH－1→AH
压缩 BCD 数减法调整	DAS	(AL&0FH)＞9 或 AF＝1，AL－6→AL；(AL&F0H) ＞90 或 CF＝1，AL－60→AL
无符号数乘	MUL source	AL×source8→AX 或 AX×source16→DX 和 AX
符号整数乘	IMUL source	AL×source8→AX 或 AX×source16→DX 和 AX
ASCII BCD 数乘法调整	AAM	AL÷10→AH，AL MOD 10→AL
无符号数除	DIV source	AX÷source8→AL 余数→AH 或 DX 和 AX÷source16 →AX 余数→DX
符号整数除	IDIV source	AX÷source8→AL 余数→AH 或 DX 和 AX÷source16 →AX 余数→DX
ASCII BCD 数除法调整	AAD	AH×10＋AL→AL，0→AH
字节扩展为字	CBW	将 AL 的符号位扩展到 AH
字扩展为双字	CWD	将 AX 的符号位扩展到 DX

3. 位操作指令

名称	指令格式	操作
逻辑与	AND dest，source	dest∧source→dest
测试	TEST dest，source	dest∧source→dest
逻辑或	OR dest，source	dest∨source→dest
求反	NOT dest	$\overline{dest}$→dest
求补	NEG dest	$\overline{dest}$＋1→dest
逻辑异或	XOR dest，source	dest⊕source→dest
逻辑/算术左移	SHL/SAL dest，source	CF ← dest ← 0
逻辑右移	SHR dest，source	0 → dest → CF
算术右移	SAR dest，source	dest → CF（最高位移回最高位）
循环左移	ROL dest，source	CF ← dest（最高位移回最低位）
循环右移	ROR dest，source	dest → CF（最低位移回最高位）
带进位循环左移	RCL dest，source	CF ← dest ← CF
带进位循环右移	RCR dest，source	CF → dest → CF

4. 串操作指令

名称	指令格式	操作
串传送	MOVS dest－string，source－string 或 MOVSB、MOVSW	(DS：SI)→(ES：DI) SI和DI增量或减量
串比较	CMPS dest－string，source－string 或 CMPSB、CMPSW	(DS：SI)－(ES：DI) SI和DI增量或减量
串搜索	SCAS dest－string 或 SCASB、SCASW	AL或AX－(ES：DI) DI增量或减量
取字符串	LODS source－string 或 LODSB、LODSW	(DS：SI)→AL或AX SI增量或减量
存字符串	STOS dest－string 或 STOSB、STOSW	AL或AX→(ES：DI) DI增量或减量
重复前缀	REP	重复CX指定的次数，直到CX=0
重复前缀	REPE/REPZ	CX≠0且ZF=1重复，直到CX=0或ZF=0
重复前缀	REPNE/REPNZ	CX≠0且ZF=0重复，直到CX=0或ZF=1

5. 控制转移指令

名称	指令格式	操作
无条件转移	JMP target	将控制转移到目的标号target
简单条件转移	JE/JZ short－lable	相等/为0转移到短标号short－lable
	JNE/JNZ short－lable	不相等/不为0转移到短标号short－lable
	JS short－lable	为负转移到短标号short－lable
	JNS short－lable	为正转移到短标号short－lable
	JC short－lable	有进位转移到短标号short－lable
	JNC short－lable	无进位转移到短标号short－lable
	JO short－lable	溢出转移到短标号short－lable
	JNO short－lable	无溢出转移到短标号short－lable
	JP/JPE short－lable	奇偶性/奇偶校验为偶转移到short－lable
	JNP/JPO short－lable	奇偶性/奇偶校验为奇转移到short－lable
符号数条件转移	short－lable	小于/不大于等于转移到short－lable
	short－lable	不小于/大于等于转移到short－lable
	short－lable	大于/不小于等于转移到short－lable
	short－lable	不大于/小于等于转移到short－lable
无符号数条件转移	short－lable	低于/不高于等于转移到short－lable
	short－lable	不低于/高于等于转移到short－lable
	short－lable	高于/不低于等于转移到short－lable
	short－lable	不高于/低于等于转移到short－lable

续表

名称	指令格式	操作
循环	short－lable	CX－1→CX，CX≠0 转移到 short－lable
相等/为 0 循环	short－lable	CX－1→CX，CX≠0 且 ZF＝1 转移到 short－lable
不相等/不为 0 循环	short－lable	CX－1→CX，CX≠0 且 ZF＝0 转移到 short－lable
CX 为 0 转移	short－lable	CX＝0 转移到 short－lable
子程序调用	CALL target	CS 和 IP 进栈并转移到 target
子程序返回	RET [n]	IP 和 CS 出栈实现返回 [丢弃栈区 n 个单元]
软中断	INT n	类型 n 中断
溢出中断	INTO	执行 INT 4 所执行的操作
中断返回	IRET	IPs、CS 和 Flag 出栈实现返回

6. 处理机控制指令

名称	指令格式	操作
置位进位标志	STC	1→CF
清除进位标志	CLC	0→CF
进位标志取反	CMC	$\overline{CF}$→CF
置位方向标志	STD	1→DF
清除方向标志	CLD	0→DF
置位中断标志	STI	1→IF
清除中断标志	CLI	0→IF
处理器暂停	HLT	CPU 进入暂停状态
等待	WAIT	CPU 进入等待状态
交权	ESC	交权给协处理器
总线封锁前缀	LOCK	在执行其后的指令期间封锁总线
空操作	NOP	

附录 2　8086 算术逻辑运算指令对状态标志位的影响

指令类型	指令	O	S	Z	A	P	C
加、减	ADD、ADC、SUB、SBB、CMP、(CMPS、SCAS)、NEG	↑	↑	↑	↑	↑	↑
增量、减量	INC、DEC	↑	↑	↑	↑	↑	·
乘	MUL、IMUL	↑	×	×	×	×	↑
除	DIV、IDIV	×	×	×	×	×	×
BCD 数加减调整	DAA、DAS	×	↑	↑	↑	↑	↑
ASCII BCD 数加减调整	AAA、AAS	×	×	×	↑	×	↑
ASCII BCD 数乘除调整	AAM、AAD	×	↑	↑	×	↑	×
逻辑操作	AND、TEST、OR、XOR	0	↑	↑	×	↑	0
移位操作	SHL、SHR（一次）	↑	↑	↑	×	↑	↑
	SHL、SHR（CL 次）	×	↑	↑	×	↑	↑
	SAR	0	↑	↑	×	↑	↑
循环	ROL、ROR、RCL、RCR（一次）	↑	·	·	·	·	↑
	ROL、ROR、RCL、RCR（CL 次）	×	·	·	·	·	↑
标志操作	POPF、IRET	↑	↑	↑	↑	↑	↑
	SAHF	·	↑	↑	↑	↑	↑
	STC	·	·	·	·	·	1
	CLC	·	·	·	·	·	0
	CMC	·	·	·	·	·	$\overline{C}$

符号说明：↑ 有影响；　· 不影响；　0 置 0；　1 置 1；　× 不确定

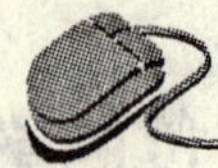

附录 3　8086 指令按字母顺序查找表

操作助记符	指令类别	讲述的章节
AAA	算术运算	3. 1. 2
AAD	算术运算	3.1.2
AAM	算术运算	3.1.2
AAS	算术运算	3.1.2
ADC	算术运算	2.3.2
ADD	算术运算	2.3.2
AND	位操作	2.3.3
CALL	控制转移	3.5.2
CBW	算术运算	3.1.1
CLC	处理机控制	
CLD	处理机控制	3.4.1
CLI	处理机控制	7.3.1
CMC	处理机控制	
CMP	算术运算	2.3.2
CMPS	串操作	3.4.2
CWD	算术运算	3.1.1
DAA	算术运算	3.1.2
DAS	算术运算	3.1.2
DEC	算术运算	2.3.2
IDIV	算术运算	3.1.1
IMUL	算术运算	3.1.1
IN	数据传送	6.2.3
INC	算术运算	2.3.2
INT	控制转移	7.3.2
DIV	算术运算	3.1.1
ESC	处理机控制	
HLT	处理机控制	
INTO	控制转移	7.3.2
IRET	控制转移	7.3.2

续表

操作助记符	指令类别	讲述的章节
JA	控制转移	3.2.1
JAE	控制转移	3.2.1
JB	控制转移	3.2.1
JBE	控制转移	3.2.1
JC	控制转移	3.2.1
JCXZ	控制转移	3.2.1
JE	控制转移	3.2.1
JG	控制转移	3.2.1
JGE	控制转移	3.2.1
JL	控制转移	3.2.1
JLE	控制转移	3.2.1
JMP	控制转移	3.2.2
JNA	控制转移	3.2.1
JNAE	控制转移	3.2.1
JNB	控制转移	3.2.1
JNBE	控制转移	3.2.1
JNC	控制转移	3.2.1
JNE	控制转移	3.2.1
JNG	控制转移	3.2.1
JNGE	控制转移	3.2.1
JNL	控制转移	3.2.1
JNLE	控制转移	3.2.1
JNO	控制转移	3.2.1
JNP	控制转移	3.2.1
JNS	控制转移	3.2.1
JNZ	控制转移	3.2.1
JO	控制转移	3.2.1
JP	控制转移	3.2.1
JPE	控制转移	3.2.1
JPO	控制转移	3.2.1
JS	控制转移	3.2.1
JZ	控制转移	3.2.1
LAHF	数据传送	
LDS	数据传送	2.3.1
LEA	数据传送	2.3.1

续表

操作助记符	指令类别	讲述的章节
LES	数据传送	2.3.1
LOCK	处理机控制	
LODS	串操作	3.4.2
LOOP	控制转移	3.3.2
LOOPE	控制转移	3.3.2
LOOPNE	控制转移	3.3.2
LOOPNZ	控制转移	3.3.2
LOOPZ	控制转移	3.3.2
MOV	数据传送	2.3.1
MOVS	串操作	3.4.2
MUL	算术运算	3.1.1
NEG	位操作	2.3.3
NOP	处理机控制	
NOT	位操作	2.3.3
OR	位操作	2.3.3
OUT	数据传送	6.2.3
POP	数据传送	1.5.3
POPF	数据传送	1.5.3
PUSH	数据传送	1.5.3
PUSHF	数据传送	1.5.3
RCL	位操作	2.3.3
RCR	位操作	2.3.3
RET	控制转移	3.5.2
ROL	位操作	2.3.3
ROR	位操作	2.3.3
SAHF	数据传送	
SAL	位操作	2.3.3
SAR	位操作	2.3.3
SBB	算术运算	2.3.2
SCAS	串操作	3.4.3
STC	处理机控制	
STD	处理机控制	3.4.1
STI	处理机控制	7.3.1
STOS	串操作	3.4.2
SUB	算术运算	2.3.2
TEST	位操作	2.3.3
XCHG	数据传送	2.3.1
XLAT	数据传送	2.3.1
XOR	位操作	2.3.3
WAIT	处理机控制	

参考文献

1. 林章钧编著．PC/Pentium 硬、软件系统解析［M］．北京：清华大学出版社，1996.

2. 戴梅萼编著．微型计算机技术及应用．第 2 版［M］．北京：清华大学出版社，1996.

3. 吴秀清，周荷琴编著．微型计算机原理与接口技术［M］．合肥：中国科学技术大学出版社，2002.

4. 周明德编著．微型技术系统原理及应用［M］．第 4 版．北京：清华大学出版社，2002.

5. 冯博琴主编．微型计算机原理与接口技术［M］．北京：清华大学出版社，2002.

6. 李继灿主编．新编 16/32 位微型计算机原理及应用［M］．第 3 版．北京：清华大学出版社，2004.

7. 李继灿主编．微型计算机系统与接口［M］．北京：清华大学出版社，2005.

8. ［美］Barry B. Brey 著．Intel 微处理器全系列：结构、编程与接口［M］．于惠华，艾明晶，尚利宏等译．第 5 版．北京：电子工业出版社，2001.

图书在版编目(CIP)数据

微机原理与接口技术/朱定华,张小惠,刘福珍编著.—武汉:武汉大学出版社,2007.9

高等院校计算机技术系列教材

ISBN 978-7-307-05743-2

Ⅰ.微… Ⅱ.①朱… ②张… ③刘… Ⅲ.①微型计算机—理论—高等学校—教材 ②微型计算机—接口—高等学校—教材 Ⅳ.TP36

中国版本图书馆 CIP 数据核字(2007)第 127093 号

责任编辑:杨 华 黄 斌　　责任校对:刘 欣　　版式设计:詹锦玲

出版发行:**武汉大学出版社**　(430072 武昌 珞珈山)

(电子邮件:cbs22@whu.edu.cn 网址:www.wdp.whu.edu.cn)

印刷:荆州市鸿盛印务有限公司

开本:787×1092 1/16　印张:18.75　字数:450 千字　插页:1

版次:2007 年 9 月第 1 版　　2011 年 12 月第 2 次印刷

ISBN 978-7-307-05743-2/TP·263　　定价:30.00 元
